普通高等教育"十三五"规划教材

C十十程序设计

冀荣华　主编

U0219290

中国农业大学出版社

·北京·

内 容 简 介

作为一本系统的、深入浅出的 C＋＋程序设计教材,目的在于通过大量生动活泼的编程实例,为读者打开一扇进入计算机程序设计的大门,引导读者走上编程之路。

本书集成长期从事 C＋＋程序设计教学的教师教学过程中所积累的宝贵经验,精确描述 C＋＋程序设计语言中重点内容。书中提供了大量丰富实例,帮助读者从应用中理解、掌握知识点,读者使用本书,可以实现在学会应用知识的同时培养实际编程能力。

图书在版编目(CIP)数据

C++程序设计 / 冀荣华主编. —北京:中国农业大学出版社,2016.12
ISBN 978-7-5655-1752-5

Ⅰ.①C… Ⅱ.①冀… Ⅲ.①C语言-程序设计 Ⅳ.①TP312.8

中国版本图书馆 CIP 数据核字(2016)第 295678 号

书　　名	C++程序设计		
作　　者	冀荣华　主编		
策划编辑	梁爱荣	责任编辑	林孝栋
封面设计	郑　川	责任校对	王晓凤
出版发行	中国农业大学出版社		
社　　址	北京市海淀区圆明园西路 2 号	邮政编码	100193
电　　话	发行部 010-62818525,8625	读者服务部	010-62732336
	编辑部 010-62732617,2618	出　版　部	010-62733440
网　　址	http://press.cau.edu.cn	E-mail	cbsszs @ cau.edu.cn
经　　销	新华书店		
印　　刷	涿州市星河印刷有限公司		
版　　次	2016 年 12 月第 1 版　　2016 年 12 月第 1 次印刷		
规　　格	787×1 092　　16 开本　　23.5 印张　　580 千字		
定　　价	49.00 元		

图书如有质量问题本社发行部负责调换

编 写 人 员

主　　编　冀荣华

副 主 编　刘云玲

编写人员　冀荣华　刘云玲　杨　颖　马　钦　郑立华

前　言

实践证明,计算机程序设计可以引发人类思维方式的变革,因此,学习计算机程序设计不仅仅是获得一门知识和技能,更可以收获思维方式的不断完善和发展。计算机程序设计语言知识点多、琐碎繁杂、难点多,部分知识相对抽象,较难把握和驾驭。对于初学者来说,在入门初期易陷入繁多的知识点细节之中,很难做到将相关知识点关联、灵活应用。因此,急需一本适宜的、系统的、深入浅出的教材帮助读者精确、系统地掌握C++程序设计语言知识,为读者打开一扇进入计算机程序设计的大门,引导读者走上编程之路。

本书遵循启发式教学的规律,注重知识点的引入,使得知识有一个良好的着陆点;同时通过实例、程序片段等对相关知识点融合和分析。帮助读者从应用中理解、掌握知识点,引导读者摆脱单纯学习知识点的束缚,逐步掌握从程序设计角度思考问题和解决问题的方法,这是本书的整体设计思想。本书注重知识学习与运用的平衡,帮助读者在学会应用知识的同时增强读者的编程能力。

全书内容精练,文字简洁易懂,逻辑清晰正确,语句通顺流畅,文风清新自然,各章节设计合理、实用。本书集合了长期从事C++程序设计教学的教师教学过程中所积累的宝贵经验和启示,从知识点片段到实例程序,从重点内容的把握到难点内容进行精确讲解。书中实例丰富,注释简洁精确,便于读者理解。可以说,老师们将平时教学过程中积累的精华均凝聚在了本书文字中,成书过程就是集体智慧结晶的过程。

全书共分10章,均由有着若干年C++程序设计课程教学经验的一线教师编写,我们的朴素初衷就是要编写一本适合学生自学和教师讲授的优秀教材。其中第1章和第2章由冀荣华编写;第3章和第6章由刘云玲编写;第4章和第10章由杨颖编写;第5章和第7章由马钦编写;第8章和第9章由郑立华编写。全书由冀荣华主编,郑立华主审。

为了引导读者对知识进行总结、思考和深度记忆,每章均精心设计了习题,基本涵盖本章主要的知识点,这也便于读者自行检验学习效果,并且将每章习题参考答案放在二维码中。另外,为了进一步开拓读者的编程思路,开阔读者的眼界,在大部分章节都设计了相应的程序综合实例,仔细阅读和上机实践这些较"长"的实例程序,能够帮助读者更好地理解程序设计的精髓。

编写组人员齐心协力、精诚团结,克服了诸多困难,伴随本书成稿的同时也收获了很多成果,我们的目标是奉献给读者一本精彩的教材。书稿虽几经审校,但由于时间和水平有限,仍然可能出现错误。对于本书的任何建议和意见请发送至邮箱:jessic1212@cau.edu.cn 或 liuyunling@cau.edu.cn,编者将不胜感激,在此表达深深的谢意!

编　者
2016 年 9 月

目　　录

第1章 绪论

计算机程序设计语言是将现实世界中待解决的问题转换为计算机可以处理的问题的工具。本章将从简单的算法入手,介绍如何将现实问题转换为计算机能够识别的算法的过程,最后通过一个实例说明计算机程序设计的基本步骤,以帮助读者更好地开始程序设计之旅。

1.1 算法

一般来说,一个计算机程序由数据和对数据的操作两部分组成。其中,数据是指程序要操作的目标,通常,在程序中需要指定数据的类型和组织形式。对数据的操作是指对数据的处理和加工,并得到期望的结果。在程序中对数据操作步骤的描述,即算法(algorithm)。

在程序设计中,算法是灵魂,数据结构是加工对象,程序设计语言是加工工具。

1.1.1 算法基本概念

做任何事情都有一定的步骤,例如,唱歌需要歌谱,做菜需要菜谱。对于计算机来说,描述问题求解步骤即为算法。一个算法具有如下特性:

(1)有穷性:一个算法必须保证执行有限步后结束。

(2)确定性:算法的每一步必须是有确切的结果或定义,而不应该是模糊的,即算法含义必须是唯一的,不能产生歧义。例如实现 x 与 6 或 7 相加,这里加数不确定,是不可以的。

(3)输入:是指在执行算法时,需要从外界取得必要的信息。一个算法可以有 0 个或多个输入。

(4)输出:是指算法对输入数据加工后所产生的结果。算法可以有一个或多个输出,没有输出的算法是毫无意义的。

(5)有效性:算法每一步都应该能够被有效地执行,并得到确定的结果。

对于同一个问题,可以有不同的解决方法和步骤。例如制作饺子的过程,对于不同的人有完全不同的操作步骤。有的人先准备馅后准备皮,而另一些人先准备皮后再准备馅。那么在完成一项任务的众多算法中,哪一个是最好的呢?一般来说,简单、运算步骤少的算法较好。在解决实际问题时,不但要保证算法正确,还要分析算法的优劣,选择最合适的算法。

1.1.2 算法表示方法

算法有多种表示方法。常见的有自然语言、程序流程图、N-S 流程图、伪代码、计算机程序设计语言等,分别说明如下:

● 自然语言:指日常生活中所使用的语言。自然语言算法通俗易懂,但是文字冗长、容易产生歧义,特别是当算法中循环和分支较多时很难进行清晰的表示。

● 程序流程图:指用一些特定图形来表示各种操作。在框内写出各个步骤简要描述,用带箭头的线把各个图形连接起来,以表示执行的先后顺序。利用程序流程图表示算法直观形象,易于理解。美国国家标准化协会(American National Standard Institute, ANSI)规定了一些常见的程序流程图符号,如图1.1所示。

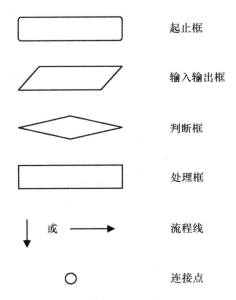

图 1.1　常见的程序流程图符号

其中,判断框是对一个给定的条件进行判断,根据条件是否成立,决定程序流向,有一个入口和两个出口。连接点是将画在不同地方的流程线连接起来。

由于计算机算法可以用三种基本结构(顺序结构、选择结构和循环结构)表示,其程序流程图的表示方法如图1.2所示。

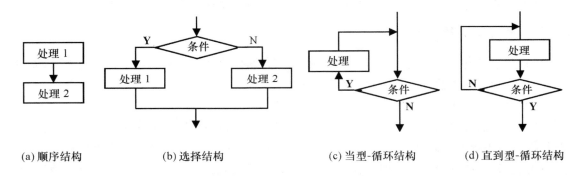

(a)顺序结构　　　(b)选择结构　　　(c)当型-循环结构　　　(d)直到型-循环结构

图 1.2　三种基本结构的程序流程图的表示方法

● N-S 流程图:是为克服流程图的缺点而提出的。在 N-S 流程图中,完全去掉了带箭头的流程线,全部算法写在一个矩形框内,而在矩形框内可包含从属框。N-S 流程图也叫盒图。三种基本程序结构的 N-S 流程图表示方法如图1.3所示。

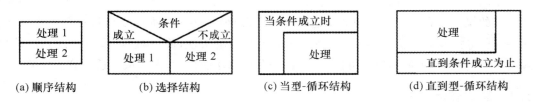

(a)顺序结构　　　(b)选择结构　　　(c)当型-循环结构　　　(d)直到型-循环结构

图 1.3　三种基本结构的 N-S 流程图表示方法

● 伪代码:用程序流程图和 N-S 流程图表示算法直观易懂,但画起来比较麻烦。在设计一个算法时,可能要反复修改,而修改流程图是比较麻烦的。因此,流程图适宜于表示一个算法,而不适合用于设计算法。为方便设计算法,常使用伪代码。伪代码用介于自然语言和计算机语言之间的文字和符号来描述算法。如同一篇文章,自上而下地写出来。每一行(或几行)表示一个基本操作。不用图形符号,因此书写方便、格式紧凑,易懂也便于向计算机语言算法(即程序)过渡。伪代码可以用英文、汉字、中英文混合表示算法,尽可能便于阅读。用伪代码写算法并无固定的、严格的语法规则,只要把意思表达清楚即可,书写格式清晰易读。

【例 1-1】 用不同方法描述 $1+2+3+4+5+6+7+8+9+10$ 的算法。

1. 自然语言

第一步:求 1 和 2 的和得到 3

第二步:第一步的结果与 3 的和得到 6

第三步:第二步的结果与 4 的和得到 10

第四步:第三步的结果与 5 的和得到 15

第五步:第四步的结果与 6 的和得到 21

　　⋮

第十步:第九步的结果与 10 的和得到 55

2. 程序流程图

求和程序流程图见图 1.4。

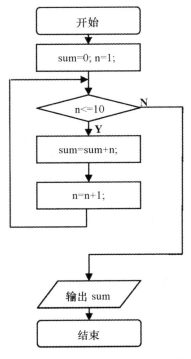

图 1.4　求和程序流程图

3. N-S 流程图

求和 N-S 流程图见图 1.5。

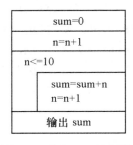

图 1.5　求和 N-S 流程图

4. 伪代码

sum = 0

n = 1

if n< = 10

  then

    sum = sum + n

    n = n + 1

  else

    print sum

end

1.2　程序设计语言

计算机程序设计语言同世界上其他事物一样，也经历了一个从低级到高级的发展过程。根据与人们描述实际问题所采用的语言(如数学语言、自然语言)的接近程度以及依赖计算机硬件系统的程度，常常把计算机程序设计语言分为低级程序设计语言和高级程序设计语言。

1.2.1　低级程序设计语言

机器语言和汇编语言都属于面向机器的低级程序设计语言。机器语言和汇编语言都因计算机硬件系统而异，要求程序员熟悉计算机硬件细节，对程序员要求较高。

机器语言指由一系列计算机硬件可以直接识别的二进制指令所组成的语言。尽管机器语言能够由计算机硬件直接识别，但是所编写的程序难以理解和调试，开发周期长。对于编程者来说机器语言晦涩难懂并难以记忆。

汇编语言是将机器语言映像为一系列可以为人所理解的助记符，如用 ADD 代表加法，用 MOV 代表数据传递等。汇编语言仍然是面向机器的语言，使用起来还是比较烦琐，通用性差。但是，用汇编语言编写的程序，其目标程序占用内存空间少，运行速度快，有着高级语言不可替代的用途，在嵌入式系统开发中依然有着广泛的应用。

1.2.2　高级程序设计语言

为帮助程序员在编程时更关注于程序功能的实现,而不必过多地考虑计算机硬件细节,要求程序设计语言更接近人类自然语言,高级程序设计语言应运而生。

高级语言经历了从面向过程的结构化程序设计语言到面向对象程序设计语言的发展过程。20 世纪 70 年代初的结构化程序设计语言是最初的高级程序设计语言。这一类程序设计语言主要用于编程实现各种复杂的科学计算,如 FORTRAN,BASIC,PASCAL,C 等。在软件开发初期结构化程序设计语言获得了极大的成功。

随着计算机硬件快速发展,对计算机软件也提出更高的要求。结构化程序设计已经不能够满足软件开发的需求。特别是计算机不仅要帮助人们进行各种复杂的科学计算,同时也要完成其他日常事务性的功能。

面向过程的程序的执行类似于流水线,只有当一个模块被执行完成后,才能进行下一个模块,并且不能动态地改变程序的执行方向。这与人们日常处理事物的方式是不一致的,对人而言是希望发生一件事就处理一件事,也就是说,不能面向过程,而应是面向具体的应用功能,也就是对象(object)。为了更为直接地描述客观世界中的事物及其相互间的关系,面向对象程序设计语言在 20 世纪 80 年代初提出并得到广泛的关注。C++、JAVA 和 Python 等为面向对象程序设计语言。

1.2.3　面向对象程序设计语言

面向对象程序设计(object oriented programming)语言与结构化程序设计语言的根本区别在于程序设计思维方式的不同。面向对象程序技术基本原则是直接面对客观事物本身进行抽象并在此基础上进行软件开发,将人类的思维方式与表达方式直接应用于软件设计。面向对象程序设计语言可以更直接地描述客观世界存在的事物(即对象)及事物之间的相互关系。

面向对象程序设计语言将客观事物看作具有属性和行为的对象,对同一类对象抽象出其共同的属性和行为,从而形成类。通过类的继承和多态实现代码重用,大大缩短软件开发周期。面向对象程序设计方法能够使软件工程师利用客观世界中问题描述方法来进行软件开发,使得面向对象程序设计方法迅速成为目前主要的软件开发方法。常见的面向对象程序设计语言有 C++,Smalltalk,Ada,Java。

1.3　程序设计方法

在说明程序设计方法之前,了解一下计算机程序开发的基本术语。

● 源程序:利用程序设计语言所编写程序。其扩展名为 .c(C 的源程序)、.cpp(C++ 源程序),注意源程序不能够被计算机执行。

● 目标程序:源程序经过编译而生成的程序。目标程序可以用机器语言表示,也可以用汇编语言或其他中间语言表示,扩展名一般为 .obj。

● 翻译程序:用于将源程序翻译成目标程序的程序。翻译程序有三种不同类型:汇编程序、编译程序和解释程序。其中:汇编程序用于将利用汇编语言编写的源程序翻译成机器语言;编译程序和解释程序用来将利用高级语言编写的源程序翻译成机器语言,编译程序和解释程序的不同之处在于解释程序是边翻译边执行,即输入一句,解释一句,执行一句,直到整个源程序全部翻译并执行完,解释程序不产生目标程序。而编译程序是将源程序直接翻译成目标程序。

● 连接程序:经过编译后的目标程序往往还不能被计算机执行,需要进行连接。连接程序就是将多个目标程序以及库中某些文件连接在一起,生成一个可执行文件(扩展名为.exe)。

1.3.1 程序开发过程

C++程序开发基本过程如图1.6所示。

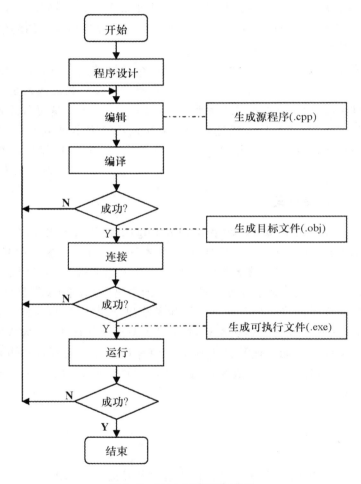

图 1.6 C++程序开发过程

其中:
● 编辑是将源程序输入到计算机内,生成一个扩展名为.cpp的C++源文件;
● 编译是将源文件翻译成目标文件的过程,目标文件的扩展名为.obj;
● 连接是将目标文件与其他目标文件或库文件连接在一起,生成扩展名为.exe的可执行文件。

1.3.2　面向对象程序设计方法

随着计算机功能不断强大,其应用更为广泛,所处理的问题愈加复杂。程序也变得复杂和庞大。利用结构化程序设计方法开发出的软件维护困难,程序的可重用性差。面向对象程序设计方法直接针对客观问题进行软件开发、设计,将问题域中的思维方式和表达方式直接应用于软件开发。使得软件开发更为直观、简单,并迅速得到广泛的应用。

面向对象程序设计方法是将数据及对数据的操作方法封装成一个整体(即对象)。对同一类型的对象抽象出其共同的属性和行为,形成类。类通过简单的外部接口与外界发生关系,对象与对象之间通过消息进行通信。

下面介绍几个面向对象程序设计方法中涉及基本概念,让读者对面向对象程序设计有一个初步的认识,这些概念将在本书后续章节中陆续讲到。

1. 对象

对象是客观世界中实际存在的事物,可以是有形的(如一台计算机),也可以是无形的(如一项计划)。在面向对象方法中,对象是一组属性和一系列行为的组合体。其中属性是描述其静态特征的若干个数据;而行为是描述其动态特征的一组代码。

2. 类

人类认识客观世界时,通常会把本质特征相似的对象进行归类,从而得出一个个抽象的概念。如交通工具、家具、颜色等等。

面向对象方法中的"类"指的具有相同属性和行为的一组对象的集合。类为属于该类的所有对象提供一个统一的抽象描述。类和对象的关系就是抽象和具体的关系。如果说类是蛋糕模具,对象则是某一个蛋糕。将属于某一个类的对象称为该类的一个实例,生成某一个类的对象的过程称为实例化一个对象。

3. 封装

封装是面向对象方法的一个重要原则。对象就是属性和行为的封装体,即将一组属性和一系列行为封装在一起,形成一个不可分割的整体。同时尽可能将内部细节隐藏起来,只通过有限的接口与外部进行联系。封装性有效保证了模块的独立性。

4. 继承

继承是指特殊类的对象自动拥有其一般类的全部属性和行为的性质。例如定义一个一般类(如学生类),然后使特殊类(如高中生)继承一般类(学生类),这样特殊类(高中生类)就自动拥有了一般类(学生类)的全部的属性和行为。

继承是面向对象方法能够提高软件复用的重要手段。

5. 多态性

多态性是指在一般类中定义的属性或行为,被特殊类继承后,可以具有不同的数据类型或表现出不同的行为。这样就是同一个属性或行为在一般类和不同的特殊类中具有不同的含义。

例如,一般类(学生类),具有"计算平均成绩"的行为,在学生类中并不知道如何计算平均成绩。然后分别定义特殊类——高中生类和大学生类,这些类都自动继承一般类(学生类)的"计算平均成绩"的行为,可以分别在特殊类中重新定义"计算平均成绩",使得分别实现"高中生的平均成绩 =(语文 + 数学 + 英语)/3"和"大学生的平均成绩 =(高数 + 大学物理 + 英语 +

程序设计)/4"的功能。这就是面向对象方法中的多态性。

利用面向对象程序设计方法开发的程序,模块间的关系更为简单,程序模块的独立性和数据的安全性得到增强。同时面向对象程序设计方法中的继承和多态性使得程序代码可重用性大大提高,软件的开发和维护都更加方便。

1.3.3 C++程序开发实例

由于还未介绍面向对象的相关概念,因此本节仅给出一个不带类的简单 C++程序实例,通过这个程序实例,来帮助读者对 C++程序设计建立一个初步的印象,并理解计算机程序的基本开发过程。

【例 1-2】 一个简单的 C++程序。

程序源代码如下:

```
#include "iostream.h"              //编译预处理命令
void main()                        //函数头
{                                  //{
    count<<"Hello world!"<<end1;   //函数体
}                                  //}
```

程序源代码说明:

可以发现这个不带类的 C++程序由编译预处理命令和函数两部分组成。其中:

● 编译预处理命令——如果在 C++程序中使用了系统提供的一些功能,就必须将相关内容利用编译预处理命令嵌入。例如:本程序中使用的 cout 和<<是在文件 iostream.h 中声明的,因此在程序开头中必须添加命令#include "iostream.h"。

● 函数——C++程序中基本单位。程序中 main 为函数名。在 C++源程序中,有且只有一个 main 函数,main 函数是 C++程序执行的入口和出口,即 C++程序从 main 函数开始执行,在 main 函数结束。函数由函数头和函数体两部分组成。函数头由函数名、函数返回值和形式参数等部分组成;函数体则用一对{ }括起来,由若干条语句组成,能够实现指定的功能。

按照计算机程序开发过程,必须经过编辑、编译、连接和执行之后,才能看到程序的执行结果。而将编辑、编译、连接等功能集成在一个软件开发环境中,会让软件开发更为便捷。Microsoft Visual C++ 6.0(简称 VC 6.0)和 Borland C++为主要的 C++集成开发环境。本书中所有的实例都是在 VC 6.0 中调试通过的。下面以实例简单介绍利用 VC 6.0 集成开发环境开发 C++程序的基本过程。

作为强大的可视化软件开发工具,VC 6.0 提供了功能强大的 Windows 应用程序框架。利用 VC 6.0 开发例 1-2 的过程如下。

1.启动 VC 6.0

方法:从"开始"菜单选择"程序",单击"Microsoft Visual Studio 6.0",然后选择"Microsoft Visual C++ 6.0",将打开 VC 6.0 开发环境窗口。

2.创建一个项目

方法:

● 单击"文件"菜单,选择其中的"新建"子菜单,将打开"新建"对话框,选中"工程"选项卡,如图 1.7 所示。

● 选择建立的工程类型为 Win32 Console Application（即 Win32 控制台应用程序）。

● 在“位置”中指定一个工程的存放路径（如 D:\）。

● 在“项目名称”中设置一个工程名称（如 First）。

● 单击“确定”按钮。

● 在 Win32 Console Application-步骤 1 共 1 步的对话框中选择“一个空工程”，然后单击“完成”按钮。

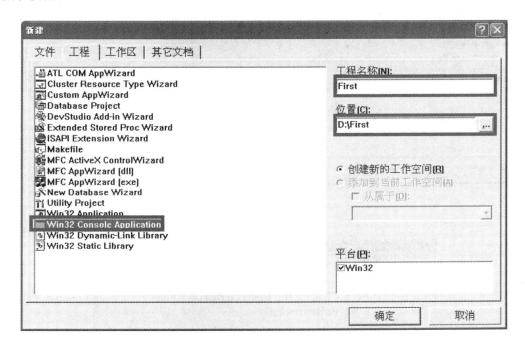

图 1.7　创建一个项目

3. 建立 C++源文件

方法：

单击“文件”菜单，选择其中的“新建”子菜单，将打开“新建”对话框，选中“文件”选项卡，选择文件类型为“C++源文件”，如图 1.8 所示，输入文件名称（如 example1），单击“确定”按钮。

4. 编辑 C++源文件

方法：在文本编辑区输入源文件的代码。选择文件菜单中的保存命令保存该文件，如图 1.9 所示。

5. 编译、连接生成可执行程序

方法：选择“组建”菜单中的“全部组建”命令。如果程序没有语法错误，将会生成可执行文件（first.exe）；如果程序有语法错误，则在屏幕下方的输出窗口中显示错误提示，然后根据这些错误来对源程序修正，然后重新组建，最终建立可执行文件。

6. 运行可执行程序

方法：选择“组建”菜单中的“执行”命令。将会在屏幕上显示运行结果。

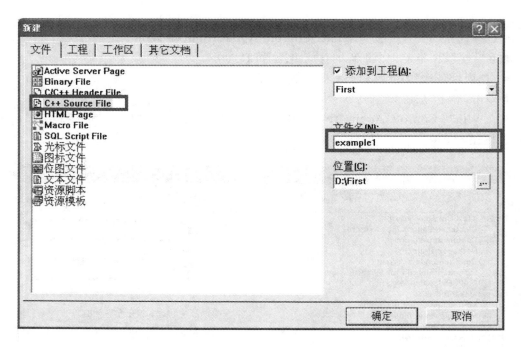

图 1.8   建立 C++ 源文件

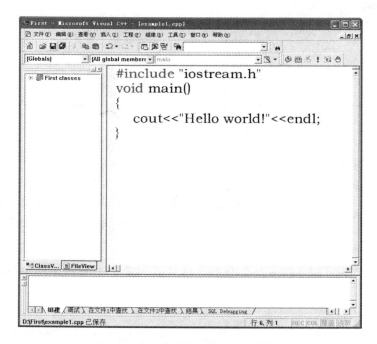

图 1.9   在文本编辑区录入源文件代码

7．关闭工作空间

方法：选择"文件"菜单中的"关闭工作空间"命令。

1.4　小结

　　程序由数据和对数据的操作两部分组成,而算法用于描述计算机对数据操作过程,可以采用自然语言、程序流程图、N-S 流程图和伪代码等多种手段描述算法。

　　计算机程序设计语言是用于描述待解决问题的方法。计算机程序设计语言可以分为低级语言和高级语言。高级语言分为结构化程序设计语言和面向对象程序设计语言。本书中将要学习的 C++ 为面向对象程序设计语言。

　　计算机程序开发过程包括编辑、编译、连接和运行等步骤。本章通过一个简单的 C++ 程序介绍了计算机程序开发基本过程以及在 VC 6.0 中的实现过程。

习题

一、单选题

1.在每一个 C++ 程序都必须有且只能有一个这样一个函数,其函数名为(　　　)。

　　A. main　　　　　　　　B. MAIN　　　　　　　　C. Main　　　　　　　　D.任意标识符

2.计算机能够直接识别和执行的语言是(　　)。

　　A.汇编语言　　　　　　B.高级语言　　　　　　C.英语　　　　　　　　D.机器语言

3.C++ 源程序文件的缺省扩展名为(　　　)。

　　A..cpp　　　　　　　　B..exe　　　　　　　　C..obj　　　　　　　　D..lik

4.由 C++ 目标文件连接而成的可执行文件的缺省扩展名为(　　　)。

　　A..cpp　　　　　　　　B..exe　　　　　　　　C..obj　　　　　　　　D..lik

5.编写 C++ 程序一般需经过的几个步骤依次是(　　　)。

　　A.编译、编辑、连接、调试　　　　　　　　　B.编辑、编译、连接、运行

　　C.编译、调试、编辑、连接　　　　　　　　　D.编辑、调试、编译、连接

二、程序设计题

1.请将 1.3.3 节的实例,按照步骤进行上机练习。

2.请分析将上题中程序改为如下代码,并重复进行编辑、编译、连接和运行。

```
＃include "iostream.h"
void main()
{
    cout<<"本程序用于计算 1+2+3+4+5+6+7+8+9+10"<<endl;
    int a;
    int sum=0;
    for(a=1;a<=10;a++)
        sum=sum+a;
    cout<<"计算结果="<<sum<<endl;
}
```

说明:

本程序仅仅是帮助大家熟练掌握 C++ 程序的集成开发环境 VC 6.0,如果代码不是很理解,不要着急,请继续学习第 2 章内容,就会明白了。请热爱学习的同学,赶紧阅读第 2 章吧。

二维码 1-1　习题参考答案

第 2 章 C++程序设计基础

本章通过实例逐步介绍 C++程序设计基础,包括基本数据类型、基本运算符、基本表达式、基本输入输出和基本控制结构。通过本章学习,大家可以完成 C++基本程序设计。

2.1 基本数据类型与表达式

【例 2-1】 引入实例。请编程实现猜谜游戏,判断用户输入的数与指定的数 8 之间的关系。

当输入的数小于 8,就输出一个"低了,你输了";

当输入的数大于 8,就输出一个"高了,你输了";

如果等于 8,就输出"恭喜,你赢了"。

最后输出"游戏结束,不玩了"。

问题分析:

本问题需要输入一个数,并将该数与一个已知数 8 作比较,根据比较的结果进行相应的处理。

遇到第一个问题:这个已知数 8 和输入数如何在程序中存储和表示呢? 如何实现对数的各种处理呢?

2.1.1 基本数据类型

计算机程序中待处理的数据有很多种类型,如整数、小数、字符、字符串等。这些数据特点不同,在计算机里存储方式也不同,在程序中需要加以区分,即在程序中必须先说明待处理的数据所属数据类型。在例 2-1 中,可以发现输入的数为整数,待比较的数 8 也为整数,而输出的数则是一组字符,就是字符串。

数据根据其特点可以有很多种类型,不同类型的数据所占的内存空间、取值范围以及使用方法等不尽相同。

数据可分为基本数据类型和自定义数据类型。基本数据类型是 C++预先定义好的、编译系统内置的数据类型,这些数据类型满足了程序设计中基本、常用的数据表示和运算需求。C++中基本数据类型包括整型(int)、浮点型(float,double)、字符型(char)和布尔型(bool)。C++的基本数据类型如附录 A 中表 A-1 所示(VC++ 6.0)。

2.1.2 变量

待处理的数据需要保存在内存,需要给数据所在内存起一个名字加以标识。如果在程序执行过程中该内存中的数据可以改变,则将该标识符称为变量。

变量必须先定义后使用。定义变量时,不同类型的变量,其所占存储空间不同(见附录 A 中表 A-1)。而变量名就是该存储空间的标识。

在程序运行过程中,变量的值可以改变,也就是该存储空间内所存放的内容可以改变,新的内容总是覆盖旧内容。

1.普通变量

变量定义的格式如下:

数据类型 变量名列表;

如: int a;   //定义一个整型变量 a

    float f1,f2;   //定义两个浮点型变量 f1 和 f2

    char c1,c2 ,c3;   //定义三个字符型变量 c1、c2 和 c3

同时定义多个变量时,变量名之间用","隔开。

定义变量的同时可以对变量赋初值,即变量初始化。如:

    int a = 2,b = 3;

    char c = 'x';

注意,C++中没有字符串变量,字符串要存放在字符类型的数组中。

【例 2-2】 初步完成程序。

C++程序框架为:

```
#include <iostream.h>
void main()
{
    //将代码添加此处
}
```

分析:

如果完成任务,需要一个变量 in 用于接收用户的输入,由于用户输入的数据与已知数 8 作比较,可以假设用户输入的数据为整数。

为此,初步写程序如下:

```
#include <iostream.h>
void main()
{
    int in;
}
```

【例 2-3】 运行程序,观察运行结果。

程序代码如下:

```
#include <iostream.h>
void main()
{
```

```
    int in;
    cout<<in<<endl;//输出
}
```

运行结果：

-858993460

分析：

这是一个随机数，由于当变量 in 没有赋值时，变量的值为随机数。

2. 引用

引用为已定义的变量的别名。例如，有一个小朋友叫李小明，有些人也叫他小明，不管称呼李小明还是小明，都指同一个人。可以认为李小明是变量名，则小明就是他的引用，即变量等价于其引用，为此引用在定义的时候必须指定与其相关联的变量。

引用的定义格式为：

数据类型 & 引用名 = 变量名；

例如：

```
    int r = 10;
    int &rr = r;    //定义一个引用 rr,rr 是 r 的别名，rr 等价于 r
```

注意：

引用不单独占用内存空间，而是与其相关联的变量使用同一个内存空间。

【例 2-4】　引用的使用。

程序代码如下：

```
#include <iostream.h>
void main()
{
    int a = 10;          //定义整型变量 a
    int &ra = a;         //定义引用 ra,ra 是 a 的引用，即 ra 与 a 等价
    cout<<"a = "<<a<<'\t'<<"ra = "<<ra<<endl;
    ra = a + 10;
    cout<<"a = "<<a<<'\t'<<"ra = "<<ra<<endl;
}
```

运行结果：

```
    a = 10      ra = 10
    a = 20      ra = 20
```

分析：

本程序中定义了引用 ra,则 ra 与 a 代表同一块存储单元，程序中对 ra 的操作和对 a 的操作完全等效，所以本程序的运行结果中 ra 和 a 的值始终保持一致。

2.1.3　常量

程序运行过程中值不会改变的量叫作常量。同样地，常量根据其值特点分为多种数据

类型。

1.普通常量

(1)整型常量

C++中,整型常量可以用十进制、八进制和十六进制数来表示。

● 十进制整型常量即最熟悉的十进制数。如:10,－213,9000。

● 八进制整型常量是以 0 开头的数,是由 0 到 7 八个数码所组成的数串。如:0107(等价十进制数为 71)。

● 十六进制整型常量是以 0x 或 0X 开头的数,是由 0 到 9,A 到 F(或 a 到 f)十六个数码所组成的数串,其中 A 到 F(或 a 到 f)对应十进制数 10 到 15。如:0x12b(等价十进制数为 299)。

整型常量后面可以加上字母 L 或 l,表示长整型数据;加上 U 或 u,表示无符号性数据。也可同时加 L 和 U。大小写均可。如:123L,056lu。

(2)浮点型常量

浮点型常量也叫实数型常量。有小数和指数两种表示形式。

● 小数形式由数字、小数点和正负符号组成。以下都是合法的小数形式:0.123,.123,123.,123.0,0.0,－0.123。

● 指数形式采用科学计数法,如 1.23E5 或 1.23e5 表示 1.23×10^5,－1.23e－5 表示 -1.23×10^{-5}。

注意:

字母 E(或 e)前面必须有数字,后面的指数必须是整数。E(或 e)的前后两部分可以省略其一,但不能都省略。

浮点常量默认为双精度浮点型,如果在数的后面加写 F(或 f),则该数为单精度浮点型。如 1.23f。如果在数后面加写 L(或 l),表示长双精度浮点型,如 1.23L。

(3)字符型常量

字符型常量是用单引号来引用的一个字符,如'a','#','等。注意'A'与'a'是两个不同的字符。字符在内存中占一个字节的空间,以 ASCII 码形式存储,如'a'在内存中保存为其 ASCII 码 97,'#'则保存为 ASCII 码 35。正因为如此,字符常量可以参加数值运算。

(4)字符串常量

字符串常量是指用双引号括起来的一组字符序列。如"abc123"。

字符串常量在内存存放时,系统会自动在其尾部加一个'\0'字符,作为字符串结束标记。

特别需要注意区分字符常量和字符串常量,主要有以下几点不同:

● 字符常量用单引号括起来,字符串用双引号括起来;

● 字符常量只能表示单个字符,如'a',在内存中占一个字节。字符串常量内部由多个字符组成,如"a",在内存中存放的实际上是'a'和'\0'两个字符,占 2 个字节。"abc"则占 4 个字节。

● 字符常量可以参加数值运算,字符串常量不能参加数值运算。

(5)转义字符

C++利用转义字符表示特殊字符,通过以\开头,将普通字符转化为具有特殊功能的字符。如换行、回车、响铃等不可显示字符,常见转义字符见表2.1。

表 2.1　常见转义字符表

字符	含义	字符	含义
\'	单引号	'　\"	双引号"
\n	换行	\t	水平制表(一个 tab 键的位置)
\0	空字符	\\	反斜线\
\ddd	ddd 为 1-3 位八进制数字符	\xhh	hh 为 1-2 位十六进制数字符

2.符号常量

为了便于阅读,可以给常量取一个名字,即符号常量。符号常量也必须先定义后使用。符号常量的定义格式为:

♯define　＜常量名＞　＜常量值＞

也可以用:

const　＜数据类型＞　＜常量名＞=＜常量值＞

两种形式定义。

以上两种定义形式的区别如下:

(1)用♯define 命令定义的符号常量,是用一个符号代替一个字符串,在预编译时会将程序中所有符号常量替换为所指定的字符串。例如:

♯define PI 3.1415926

预编译时把 PI 替换为 3.1415926,该数据不占内存单元,不需存储。

(2)用 const 定义的是常变量。常变量具有变量的特征,有类型,在内存中存在以它命名的存储单元,可以用 sizeof 运算符测出其长度。与一般变量唯一不同是指定变量的值在该程序中不能改变。如:

const double PI = 3.1415926

则内存中会给 double 型常变量 PI 分配存储单元,存放数值 3.1415926,在程序运行过程当中,该数值一直不变。

虽然两种定义形式的实现方法不同,但从使用的角度看,都可以认为用一个标识符代表了一个常量。

通常习惯用大写字母作符号常量名,以区别于变量名。

【例 2-5】　符号常量的定义与使用。

程序代码如下:

```
♯include ＜iostream.h＞
♯define   PI 3.1415926   //定义符号常量 PI
void main()
{
    double area,circle,r;  //double 型变量 area、circle 和 r 用于存储面积、周长和半径
    r = 5;                 //将 5 赋值给变量 r
    area = PI * r * r;     //计算圆的面积,并赋值给 area
    circle = 2 * PI * r;   //计算圆的周长,并赋值给 circle
```

```
    cout<<"area = "<<area<<endl<<"circle = "<<circle<<endl;
        //输出变量 area 和 circle 的值
}
```

运行结果：

area = 78.5398

circle = 31.4159

本程序还可以写作：

```
#include <iostream.h>
void main()
{
    double area,circle,r;
    const double PI = 3.1415926;    //定义常变量 PI
    r = 5;
    area = PI * r * r;
    circle = 2 * PI * r;
    cout<<"area = "<<area<<endl<<"circle = "<<circle<<endl;
}
```

运行结果相同。

使用符号常量的好处：

(1)使程序更容易修改。

例 2-5 中，如果想要修改计算的精度，比如圆周率 π 想变成 3.14，那么只需要把程序的第 2 句改为 #define PI 3.14 即可。而不需要在整个程序中到处找圆周率出现的地方，并一一修改，避免了因漏掉或输错而造成的运行结果错误。

(2)程序更易读。

可以用有特定含义的名称作为符号常量，比起在程序中直接用数值等常量，符号常量使程序更清晰易懂。

注意：

符号常量是常量，其值在程序运行过程中是不能改变的。

2.1.4　运算符和表达式

C++ 提供了非常丰富的运算符，可以进行各种类型的运算。分为算术运算符、关系运算符、逻辑运算符、赋值运算符、条件运算符、逗号运算符、位运算符和其他运算符(包括 sizeof、new、delete)。

根据操作数的个数，以上的各种运算符又可以分为：单目运算符(一个操作数)、双目运算符(两个操作数)和三目运算符(三个操作数)。

本书将主要介绍常用的运算符及由它们连接成的各种表达式。

1.算术运算符和表达式

算术运算符是最为常用的。C++ 中的算术运算符见表 2.2。

表 2.2　算术运算符

算术运算符	作用	目数	表达式例
+	加法	双目	5＋3
－	减法	双目	1.2－2.4
*	乘法	双目	1.2＊2.4
/	除法	双目	5/3
%	求余	双目	5%3
++	自增	单目	i++ , ++i
－－	自减	单目	i－－ , －－i
+	取正	单目	＋5,＋1.2
－	取负	单目	－8

说明：

（1）两个整数相除时，只保留结果的整数部分，而不进行四舍五入。如 5/2 的结果为 2，而不是 2.5 或 3；1/3 的结果为 0。除法中只要有一个数是浮点数，则按浮点数进行除法运算，且结果也为浮点数。如 5.0/2、5/2.0、5.0/2.0 的结果均为 2.5。

（2）求余运算符"%"的左右两侧操作数都必须是整型，求得的是两个数相除的余数。如 10%3 的结果为 1；10%2 的结果为 0。一般"%"的操作数不为负数，如果为负数，其含义由相应的编译程序来解释。

（3）"++"和"－－"运算符实现操作数的自增 1 和自减 1 运算。有前置和后置两种用法。操作数类型一般为算术类型和指针类型的变量。

如一个变量 a＝5，则 ++a 和 a++，都相当于 a＝a＋1（"＝"是赋值运算符，功能是把运算符右边的计算结果给左边的对象），即 a 得到一个新值 6。那么前置和后置有什么区别呢？看一个例子，假如有语句：

int a＝5,b；

则执行

b＝a++ ；

和

b＝ ++a；

结果会有什么不同呢？

"b＝a++ ；"等价于"b＝a；"和"a＝a＋1；"两条语句，即"++"后置时，先使用变量 a（此处为赋值），后给变量 a 加 1。执行结果为 b＝5,a＝6。

"b＝ ++a；"等价于"a＝a＋1；"和"b＝a；"两条语句，即"++"前置时，先给变量 a 加 1，后使用变量 a（此处为赋值）。执行结果为 b＝6,a＝6。

"－－"的用法同理。

【例 2-6】　++ 运算符使用。

程序代码如下：

```
#include <iostream.h>
void main()
```

```
    {
        int test = 10；
        cout<<"test = "<< ++ test<<endl；        //修改处
        cout<<"test = "<<test<<endl；
    }
```

运行结果：

  test = 11

  test = 11

分析：

程序首先定义了一个变量 test，并初始化值为 10。修改处语句的执行顺序等价于如下 2 条语句。

  test = test + 1；

  cout<<"test = "<<test<<endl；

如果将修改处的语句改为 cout<<"test = "<<test ++ <<endl；

则等价于：

  cout<<"test = "<<test<<endl；

  test = test + 1；

此时运行结果为：

  test = 10

  test = 11

可见，"++"和"--"运算符在得到运算结果的同时，也改变了变量的原值，也就是说该类运算符是有副作用的，而这种副作用有时会对程序产生不良的影响，在使用时务必小心。

（4）所有算术运算符中先算单目运算符（++、--、取正、取负），然后是 *、/、%，最后算加、减。除单目运算符外，同级运算从左向右进行。

2.关系运算符和表达式

关系运算符用来比较两个数之间的关系。C++的关系运算符有：

>（大于）、<（小于）、>=（大于等于）、<=（小于等于）、==（等于）、!=（不等于）

以上均为双目运算符。

用关系运算符联接起来的式子为关系表达式。关系表达式的结果值是 bool 型，即结果只能为 true 或 false。如果表达式的关系成立，结果为 true；如果关系不成立，结果为 false。例如以下关系表达式：

5>=3   结果为 true

'a'!='b'   结果为 true

1.5>1.6   结果为false

说明：

（1）关系运算符中，"=="和"!="的优先级别较低。其他关系运算符的优先级相同。如 a==b>c 等价于 a==(b>c)。

（2）尽量避免对两个浮点数进行"=="和"!="的比较运算。因为浮点数在计算机中是二进制数的形式，程序中书写的是十进制数的形式，这两种形式之间不能精确对应，存在误差。所以对浮点数进行"=="和"!="比较会出错。判断两个浮点数是否相等，可用判断它们之间的差是否小于某个很小的数来实现。例如,有定义"double a;"则用(a－10.2)<0.0003 可以认为在判断 a 是否等于 10.2。

(3)特别注意区分"＝"和"＝＝",前者为赋值运算符,后者为比较运算符。

3.逻辑运算符和表达式

C++有三个逻辑运算符:!（逻辑非）、&&（逻辑与）、‖（逻辑或）。逻辑运算的操作数和结果值均为 bool 型。

"&&"和"‖"为双目运算符。运算规则见表 2.3。

表 2.3　逻辑运算运算规则

操作数 1	逻辑运算	操作数 2	运算结果
false		false	false
false	&&	true	false
true		false	false
true		true	true
false		false	false
false	‖	true	true
true		false	true
true		true	true

从表 2.3 中可以看出,"&&"运算只有两边操作数均为 true 时,结果为 true;只要有一边是 false,则结果为 false。"‖"运算只有两边操作数均为 false时,结果为 false;只要有一边是 true,则结果为 true。

例如:

int a＝2,b＝3,c＝5;

则逻辑表达式

(b>a)&&(b <c)表示 b 是否大于 a 并且小于 c;很显然,结果为 true;

"!"为单目运算符,使用格式为:! 操作数,用于对操作数取反。

例如:假设

int a＝2;

则! a 结果为false。因为认为非零数为 true;零为false;所以 a 的值为 2,是非零数,所以为 true,再取反,结果为false。

说明:

"!"的运算优先级最高,其次是"&&",最后是"‖"。

【例 2-7】　输入一个整数,如果该数是能被 3 和 5 整除的数,则输出该数,否则输出该数加 10 的值。

程序代码如下:

```
#include <iostream.h>
void main()
{
    int i;
    cin>>i;
```

```
    if(i%3==0&&i%5==0)        //if -else 语句,括号内为判断条件
        cout<<i<<endl;
    else
        cout<<i+10<<endl;
}
```

运行结果:

① 　15(回车)

　　15

② 　18(回车)

　　28

分析:

本例中的 if 语句将于 2.3 节详细介绍。if 语句的判断条件"i%3==0&&i%5==0"是一个较长的表达式,式中包括算术运算符"%"、关系运算符"=="和逻辑运算符"&&"。按照运算符的优先级,本式等价于((i%3)==0)&&((i%5)==0)。

当输入:

① 15,则 i=15,"i%3==0"的结果为 true;"i%5==0"的结果为 true;所以整个表达式的结果为 true,if 语句的判断条件满足,屏幕会输出"15"。

② 18,则 i=18,"i%3==0"的结果为 true;"i%5==0"的结果为 false;使得整个表达式的结果为 false,if 语句的判断条件不满足,屏幕会输出"28"。

4.赋值运算符和表达式

赋值运算符有两类:简单赋值运算符和复合赋值运算符。带有赋值运算符的表达式叫作赋值表达式。

(1)简单赋值运算符"="。作用是将赋值运算符右边操作数的值赋给左边的操作数。双目运算符,运算的结合性为从右向左。如以下赋值表达式:

a=5

a=3*4

a=a+1

(2)复合赋值运算符。C++中规定了 10 种复合赋值运算符,分别为:

+= 、-= 、*= 、/= 、%= 、&= 、| = 、^= 、>>= 、<<=

其中前 5 个算术复合赋值运算符,由赋值运算符和算术运算符组合而成;后 5 个为位操作复合赋值运算符,由赋值运算符和位运算符组合而成,请感兴趣的读者自行学习。表 2.4 是算术复合赋值运算符的介绍。

表 2.4　算术复合赋值运算符

运算符	含义	例式	等价式
+=	加赋值	a+=5	a=a+5
-=	减赋值	a-=5	a=a-5
*=	乘赋值	a*=5	a=a*5
/=	除赋值	a/=5	a=a/5
%=	求余赋值	a%=5	a=a%5

说明：

● 复合赋值运算符与"="的运算优先级一样。

● 复合赋值运算符之间不能有空格，比如 += 不能写成 +　=，否则编译过程无法通过。

5.条件运算符和表达式

条件运算符是 C++ 中唯一的一个三目运算符。使用格式如下：

条件表达式？ 表达式 1：表达式 2

条件表达式是能够产生 true 或 false 结果的任意表达式，该表达式的结果如果为 true，则执行表达式 1；如为 false，则执行表达式 2。

例如：

```
int a = 2,b = 3;
c = a>b? a:b;    //c 取变量 a 和 b 中较大的那个数,c 的值为 3
```

说明：条件运算符的结合方向为从右向左。

6.逗号运算符和表达式

C++ 中","是一种运算符，一般用","连接多个表达式。

格式如下：

表达式 1，表达式 2，……，表达式 n

从左向右依次求解各个表达式，最后一个表达式的结果作为整个逗号表达式的结果。如：

a = 10,b = 2,x = a + b

以上逗号表达式的结果为 12，变量 a = 10,b = 2,x = 12。

7.sizeof 运算符

用于计算操作数所占的内存空间，即字节数。格式为：

sizeof(表达式)

或

sizeof(数据类型)

例如：

①sizeof(5.0 + 3.0)；　//计算表达式"5.0 + 3.0"的结果所占的内存字节数

注意：

在这个计算过程中，并不对表达式"5.0 + 3.0"本身求值。"5.0"和"3.0"都是双精度浮点常数，由于表达式"5.0 + 3.0"的结果类型为 double，则表达式 sizeof(5.0 + 3.0)的结果为 8。

②sizeof(char)；　//计算 char 型数据所占的内存字节数，结果为 1。

【例 2-8】　sizeof 的使用。

程序代码如下：

```
#include <iostream.h>
void main()
{
    int i = 10;
    float f = 2.3;
    double b = 3.4;
```

```
    char c = 'A';
    cout<<sizeof(i)<<"  "<<sizeof(f)<<"  ";
    cout<<sizeof(b) <<"  "<<sizeof(c)<<"  ";
    cout<<sizeof("book") <<"  ";    //计算字符串"book"所占的内存字节数。
    cout<<sizeof(bool)<<endl;        //计算字符型数据所占的内存字节数。
}
```

运行结果：

4　4　8　1　5　1

本程序中用 sizeof 运算符计算了 int 型、float 型、double 型、char 型、bool 型以及字符串在内存所占的字节数，从运行结果可以观察到不同类型数据在内存中所占字节数的差异。其他数据类型在内存所占字节数见附录 A 中表 A-1。

注意：

同一类型的操作数在不同的计算机系统中所占的字节数不尽相同，所以 sizeof 的结果可能不一样，比如 sizeof(int)的结果可能是 4，也可能是 2。

8.优先级和结合性

所有运算符都具有优先级和结合性。如果一个表达式含有多种运算符，则系统会按优先级从高到低的顺序进行计算。如果遇到多个同级别的运算符，系统就根据结合性进行计算。表 2.5 列出常用 C++ 运算符、结合性和优先级排列顺序，详细的请参见附录 A 中表 A-2。

表 2.5　C++ 的运算符、结合性和优先级

优先级	运算符	描述	目数	结合性
1	( )	圆括号	单目	从左向右
2	++ , −−	自增（前置），自减（前置）		从右向左
3	* , / , %	乘，除，取余	双目	从左向右
4	+ , −	加，减		
5	> , >= , < , <=	大于，大于等于，小于，小于等于		
6	== , !=	等于，不等于		
13	?:	条件运算	三目	从右向左
14	= , + = , − = , * = , / = , % =	赋值运算	双目	

9.类型转换

如果一个表达式中包含各种数据类型，那么怎样进行计算呢？首先进行数据类型转换，即把参与运算的数据都转换成一致的数据类型，然后计算。

数据类型转换分两种：自动类型转换和强制类型转换。

（1）自动类型转换。C++ 语言编译系统提供的内部数据类型的自动类型转换规则为：低类型数据转换为高类型。数据类型高低排列顺序如下：

char　short　int　unsigned　long　unsigned long　float　double

低 →　　　　　　　　　　　　　　　　　　　　　　　　　　　　高

计算表达式时，转换过程是按照运算的优先级顺序逐个运算符（主要指双目运算符）进行转换。运算符两侧的操作数类型不一致时,要把低类型转换成高类型。

如有如下变量定义:

  int a = 5;

  char c = 'a';

  float f = 7.0;

则计算表达式 f + c/a 时,先把 c 转换成整型数据 65,计算 c/a 得到 13,然后把 13 转换成 double 型数据 13.0,计算 f + 13.0,得到整个表达式的结果 20.0。

逻辑运算要求操作数为 bool 型,即 true 或 false,计算时将非 0 值转换为 true,0 值转换为 false。

如:int a = 5;

  bool b = true;

则表达式 a&&b 的结果为 true。表达式! a 的结果为 false。

赋值运算符要求运算符左边与右边的值类型一致,如果不一致,则将右值类型转换为左值,而不用考虑数据类型的高低。

如:int a = 75;

  char c;

  float f = 7.5;

则表达式 c = a 的结果是 c = 'k';表达式 a = f 的结果是 a = 7,但是这样赋值不够安全,会损失数据精度。

(2)强制类型转换。强制类型转换可以将某个数据的类型转换成需要的类型,而不受类型高低的限制。这样可以满足更多的运算需求。

格式为:

数据类型(表达式)

(数据类型)表达式

例如:

float f = 8.178;

int a,b;

a = int(f) + 5;   //取变量 f 的整数部分加 5,得到 a = 13

b = (int)f − 5;   //取变量 f 的整数部分减 5,得到 b = 3

注意:

强制类型转换只对当前语句有效。

2.1.5　语句

一个完整的程序由若干条语句组成。C++中语句包括:声明语句、表达式语句、空语句、复合语句、选择语句、循环语句和调转语句等。

1.声明语句

声明语句用来定义变量等。如:

  int i;

```
char c;
```

2. 表达式语句

前面所介绍的任何一个表达式加上一个分号就是一条表达式语句。

例如：

```
int a = 75;
a++;
c = a>b? a:b;
```

执行表达式语句就是计算该表达式。

3. 空语句

空语句是一个特殊的语句,仅由";"构成,执行空操作,通常是出于语法要求而设置的。

4. 复合语句

复合语句是由两条或两条以上的语句构成,并用一对"{ }"括起来的语句,这一组语句作为一个相对独立的语句块。复合语句中的语句可以是单条或多条语句,也可以包含别的复合语句。

2.2   基本输入和输出

在 C＋＋ 中,使用标准输入设备(键盘)输入数据,使用标准输出设备(显示器)输出数据。标准输入流指从键盘流向内存的数据;标准输出流指从内存流向显示器的数据。流中的数据内容可以是 ASCII 字符、二进制形式的数据、图形图像、数字音频视频或其他形式的信息。

C＋＋ 提供了功能强大的输入输出流类库,关于输入输出流类及其使用将在第 9 章详细介绍,这里为了方便编写简单的程序,首先介绍两个流对象:cout 和 cin。其中 cout 为用于屏幕输出的流对象,cin 为用于键盘输入的流对象,使用 cin 和 cout 可实现简单的输入和输出操作。这两个对象均定义在＜iostream＞类库中,因此使用时须包含该头文件,格式为:

```
＃include ＜iostream.h＞
```

2.2.1   基本输入

输入流对象 cin 的语句格式为:

cin＞＞变量 1＞＞变量 2＞＞……＞＞变量 n;

其中:"＞＞"是预定义的提取运算符,用于接受键盘输入。

执行过程:当程序执行到 cin 时,暂停执行并等待从键盘输入相应数目的数据,输入完数据并回车后,cin 从输入流中取得相应的数据并将其赋值给相应的变量中。

当一个 cin 后面有多个变量时,则用户在输入数据的个数应与变量的个数相同,各数据之前用一个或多个空格隔开,输入完后按回车键;或者,每输入一个数据按回车键。

如:

```
int a,b;
cin＞＞a＞＞b;    // 从键盘输入变量 a 和 b 的值
```

假如键盘输入:

　　　3 5（回车）

则 a = 3, b = 5。

说明：

● cin 后面所跟的变量可为任何数据类型。

● "＞＞"操作符后除了变量名外不得有其他数字、字符串或字符。如：

　　cin＞＞"x = "＞＞x＞＞10；　　//错误,不能使用字符串常量"x = "和整型常量 10。

2.2.2　基本输出

输出流对象 cout 输出语句格式为：

cout＜＜数据 1＜＜数据 2＜＜……＜＜数据 n；

其中："＜＜"是预定义的插入运算符,用于将数据在屏幕上输出。

cout 依次计算其后的数据并输出。

如,设变量 a 的值为 5：

　　cout＜＜"a = "＜＜a；　　//在屏幕上输出字符串"a = "、变量 a 的值,即：a = 5。

说明：

● 多个输出数据写在一个 cout 中,各输出项间用"＜＜"操作符隔开。

● cout 首先按从右向左的顺序计算出各输出项的值,然后再输出各项的值。

　　设变量 i 的值为 2,则

　　cout＜＜i＜＜","＜＜i + + ＜＜","＜＜i + + ；

　　输出结果为：4,3,2

● 用"cout＜＜"输出基本类型的数据时,不必考虑数据是什么类型,系统会判断数据类型。

● 一个 cout 语句也可拆成若干行书写,但注意语句结束符";"只能写在最后一行上。

例如：

cout＜＜"value of a："　　//注意行末无分号

　　＜＜a

　　＜＜"value of b："

　　＜＜b

　　＜＜"The result is："

　　＜＜sqrt(a * a + b * b)；　　//在此处书写分号

● 在 cout 中还可使用流控制符控制数据的输出格式。流控制符定义在头文件 iomanip. h 中。常用的流控制符及其功能如表 2.6 所示。

表 2.6　常用输出流控制符及其简要描述

控制符	描述
dec	数值数据采用十进制表示
hex	数值数据采用十六进制表示
oct	数值数据采用八进制表示
endl	插入换行符,并刷新流

续表 2.6

控制符	描述
setprecision(n)	设显示小数精度为 n 位(包含小数点)
setw(n)	设域宽为 n 个字符
setfill(c)	设填充字符为 c

【例 2-9】 输出实例 1。

程序代码如下:

```cpp
#include <iostream.h>
void main()
{
    int a,b;
    cin>>a>>b;
    cout<<a<<"\t"<<oct<<b<<endl;
    cout<<oct<<a<<"\t"<<b<<endl;
}
```

运行结果:

假设输入:12 8

输出:12   10

　　　14   10

分析:

默认情况下,cout 后面的变量的值以十进制方式输出,如果用 oct 控制符限定,则以八进制输出。

【例 2-10】 输出实例 2 。

程序代码如下:

```cpp
#include <iostream.h>
#include <iomanip.h>
void main()
{
    double a;
    cin>>a;
    cout<<setw(8)<<a<<endl;
    cout<<setfill('*')<<setw(8)<<a<<endl;
    cout<<setprecision(3)<<a<<endl;
}
```

运行结果:

假设输入:1.23456789

输出:

　1.23457

*1.23457

1.23

分析：

cout 后面的 setw(8)表示后面的数据在屏幕上占 8 个位置，不足 8 位的左面用空格填充；而 setfill('*')，则表示不足位数用指定的 * 填充；setprecision(3)表示后面数据有效数字为 3 位。

2.2.3　综合实例分析

【例 2-11】　数据的输入和输出实例。

程序代码如下：

```cpp
# include <iostream.h>
void main()
{
    int i;
    double d;
    char c;
    cout<<"Input a integer，a float，a character："；    //输出提示字符串
    cin>>i>>d>>c；    //键盘输入变量值
    cout<<"integer："<<i<<" float："<<d<<" character："<<c<<endl；
        //输出字符串和变量值
}
```

运行结果：

Input a integer，a float，a character：

20　5.8　a(回车)

integer：20 float：5.8 character：a

分析：

首先输出：Input a integer，a float，a character：

然后等待用户输入，

当用户输入：20　5.8　a　回车后，则将 20 赋给变量 i；5.8 赋给变量 d；a 赋给变量 c。

然后输出的时候，将 cout 后面""内的内容原样输出，变量用变量值代替，按顺序输出。

则得到 integer：20 float：5.8 character：a

2.3　基本控制结构

程序有三种基本控制结构：顺序结构、选择结构和循环结构。其中，顺序结构程序是最简单的程序结构，程序由若干条语句组成，其执行顺序是按照语句先后顺序依次执行。选择结构程序是根据给定的条件判断下一步要执行程序的哪一个分支。循环结构程序是在给定的条件满足的情况下，反复执行某个程序段。由基本程序结构组成的程序可以解决各种复杂的问题。

【例 2-12】 编程实现:输入任意两个整数,首先输出这两个数,然后交换这两个数,再输出交换后的两个数据。

程序代码如下:

```cpp
#include <iostream.h>
void main()
{
    int number1,number2,temp;
    number1 = 5;
    number2 = 6;
    cout<<"交换前:"<<number1<<"和"<<number2<<endl;
    temp = number1;
    number1 = number2;
    number2 = temp;
    cout<<"交换后:"<<number1<<"和"<<number2<<endl;
}
```

运行结果:

交换前:5 和 6

交换后:6 和 5

分析:

本程序为顺序结构,其执行顺序是从上而下,依次执行,从而实现交换变量 number1 和 number2 的值。

2.3.1 选择结构

实现选择结构有两种语句:if 语句和 switch-case 语句。

1.if 语句

(1)双分支 if 语句。形式如下:

if(表达式)

　　语句 1

else

　　语句 2

执行过程为:首先计算 if 后面圆括号内表达式的值,若表达式的值为非 0 值,则执行语句 1,否则执行 else 后面的语句 2。

其执行流程如图 2.1 所示。

说明:

● 语句 1 和语句 2 均可以是复合语句。

● 语句 1 和语句 2 在某一条件下只能执行其中之一。

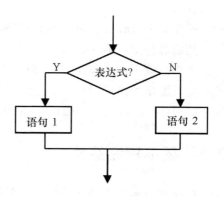

图 2.1　双分支 if 语句流程示意图

● if 语句后面的表达式一般是逻辑表达式或关系表达式,也可以是任意的数值类型。

【例 2-13】 输入两个整数,输出其较大值。

程序代码如下:

```
#include <iostream.h>
void main()
{
    int a,b;
    cout<<"Enter two integers:";
    cin>>a>>b;
    if(a>b)
        cout<<"the max value is"<<a<<endl;
    else
        cout<<"the max value is"<<b<<endl;
}
```

运行结果:

Enter two integers:5 3　　(回车)

the max value is　5

分析:

当输入 5 3 时,则变量 a 的值为 5,变量 b 的值为 3,
a>b的值为 true,则执行语句:

cout<<"the max value is"<<a<<endl;

得到结果为:the max value is　5

请思考:如何在 3 个数中找出最大数?

(2)单分支 if 语句。当条件表达式的值为 N 时,不
执行语句时,则 if-else 语句省去 else 分支,构成单分支
结构。

形式如下:

if(表达式)
　　语句

其流程如图 2.2 所示。

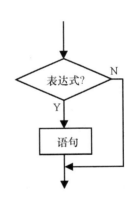

图 2.2　单分支 if 语句流程示意图

【例 2-14】 输入一个整数,判断是否为正数,是则输出 yes,否则什么也不做。

处理流程图如图 2.3 所示。

程序代码如下:

```
#include <iostream.h>
void main()
{
    int a;
    cin>>a;
```

```
if(a>0)
    cout<<"yes\n";
}
```

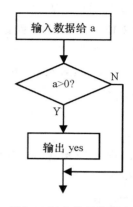

运行结果：

①当输入：5（回车）

则输出：yes

②当输入：-1（回车）

则什么也不输出。

2.if 语句的嵌套

上述的双分支和单分支 if 语句只能实现简单的
选择结构，即只能执行 1 次判断，有 1 或 2 个分支。
往往待解决的实际问题有多种选择，需要执行多次
判断，则应该用到 if 语句的嵌套。

图 2.3　例 2-14 程序处理流程示意图

（1）嵌套的 if 语句。当双分支 if 语句中的语句 1 和语句 2 又是一个 if 或 if-else 语句时，
形成了 if 语句的嵌套。

形式如下：

if（表达式 1）

**　　if(表达式 2)**

**　　　　语句 1**

**　　else**

**　　　　语句 2**

**　　else**

**　　if(表达式 3)**

**　　　　语句 3**

**　　else**

**　　　　语句 4**

继续完成例 2-1 要求。

分析题目要求，可以获得问题的处理流程图如图 2.4 所示。

分析：

本问题就是有三种可能，因此需要多选择结构实现。在程序中利用了嵌套 if 语句加以
实现。

程序代码如下：

```
#include <iostream.h>
void main()
{
    int in;        //定义一个整型变量 in 用于保存用户输入数据
    cin>>in;       //输入数据赋值给 in
    if(in==8)
```

```
        cout<<"恭喜,你赢了!"<<endl;
    else
        if(in>8)
            cout<<"高了,你输了!"<<endl;
        else
            cout<<"低了,你输了!"<<endl;
    cout<<"游戏结束,不玩了!"<<endl;
}
```

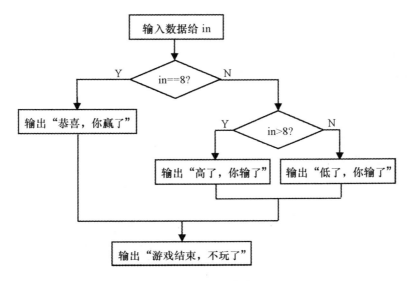

图 2.4　例 2-1 程序流程图

运行结果:

①当输入:15(回车)

高了,你输了!

游戏结束,不玩了!

②当输入:8(回车)

恭喜,你赢了!

游戏结束,不玩了!

③当输入:5(回车)

低了,你输了!

游戏结束,不玩了!

注意:

● 每层的 if 要与 else 配对,如果省略某一个 else,要用"{ }"括起该层的 if 语句来确定层次关系。

● 在多个 if 和 else 的嵌套中,else 总是和它上面离它最近的,并且没有和其他 else 配对的 if 配对。

(2)else-if 语句。这是嵌套的一种特殊形式,这种形式中,所有的嵌套都发生在 else 子句中。语法形式为:

if(表达式 1)

    语句 1

else if(表达式 2)

    语句 2

        ⋮

else if(表达式 n)

    语句 n

else

    语句 n+1

最后一条 else 语句可以没有。其流程如图 2.5 所示。

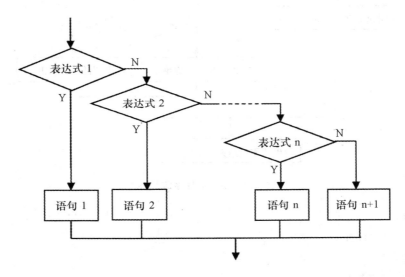

图 2.5   else-if 语句流程示意图

这种结构非常适合处理阶梯问题。比如,根据学生成绩划分学生等级等。

【例 2-15】 输入学生百分制成绩,根据成绩所处范围给出学生成绩等级。

程序处理流程图如图 2.6 所示。

程序代码如下:

```cpp
#include <iostream.h>
void main()
{
    int score;
    cout<<"input a score between 0——100: ";
    cin>>score;
```

```
if(score>=0&&score<60)
    cout<<"the grade is E.";
else if(score<70)
    cout<<"the grade is D.";
else if(score<80)
    cout<<"the grade is C.";
else if(score<90)
    cout<<"the grade is B.";
else if(score<=100)
    cout<<"the grade is A.";
else
    cout<<"the grade is error.";
cout<<endl;
}
```

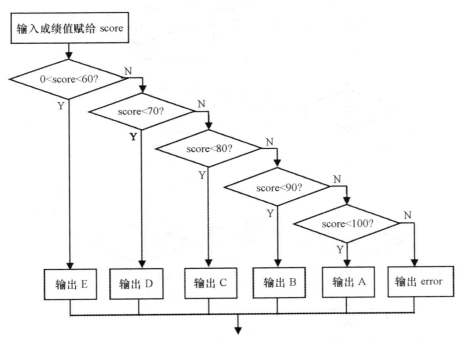

图 2.6　百分制成绩转换为等级程序流程示意图

运行结果：

Input a score between 0－－100:78（回车）

the grade is C.

本例中的成绩等级有"A"、"B"、"C"、"D"、"E"5 种,使用 else-if 语句可以涵盖所有 5 种情况甚至更多的情况。

3.switch-case 语句

尽管用 else-if 语句可以实现多分支结构,但当分支很多时,程序会显得过于复杂,而且频

繁的计算表达式也很费时。这种情况可以用开关语句 switch-case,语法形式为:

    switch(表达式)
    {
        case 常量 1:语句组 1;
        case 常量 2:语句组 2;
         ⋮
        case 常量 N:语句组 N;
        default:语句组 N＋1;
    }

执行流程如图 2.7 所示:

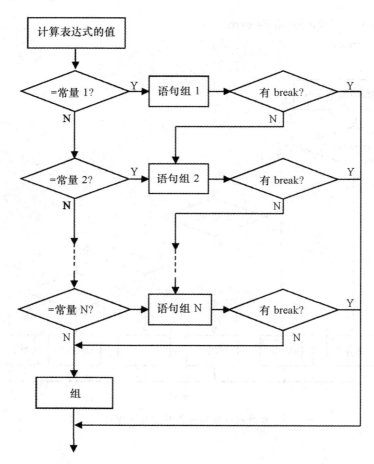

图 2.7　switch-case 结构处理流程示意图

首先计算 switch 后面表达式的值,然后将按前后次序依次与各个 case 后面的常量比较。当与常量 i 的值一致时就执行该 case 后边的语句组 i,如果遇到 break 语句时就退出 switch 结构并继续执行 switch 结构后面的语句;如果遇不到 break 语句,则一直顺序执行下面其他 case 后边的语句,直到遇到 break 语句或最后退出 switch 语句为止。如果表达式的值与所有的 case 后边的常量值都不相等时,则执行 default 后边的语句组 N+1;若无 default 项时(default 项可缺省),则直接退出 switch 语句。

说明:

● switch 后面表达式的值可以是整型或字符型,case 后面的常量值必须与其匹配。

● case 后面的常量值必须互不相同。

● 多条 case 可以共用一个语句。

● 如果同一个 case 后面的语句是多条语句,可以不用"{ }"括起来。

● 一般程序在每个 case 语句执行完后,会增加一个 break 语句,使程序跳出 switch 结构,否则将顺序执行下面的 case 或 default 语句,直到执行完整个 switch 语句。

● case 和 default 语句的顺序不会影响执行结果,但 default 语句习惯上放在最后。

【例 2-16】 **根据考试成绩等级判断是否大于 60 分。即输入成绩等级,如果是 A、B、C 或 D,则输出>=60,如果为 E 则输出<60;其他情况输出 error。**

分析题目要求,可以绘制出处理流程图如图 2.8 所示。

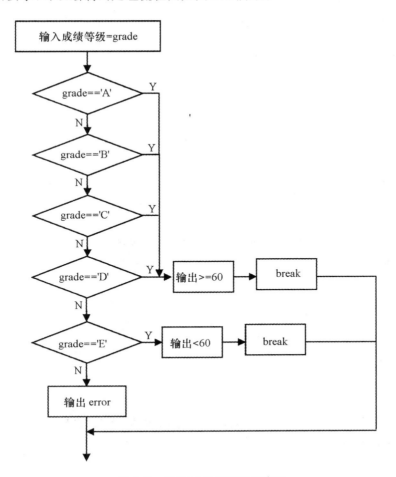

图 2.8　例 2-16 程序流程示意图

程序代码如下：

```cpp
#include <iostream.h>
void main()
{
    char grade;
    cout<<"Input the grade（capital letter）:";
    cin>>grade;
    switch(grade)
    {
        case   'A':
        case   'B':
        case   'C':
        case   'D': cout<<">= 60";
            break;
        case   'E':cout<<"<60";
            break;
        default:cout<<"error";
            break;
    }
    cout<<endl;
}
```

运行结果：

Input the grade（capital letter）:C（回车）

>= 60

分析：

本例中 switch 语句中依据 grade 值的不同，执行不同 case 后面的语句组。其中

```cpp
        case   'A':
        case   'B':
        case   'C':
        case   'D'
```

共用语句组

```cpp
        cout<<">= 60";
        break;
```

请思考：

如果实现根据输入的字符 A、B、C、D、F 分别输出成绩"优"、"良"、"中"、"及格"和"不及格"，其他字符输出 error。如何实现程序？

2.3.2　循环结构

如果希望在屏幕上不断输出 0 1，如何实现？这个问题中，就是希望计算机反复输出 0 1，

在计算机中,当给定条件成立时,反复执行某个程序段,是利用循环结构实现的。通常称给定条件为循环条件,反复执行的程序段为循环体。循环体可以是复合语句、单个语句或空语句,其中应该包括循环修改语句,使得循环有结束的趋势。同时在循环之前,需要设定一些初始值。

　　C++中实现循环结构的有三种语句:while 语句、do-while 语句和 for 语句,在很多情况下,这三种语句可以相互替换。

　　1. while 语句

形式如下:

while(表达式)

{ 循环体语句组; }

处理流程如图 2.9 所示。

while 语句首先计算表达式的值,然后判断其值是否非 0,若非 0 则执行循环语句。然后再次判断表达式的值,重复上述过程,直到表达式的值为 0,结束循环。

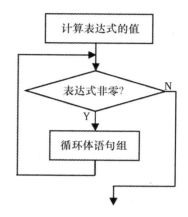

图 2.9　while 语句流程示意图

　　说明:

　　● 在 while 循环体中应有使循环趋向于结束的语句,否则循环将无法结束,成为死循环。

　　● 循环体有可能一次也不执行,因为 while 语句先判断表达式,表达式的值有可能一开始就为 0,此时循环体将不会被执行,直接执行 while 结构后面的语句。

　　● 循环体如果是多条语句,则用"{}"括起来以复合语句的形式出现。如果不加大括号,则只有 while 后面的一条语句为循环体。

　　【例 2-17】　在屏幕上不断输出 0 1。

　　程序代码如下:

```
#include <iostream.h>
void main()
{
    while(1>0)
        cout<<"0 1 ";
}
```

　　说明:

　　这里循环条件为 1>0,这个是永远都成立的,因此循环体 cout<<"0 1 ";会被一直执行。这是一个死循环。

　　系统强制退出死循环的方法:ctrl+break 或 ctrl+C。

　　思考:

　　● 如果将循环条件改为 1<0 会是什么结果?

　　● 如果输出 100 个 0 1 如何实现?

【例 2-18】 求 1 + 2 + 3 + … + 100 的值。

程序代码如下:

```
#include <iostream.h>
void main()
{
    int i = 1,sum = 0;
    while(i<= 100)
    {
        sum = sum + i;
        i + + ;
    }
    cout<<"The sum of 1~100 = "<<sum<<endl;
}
```

运行结果:

The sum of 1~100 = 5050

分析:

本例中,语句"int i = 1,sum = 0;"为循环初值;"i<= 100"是循环条件;语句组

```
{
    sum = sum + i;
    i + + ;
}
```

为循环体。

其中语句"i + + ;"是能够使循环趋向结束的语句,称为循环修改。

整个循环执行完后,sum 中即为 1~100 的求和。

while 语句的表达式常出现以下形式:

● while(i)等价于 while(i! = 0)。

● while(! i)等价于 while(i == 0)。

● while(1) 表示无限循环。

2.do-while 语句

形式如下:

do

{ **循环体语句** }

while(表达式);

do-while 语句会先执行一次循环体,然后再判断表达式,表达式为非 0 值,则执行循环体,直到表达式为 0,跳出循环。其流程如图 2.10 所示。

注意:

● do-while 语句的循环体至少执行一次。

● "while (表达式);"最后的分号不能丢。

【例 2-19】　用 do-while 改写例 2-18。

程序代码如下：

```
#include <iostream.h>
void main()
{
    int i=1,sum=0;
    do
    {
        sum=sum+i;
        i++;
    } while(i<=100);
    cout<<"The sum of 1~100 = "<<sum<<endl;
}
```

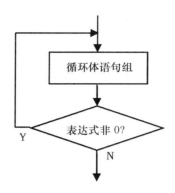

图 2.10　do-while 语句流程示意图

do-while 语句的特点是先执行一次循环体，再判断条件。即使条件根本就不满足，也会执行一次循环体，所以使用时要特别留意。

3. for 语句

形式如下：

```
for(表达式 1;表达式 2;表达式 3)
{
        循环体语句组;
}
```

for 语句首先计算表达式 1，然后判断表达式 2 的值，若为非 0 值，则执行循环体，然后计算表达式 3，以上是一次循环。接着判断表达式 2 的值进入下一次循环，直到表达式 2 的值为 0 为止。执行流程如图 2.11 所示。

表达式 1 用于进入循环之前给某些变量赋初值，称为初值表达式；表达式 2 代表循环条件，称为条件表达式；表达式 3 用于在循环一次后修正某些变量的值，使循环趋向结束，称为增量表达式。

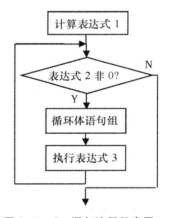

图 2.11　for 语句流程示意图

【例 2-20】　用 for 语句改写例 2-18。

程序代码如下：

```
#include <iostream.h>
void main()
{
    int i,sum=0;
    for(i=1;i<=100;i++)
        sum=sum+i;
    cout<<"The sum of 1~100 = "<<sum<<endl;
}
```

说明：

for 语句的三个表达式中任何一个都可以省略，但分号不能省略。

(1)省略表达式 1。表示循环没有初值，则初值应该在 for 语句之前给出。例 2-20 中的 for 循环可以写成：

```
int i=1;
for(;i<=100;i++)
    sum=sum+i;
```

(2)省略表达式 2。循环没有终止条件，会引起死循环，应在循环体中给出循环结束条件和语句(break 语句)。上述 for 循环可以写成：

```
for(i=1;;i++)
{
    sum=sum+i;
    if(i>100)
        break;
}
```

(3)省略表达式 3。循环体中应该有是循环趋向结束的语句。上述 for 循环可以写成：

```
for(i=1;i<=100;)
{
    sum=sum+i;
    i++;
}
```

(4)三个表达式都可以省略。上述 for 循环改为：

```
int i=1;
for(;;)
{
    sum=sum+i;
    if(i>100)
        break;
    i++;
}
```

4.三种语句的比较

(1)三种语句都可以用来处理同一个问题，一般情况下，它们可以互相替代。

(2)其中 for 语句的功能最强、最灵活，凡用 while 语句能完成的，用 for 语句都能实现。

(3)while 和 for 循环是先判断表达式，后执行循环体；do-while 是先执行循环语句，后判断表达式。

(4)如果循环次数实现可以确定，则用 for 语句，如果循环次数未知，则最好用 while 或 do-while 语句。

2.3.3　循环结构与选择结构嵌套

将循环结构和选择结构嵌套使用,可以完成各种复杂程序,解决各种实际问题。

【例 2-21】　在屏幕上输出

```
* * * * *
* * * * *
* * * * *
```

最简单可以用如下程序实现:

```cpp
#include <iostream.h>
void main()
{
    cout<<"* * * * *\n";
    cout<<"* * * * *\n";
    cout<<"* * * * *\n";
}
```

这种编程方式,有代码冗余,不符合要求,分析发现,本问题就是输出 15 个 *,每 5 个换行。为此,可以得到如图 2.12 所示的程序处理流程。

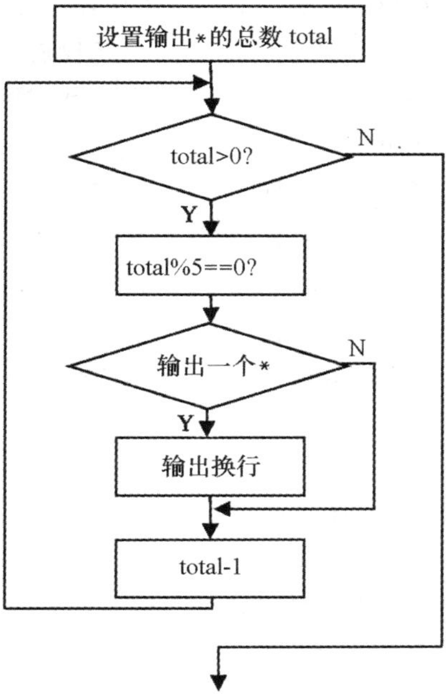

程序代码如下:

```cpp
#include <iostream.h>
void main()
{
    int total = 14;
    while(total >= 0)
    {
        cout<<" * ";
        if(total % 5 == 0)
            cout<<"\n";
        total = total - 1;
    }
}
```

图 2.12　例 2-21 的程序处理流程示意图

请思考:

程序中 total 的初值为什么设置为 14 而不是 15? 如果设置为 15 运行程序会是什么样的结果? 如何修改其他部分使之能够实现同样的功能?

2.3.4　其他控制语句

1.break 语句

形式如下:

break;

功能:用于跳出 switch 结构。还可用于中途退出循环体,主要在循环次数不能确定的情况下使用。当某个条件满足时,由 break 语句退出循环体,结束循环。

注意:

● break 语句不能用于循环语句和 switch 语句之外的其他语句中。

● 多重循环中,break 语句仅能退出它所在的本层循环。

【例 2-22】 输入一个整数 m,判断其是否为"素数"。

分析:

素数指只能被 1 和自身整除的整数。则仅需判断 2~m-1 之间是否有被 m 整除的数即可,有则不是素数,无则为素数。如果数 m 可以被 i 整除,则 m 除以 i 的余数等于 0,对应的条件表达式为 m%i==0。可以画出程序的处理流程图,如图 2.13 所示。

程序代码如下:

```cpp
#include <iostream.h>
void main()
{
    int m,i;
    cin>>m;
    for(i=2;i<m;i++)
    {
        if(m%i==0)
            break;
    }
    if(i<m)
        cout<<m<<" isnot a primer\n";
    else
        cout<<m<<" is a primer\n";
}
```

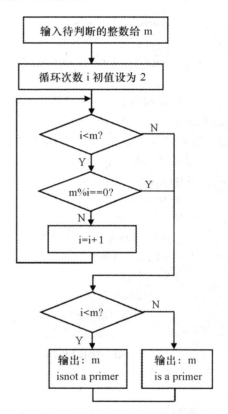

图 2.13　例 2-22 的处理流程示意图

运行结果:

①输入:8(回车)

8 isnot a primer

②输入:11(回车)

11 is a primer

分析:

从程序处理流程图,可以发现,循环的结束条件有 2 个,一个是循环变量 i 达到最大值 m,此时意味着从 2~(m-1)都没找到可以整除的数,所以 m 为素数;一个是循环变量 i 为某一个小于 m 的数,此时意味着找到了第一个可以被 m 整除的数 i,则 m 不是素数。

因此在循环结束后,需要根据循环变量 i 的值来进一步推断出 m 是否为素数。

例 2-1 升级程序 如果希望当用户输入不等于 8 的时候,程序能一直要求用户输入,并给出相应的提示。比如,小于 8 就提示"低了,请继续输入";大于 8 就提示"高了,请继续输入",

直至用户输入 8,则输出"恭喜,你赢了","游戏结束,不玩了"。此时应该如何修改程序呢?

　　分析问题:当用户输入不等于 8 时,则要求用户反复输入,直至输入 8 结束,为此,需要循环结构与原来的选择结构嵌套使用实现程序。

　　可以知道,循环体为图 2.14 中虚线框部分;循环修改为用户输入;循环结束条件 in 等于 8。

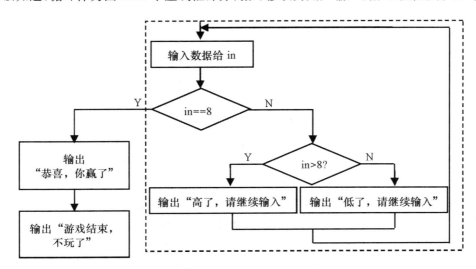

图 2.14　升级版例 2-1 的处理流程示意图

程序代码如下:

```cpp
#include <iostream.h>
void main()
{
    int in;//定义一个整型变量 in 用于保存用户输入数据
    while(1)
    {
        cin>>in;//输入数据给 in
        if(in==8)
        {
            cout<<"恭喜,你赢了!"<<endl;
            cout<<"游戏结束,不玩了!"<<endl;
            break;
        }
        else
            if(in>8)
                cout<<"高了,请继续输入!"<<endl;
            else
                cout<<"低了,请继续输入!"<<endl;
```

```
    }
}
```

运行结果:

假设输入:15(回车)

输出:高了,请继续输入!

假设输入:7(回车)

输出:低了,请继续输入!

假设输入:8(回车)

输出:恭喜,你赢了!

　　　游戏结束,不玩了!

思考:

如果限定用户输入次数(比如,用户最多猜3次),如何编程实现?

2.continue 语句

continue 语句也用于退出循环,不过与 break 语句不同的是,continue 语句是退出本次循环,并进入下一次循环(从判断循环条件开始),而 break 语句是退出整个循环体。continue 语句只能用于循环语句。

【例 2-23】 输出 1~50 之间能被 3 整除和 7 整除的数。

程序代码如下:

```
#include <iostream.h>
void main()
{
    int n,i=1;
    for(n=1;n<=50;n++)
    {
        if(n%3!=0 || n%7!=0)
            continue;   //结束本次循环,判断下一个数
        else
            cout<<n<<",";
        i++;
    }
    cout<<endl;
}
```

运行结果为:

21,42,

分析:

本例中如果 n 不能被 3 整除或不能被 7 整除,则用 continue 语句跳过该数,继续判断下一个数。

2.4　小结

本章是 C++程序设计的基础,通过本章的学习,读者可以编写简单的 C++程序,感受到编程的乐趣。在本章需要读者掌握的知识点如下:

1.如何定义各种不同类型的变量和常量。

2.基本数据类型的简单使用,包括其关键字、数据取值范围等。

3.基本运算符(赋值、算术、条件和逻辑)的使用和灵活运用。

4.基本输入(cin)和输出(cout)的使用。

5.基本控制结构的使用(选择、循环和嵌套)。

❓ 习题

一、改错题(下面程序各有一处错误,请找出并改正)

1.下面程序输出 a、b、c 的值。即程序运行结果应为:

a = 20b = 20c = 20

程序代码如下:

```
# include <iostream.h>
void main()
{
    int a = b = c = 20;
    cout<<"a = "<<a<<"b = "<<b <<"c = "<<c<<endl;
}
```

错误语句是:＿＿＿＿＿＿＿＿＿＿＿＿＿＿＿＿＿＿＿＿＿＿＿

改正为:＿＿＿＿＿＿＿＿＿＿＿＿＿＿＿＿＿＿＿＿＿＿＿＿＿

2.下面程序比较两个数的大小。程序运行结果为:

①Enter x and y:12 3(回车)

x>y

②Enter x and y:12 21(回车)

x<y

③Enter x and y:12 12(回车)

x = y

程序代码如下:

```
# include <iostream.h>
void main()
{   int x,y;
    cout<<"Enter x and y:";
    cin>>x>>y;
    if (x>= y)
```

```
        if（x>y）
              cout<<"x>y"<<endl；
        else
              cout<<"x<y"<<endl；
     else
        cout<<"x = y"<<endl；
}
```

错误语句是：_____

改正为：_____

3. 下面程序求自然数 1～10 之和。即程序运行结果为：

sum = 55

程序代码如下：

```
#include <iostream.h>
void main()
{
   int i = 1，sum = 0；
   while(i<10)
   {
       sum + = i；
       i + + ；
   }
   cout<<"sum = "<<sum<<endl；
}
```

错误语句是：_____

改正为：_____

4. 下面程序输出 10～20 之间不能被 3 整除的数。即程序运行结果为：

| 10 | 11 | 13 | 14 | 16 | 17 | 19 | 20 |

程序代码如下：

```
#include <iostream.h>
void main()
{
   int n；
   for（n = 10；n<= 20；n + +）
   {
     if（n/3 == 0）
         continue；
     cout<<n<<'\t'；
   }
}
```

　　错误语句是：_____

　　改正为：_____

二、程序填空题

1. 下面程序判断 n 是不是小于正整数 k 的偶数，请补充完整。

```cpp
#include <iostream.h>
void main()
{
    int n,k=100;
    cout<<"Input n:";
    cin>>n;
    if(n<k&&【          】)
        cout<<"Yes, it is. "<<endl;
    else
        cout<<"No, it is not. "<<endl;
}
```

2. 下面程序对字母进行大小写字母转换，请补充完整。

```cpp
#include <iostream.h>
void main()
{
    char ch;
    cout<<"Input a letter:";
    cin>>ch;
    if(ch>= 'A'&&ch<= 'Z')
    【    (1)    】
    else if(【    (2)    】)
        ch=ch-32;
    cout<<ch<<endl;
}
```

3. 下面程序实现求符号函数的值，请补充完整。

$$y=\begin{cases}1 & (x>0)\\0 & (x=0)\\-1 & (x<0)\end{cases}$$

程序运行结果：

input x:5（回车）

y=1

程序代码如下：

```cpp
#include <iostream.h>
void main()
{
```

```
    int x;
    int y;
    cout<<"input x:";
    cin>>x;
    if(【    (1)    】)
        if(x>0)
            y=1;
        else
            y=-1;
    else
    【    (2)    】
    cout<<"y="<<y<<endl;
}
```

4. 下面程序实现输入一个整数,判断其末尾是否为0,是就输出 yes,不是就输出 no,请补充完整。

```
#include <iostream.h>
void main()
{
    int a;
    cin>>a;
    if(【         】)
        cout<<"yes\n";
    else
        cout<<"no\n";
}
```

5. 程序能够实现输出以下图案。

```
        *
      * * *
    * * * * *
  * * * * * * *
```

```
#include <iostream.h>
void main()
{
    int i,j,k;
    for(i=0;i<=3;i++)
    {
        for(j=0;【    (1)    】;j++)
            cout<<" ";
        for(k=0;k<=2*i;k++)
```

【   (2)   】
```
            cout<<endl;
        }
    }
```

三、程序设计题

1. 输入一个整数,如果该数是 100 以内能被 3 和 5 整除的数,则输出。

2. 编写程序实现功能:输入一个 0～6 的整数,将其转换为星期输出。

3. 编程实现:从键盘输入一个整数,如果这个数是奇数就输出这个数后面的 3 个数,如果是偶数,就输出这个数前面的 3 个数。例如输入 5,即输出 678;输入 4,就输出 321(分别使用循环和不使用循环两种方式实现功能)。

4. 编程输出:1～100 之间所有的 7 的倍数或者末尾含 7 的数。

5. 求 100～200 之间的所有素数。

6. 实现 1+2+3+…+n,当和第一次大于或等于 100 时,循环结束,并输出值以及相应的循环次数。

二维码 2-1   习题参考答案

第3章　函数与程序结构

3.1　引入

首先看一个程序：

```cpp
#include <iostream.h>
void main()
{   int money;
    cout<<"妈妈，请给我点钱，我想去买点吃的！"<<endl；
    cin>>money;//妈妈给钱，假设妈妈每次给的钱数都大于孩子花的钱数
    money=money-3;//孩子花钱
    cout<<"我剩了　"<<money<<"元"<<endl;//孩子将剩余的钱给妈妈看看
}
```

这个程序模拟了一个小朋友和妈妈要钱、妈妈给钱、小朋友花钱、将剩余钱返回给妈妈的过程。

修改上述程序如下：

```cpp
#include <iostream.h>
void main()
{
    int money;
    int i;
    for(i=0;i<3;i++)
    {
        cout<<"妈妈，请给我点钱，我想去买点吃的！"<<endl;
        cin>>money;
        money=money-3;
        cout<<"我剩了　"<<money<<"元"<<endl;
    }
}
```

很显然这个程序模拟了小朋友连续 3 次要钱的情况。那么思考一下，如果想模拟小朋友非连续 3 次要钱的情况，比如模拟小朋友吃饭—要钱—写作业—要钱—做游戏—要钱，怎么编写程序呢？

为了减少代码冗余，最好将要钱这段代码独立出来。下面代码就是按照这个思路来编

写的。

```
#include <iostream.h>
void GetMoney(int m)
{    cout<<"妈妈,请给我点钱,我想去买点吃的!"<<endl;//要钱
     m=m-3;//花钱
     cout<<"我剩了    "<<m<<"元"<<endl;//剩钱
}
void main()
{
     cout<<"吃饭......"<<endl;
     GetMoney(10);//第 1 次要钱
     cout<<"写作业......"<<endl;
     GetMoney(20);//第 2 次要钱
     cout<<"游戏......"<<endl;
     GetMoney(5);//第 3 次要钱
}
```

这段代码中 GetMoney 就是一个函数。可以看出,函数就是能够完成一个特定功能的一段程序代码。

函数除了可以减少代码冗余,还用于降低复杂问题的代码编写难度,即进行模块化设计,按功能将程序划分为若干个小模块,分别加以设计。每一个功能模块则利用函数加以实现。

3.2　基本概念

为了更好理解函数,使用函数,本节将函数的基本概念:定义、调用、返回及参数传递进行详细描述。

3.2.1　函数定义

函数可以分为系统函数和用户自定义函数两种。系统函数即标准库函数(见本章 3.3.5 节),该函数由所使用的 C++系统平台提供,如一些常用的数学计算函数、字符串处理函数、图形处理函数、标准输入输出函数等,不必用户定义即可直接使用;用户自定义函数则必须由用户自行定义后才能使用。

函数定义的一般形式是:

函数类型　函数名(参数列表)

{

C++语句序列;

}

其中:第一行称为函数头,下面用花括弧括起来的部分为函数体。例如:

```
void GetMoney(int m) //函数头
{         //函数体开始
```

```
        cout<<"妈妈,请给我点钱,我想去买点吃的!"<<endl;
        m=m-3;
        cout<<"我剩了   "<<m<<"元"<<endl;
}//函数体结束
```

再比如,比较大小的函数可定义如下:

```
int bigger(int a,int b)   //函数头
{              //函数体开始
    int v;
    if (a>b)          //比较两个整数的大小
        v=a;
    else
        v=b;
    return v;            //返回值
}       //函数体结束
```

在函数头中,包括函数类型、函数名和函数参数。其中:

(1)函数类型用来标识函数返回值的类型。函数返回值是指由被调函数进行计算处理后向主调函数返回的一个计算结果。返回值通过在被调函数体中设置的 return 语句得到。函数类型可以是除数组以外的任何数据类型,上例中为 int。系统规定,缺省的函数类型为 int。当没有返回值时,函数类型为 void。对于一个具体的函数来说,其类型是唯一的。

(2)函数名可以是任何合法的 C++标识符。其命名规则同命名变量一样,通常使用有意义的字符串来表达,上例中的函数名为 bigger。C++允许定义若干名称相同且参数不同的函数,这种语法现象称为函数重载,函数重载相关内容见本章 3.3.3 节。

(3)函数参数根据实际需要可有可无,带有参数的函数称为有参函数,不带参数的函数为无参函数。对于有参函数,在函数定义时必须对参数类型进行说明,参数可以是变量、表达式、数组、指针变量等。无参函数的定义中虽然没有参数,但函数名后的")()"不能省略,其一般格式为:

函数类型　函数名()
```
    {
    C++语句;
    }
```

上例中的 bigger 函数包括 2 个参数 a 和 b,为有参函数。函数定义时,函数名后面小括号里面的参数称为形式参数,简称形参。当函数包含多个参数时,各参数之间用逗号隔开。

(4)函数体用一对花括弧括起。自定义函数的函数体由实现该函数功能的 C++语句序列组成。C++还允许定义"空函数",即函数体中不包括任何语句。空函数什么工作也不做,定义空函数目的是为了在程序中占据一席之地,以便于将来需要扩充函数功能时使用,这对于较大程序的编写、调试以及功能扩充往往是有用的。例如:

```
    void print()
    {   }
```

3.2.2　函数调用

定义函数后,其代码只有当该函数被调用时才会被执行,并且这段代码是可以被反复执行的,即每调用一次,代码就被执行一次。任何函数功能的实现都是通过被主函数直接或间接调用进行的。

调用其他函数的函数称为主调函数;被其他函数所调用的函数称为被调函数。main 函数只能被系统调用,因而相对于其他函数而言,main 函数只能是主调函数,其他函数则既可以是主调函数,也可以是被调函数。

1.函数调用过程

无参函数的调用格式:

**　　函数名( );**

如:print( );

有参函数的调用格式:

**　　函数名(实际参数列表);**

如:bigger(3,6);

调用函数时使用的参数称为实际参数,简称实参。

注意:

实参的个数、出现的顺序必须与函数定义中的形参保持一致,实参类型一般也应与形参对应相同,实参之间用逗号隔开。

【例 3-1】　函数基本概念实例。

程序代码如下:

```
#include <iostream.h>
int bigger(int a,int b)   //函数头
{                //函数体开始
    int v;
    if (a>b)   //比较两个整数的大小
        v = a;
    else
        v = b;
    return v;   //返回值
}
void main()
{    int y;
    y = bigger(3,6);
    cout<<y<<endl;
}
```

运行结果:

6

分析：

当程序执行到语句"y＝bigger(3，6)；"时，调用 bigger 函数。其调用过程为：首先为 bigger 函数的形参 a 和 b 分配相应大小的内存单元，并将实参 3 和 6 分别传递给 bigger 函数的形参 a 和 b，此时 a＝3，b＝6。然后执行 bigger 函数体，经处理后，bigger 函数内部定义的变量 v 得到较大的值 6。最后将 v 的值返回主调函数 main，将其赋给 y。

继续执行 main 函数中的后继语句，输出 6。

● 函数调用不仅仅可以作为赋值语句中的一部分，也可以作为其他函数调用语句中参数。比如，可以改写例 3-1 中的 main 函数为如下：

```
void main()
{    int y；
     cout＜＜bigger(3,5)＜＜endl；
}
```

程序运行结果不变。按照 cout 执行顺序：此时先调用 bigger 函数，然后将返回值输出。

● 函数可以嵌套调用，即在一个函数里面再调用其他函数。

【例 3-2】　输入两个整数，求平方和。

问题分析：

用一个函数 fun2 计算某整数的平方，用另一个函数 fun1 计算两个不同整数的平方之和 fun2(?)＋fun2(?)，在主函数 main 中调用 fun1 函数，由 fun1 函数调用 fun2 函数。

程序代码如下：

```
＃include ＜iostream.h＞
int fun2(int m)
{
     int multi；
     multi＝m＊m；
     return multi；
}
int fun1(int x,int y)
{
     int result；
     result＝fun2(x)＋fun2(y)；        //嵌套调用
     return result；
}
void main()
{    int a,b；
     cin＞＞a＞＞b；
     cout＜＜"a、b 的平方和："＜＜fun1(a,b)＜＜endl；
}
```

运行结果：

3 4(回车)

a、b 的平方和:25

分析:

例 3-2 中函数的调用和返回过程如图 3.1 所示,fun1 函数在被 main 函数调用的过程中,调用了 fun2 函数。

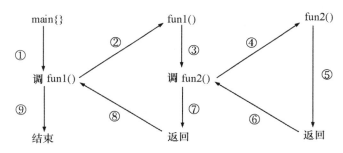

图 3.1 函数的调用和返回过程

请理解图 3.1 中①、②、③、④、⑤、⑥、⑦、⑧、⑨的过程,深入掌握函数嵌套。

3.2.3 函数返回

当需要将函数计算处理的结果返回到主调函数时,则在被调函数中相应位置添加 return 语句,当函数调用结束时,将该返回值带回到主调函数中。

return 语句的一般格式为:

return(表达式);

例如: return(result);

或直接写为:

return 表达式;

例如: return result;

return 语句的执行过程是:先计算 return 后括号内表达式的值,再将计算结果返回给主调函数。当函数类型为 void 时,又称"空类型",即表示没有返回值,此时可省略 return 语句,或者写为:

return;

此时,return 语句的功能是结束被调函数的运行,返回到主调函数中继续执行。若函数中无 return 语句,则程序会一直执行到函数体最后的"}"为止。

在设计带有返回值的函数时要注意,无返回值的函数应该定义为 void 类型。

3.2.4 参数传递

1.函数调用时的参数传递

当被调函数为有参函数时,主调函数和被调函数之间存在数据传递关系,这种传递是单向的,即将实参的值传递给形参。实参可以是常量、变量或表达式。

形参与实参的说明:

(1)当函数未被调用时,形参只是形式上的参数,不占内存也无确定值。只有当函数被调用时,形参才被分配内存单元,并接收传递来的实参值;实参则有确定值,占用内存空间。当调用函数时,实参值将被传递给对应的形参。

(2)函数调用时实参和形参的个数必须相等。

(3)实参和形参的类型应该一致。若实参与对应形参类型不一致,则在执行参数传递时会对实参表达式的值进行强制类型转换,将其转换为形参的定义类型。

(4)形参和实参可以同名。形参为函数内部的局部变量,即使形参和实参同名,由于它们分别占用不同的内存单元,不会发生混淆。

【例 3-3】　求 3 个字符中的最大值。

程序代码如下:

```cpp
#include <iostream.h>
char max(char x,char y,char z)    //max 函数的定义
{   char m;
    m=x>y? x:y;    //m 为 x 和 y 中最大值
    m=m>z? m:z;    //m 为最终最大值
    return(m);     //函数返回值
}
void main()    //main 函数的定义
{   char a,b,c,d;
    cout<<"Enter three characters:\n";
    cin>>a>>b>>c;
    d=max(a,b,c);    //函数调用
    cout<<"Max is:"<<d<<endl;    //输出结果
}
```

运行结果:

Enter three characters:

M n P(回车)

Max is:n

分析:

参数传递过程如图 3.2 所示,程序由 main 和 max 两个函数组成,其中 max 函数用来求 3 个字符中的最大值。程序的执行从 main 函数开始。

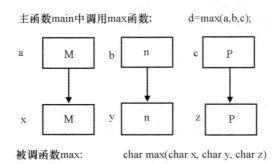

图 3.2　参数传递过程

首先输出提示信息,要求输入数据。

然后执行赋值语句"d = max(a,b,c);",调用函数 max,实参为 a、b、c。函数 max 被调用时,系统为形参 x、y、z 分配内存单元,并且将实参的值依照参数表中的顺序依次赋给形参,此时 max 函数的形参 x、y、z 的值分别为 M、n 和 P;然后程序流程转去执行 max 函数,比较并求出 3 个字符中的最大值并赋给 m,由 return 语句将 m 值返回 main 函数。

程序流向转回 main 函数。d 获得值 n,max 函数所占内存全部释放,即释放形参 x、y、z 和局部变量 m 所占用的内存单元。继续执行 main 函数剩余语句,输出结果,程序结束。

注意:

C++ 中的函数调用采用值传递的方式,即函数调用时,将实参的值传递给形参,而不能将形式参数传递给实际参数。

C++ 提供的按值调用中,实参与形参分别占用不同的内存单元。调用函数时,系统给形参分配内存单元,并将实参的值依次赋给形参。调用结束后,释放掉形参所占的内存单元,而实参仍保留调用前的值,即形参值的变化不会影响实参值。上述例题都是按值调用的,可以看到,当按值调用传递参数时,将建立参数值的副本,并将其传递给被调用函数,存放在为形参分配的内存单元中。修改副本(形参)并不会影响主调函数中原始变量(实参)的值,因此保障了各个函数的功能是相对独立的,相互之间的依赖程度最小化,这符合软件工程学所倡导的"高内聚"和"低耦合"原则。

【例 3-4】 编写函数 swap 打印输出两个参数的交换结果。

程序代码如下:

```
#include <iostream.h>
void swap(int x,int y)        //函数定义
{   int t;
    t = x;
    x = y;
    y = t;
    cout<<"x = "<<x<<",y = "<<y<<endl;
}
void main()
{   int a,b;
    cout<<"please enter a,b: ";
    cin>>a>>b;
    swap(a,b);   //函数调用
    cout<<"a = "<<a<<",b = "<<b<<endl;
}
```

运行结果:

```
please enter a,b: 7 5（回车）
x = 5,y = 7
a = 7,b = 5
```

分析：

由程序运行情况可知，输入 7、5 后实参 a = 7,b = 5；以 a、b 为实参调用 swap 函数时，由实参给形参赋值，即将 a 的值赋给 x,b 的值赋给 y,此时形参：x = 7,y = 5,如图 3.3(a)所示；执行 swap 函数，交换 x、y 的值，得到 x = 5,y = 7,因此 swap 函数中输出参数交换后的结果。但由于 a、b 和 x、y 分别占用不同的内存单元，因而 a、b 的值并未由于形参 x、y 的变化而发生交换，如图 3.3(b)所示。调用 swap 函数结束后，形参 x、y 所占空间被释放，而 main 函数中 a、b 的值还是调用前的值，所以输出结果为 a = 7,b = 5。

(a)   (b)

图 3.3　按值传递过程

可以看到，例 3-4 采用按值传递方式进行的函数调用，不能试图通过调用函数来改变实参的值。

3.2.5　函数声明

函数的定义位置可以在程序的任何位置，但是当函数的调用语句出现在函数定义之前，则需要进行函数声明。例如在例 3-1 中，将 main 函数和 bigger 函数定义交换位置，将会出现 'bigger'：undeclared identifier 的错误，须在函数调用语句前面任何位置进行函数原型声明。

函数原型声明，即函数头后面加分号(;)。将例 3-1 可以改为如下代码：

```
#include <iostream.h>
int bigger(int a,int b);    //函数声明,也可以直接写为 int bigger(int,int);
void main()
{   int y;
    y = bigger(3,6);
    cout<<y<<endl;
}
int bigger(int a,int b)
{
    int v;
    if (a>b)
        v = a;
    else
        v = b;
    return v;
}
```

3.2.6　综合实例分析

【例 3-5】　计算器。

首先提示用户输入参与运算的两个整数,当用户输入结束后,显示计算器菜单选择界面,提示用户输入运算选项,假设输入:D,则进行除法运算,并将计算结果输出。

```
请输入参与运算的两个数据:
12 4
==========计算器==========
==      A加法      ==
==      B减法      ==
==      C乘法      ==
==      D除法      ==
==      E求余      ==
==      F退出      ==
==========================
请输入运算选项:
D
运算结果为:3
```

程序代码如下:

```cpp
#include <iostream.h>
void display()
{
    cout<<" =========== 计算器 ============ "<<endl;
    cout<<" ==\t A 加法\t == "<<endl;
    cout<<" ==\t B 减法\t == "<<endl;
    cout<<" ==\t C 乘法\t == "<<endl;
    cout<<" ==\t D 除法\t == "<<endl;
    cout<<" ==\t E 求余\t == "<<endl;
    cout<<" ==\t F 退出\t == "<<endl;
    cout<<" ========================== "<<endl;
}
void cal(int a,int x,int y)
{
    switch(a)
    {   case 'A':
            cout<<"运算结果为:"<<x + y<<endl;
            break;
        case 'B':
            cout<<"运算结果为:"<<x - y<<endl;
            break;
        case 'C':
```

```
                cout<<"运算结果为:"<<x*y<<endl;
                break;
            case 'D':
                cout<<"运算结果为:"<<x/y<<endl;
                break;
            case 'E':
                cout<<"运算结果为:"<<x%y<<endl;
                break;
            case 'F':    break;
            default:cout<<"输入错误! \n";
        }
    }
    void main()
    {
        char option;
        int number1,number2;
        cout<<"请输入参与运算的两个数据:\n";
        cin>>number1>>number2;
        display();
        cout<<"请输入运算选项:\n";
        cin>>option;
        cal(option,number1,number2);
    }
```

分析:

本程序中有两个用户自定义函数 display() 和 cal()。这两个函数一个是无参的,一个是带参的。请读者自行分析其调用过程。

3.3　几种函数

3.3.1　带默认形参值的函数

前面说过,在进行函数调用的时候,要求函数实参与形参的个数必须相同,且类型相对应。C++允许函数参数带有默认值,即在调用带有默认值的函数时,可以不传递或传递部分实参值。

【例 3-6】　带默认形参值的函数。

程序代码如下:

```
#include "iostream.h"
int add(int x=5,int y=6)
{    return   x+y;}
void main()
```

```
{
    cout<<add(10,20)<<endl;        //10＋20
    cout<<add(10)<<endl;           //10＋6
    cout<<add()<<endl;             //5＋6
}
```

分析：

main 函数中 add(10,20)，实参个数与形参个数一致，则形参 x＝10，y＝20；add(10)，实参个数少于形参个数，则形参 x＝10，而形参 y 取默认值 6；add()，没有传递实参，则全部形参取默认值，即 x＝5，y＝6。

需要注意的是，默认参数必须从函数参数列表中最右边的参数开始，按照从右到左的顺序依次默认。也就是说，如果函数形参中的某个参数使用默认值，则其右边的所有参数都必须同时使用默认值。试图使用不是从右到左顺序进行参数默认将会导致语法错误。

如：

```
int add(int x,int y＝5,int z＝6);    //正确
int add(int x＝1,int y＝5,int z);    //错误
int add(int x＝1,int y,int z＝6);    //错误
```

必须注意的是，默认参数应该在函数名称第 1 次出现时设置。由于函数声明都在函数定义之前，即默认参数应该在函数声明中给出，函数定义时不再设置默认参数；如果程序中没有函数声明时，则默认值在函数定义中设置。

如：

(1)调用在定义前：

```
int add(int x＝5,int y＝6);//函数声明给出默认值
void main()
{   add();    //函数调用
}
int add(int x,int y)//函数定义
{   return x＋y;    }
```

(2)调用在定义后：

```
int add(int x＝5,int y＝6)//函数定义,默认值在函数定义中给出
{   return   x＋y;    }
void main()
{   add();    //函数调用
}
```

【例 3-7】　使用默认参数来计算箱子的体积。

程序代码如下：

```
#include <iostream.h>
int boxVolume(int length＝1, int width＝1, int height＝1);
void main()
{
```

```
    cout<<"the default box volume is："<<boxVolume()
        <<"\nThe volume of a box with length 10,width 1 and height 1 is："
        <<boxVolume(10)
        <<"\nThe volume of a box with length 10,width 6 and height 1 is："
        <<boxVolume(10,6)
        <<"\nThe volume of a box with length 10,width 6 and height 2 is："
        <<boxVolume(10,6,2)<<endl;
}
int boxVolume(int length, int width, int height)
{
    return length * width * height;
}
```

运行结果：

the default box volume is：1

The volume of a box with length 10,width 1 and height 1 is：10

The volume of a box with length 10,width 6 and height 1 is：60

The volume of a box with length 10,width 6 and height 2 is：120

分析：

可以看到,使用默认参数可以简化函数调用的编写。在例 3-7 中,第 1 次调用 boxVolume 时没有指定参数,则形参均为默认值;第 2 次调用中传递了最左侧的 length 参数,所以其右边的其他两个参数使用默认值;第 3 次调用传递了左侧的 2 个参数,因此只有第三个参数使用默认值;最后一次调用为 3 个形参 length、width 和 height 都传递了实参,所以形参默认值没有起作用。

3.3.2　内联函数

函数机制使得每个函数的功能相对独立,有利于程序的功能分解和组织。函数调用的一般过程是:在主调函数中将现场压入栈以保存现场;转去执行被调函数;返回主调函数、现场出栈以恢复现场;继续往下执行程序。函数调用过程会有时间和内存的消耗,为了减少小函数频繁调用时所产生的成本,C++提供了内联函数(inline)。

用法:需要在首次出现函数名称时,在相应的函数定义或声明的函数类型前面加上关键字 inline。

作用:不损害可读性又能提高性能。

【例 3-8】　判断键盘输入的字符是不是数字。

分析：

字符在 main 函数输入,判断结果在 main 函数输出,用小函数 isDigit 函数实现判断字符是不是数字的过程。

程序代码如下：

```
#include <iostream.h>
bool isDigit(char);    //小函数
```

```
void main()
{
    char c;
    cin>>c;
    for(;c!='#';)
    {
        if(isDigit(c))    //频繁调用函数:用昂贵的开销换取可读性
            cout<<"Digit.\n";
        else
            cout<<"NonDigit.\n";
        cin>>c;
    }
}
bool isDigit(char ch)
{
    return ch>='0' && ch<='9' ? 1 : 0;
}
```

运行结果:

假设输入:a(回车)

输出:NonDigit.

假设输入:cc(回车)

输出:NonDigit.

　　　　NonDigit.

假设输入:1(回车)

输出:Digit.

假设输入:2(回车)

输出:Digit.

改写例 3-8,用内嵌代码来代替 isDigit 函数,改写如下:

```
#include <iostream.h>
void main()
{
    char c;
    cin>>c;
    for(;c!='#';)
    {
        if(c >= '0' && c <= '9' ? 1 : 0)   //内嵌代码:开销虽少,但可读性差
            cout<<"Digit.\n";
        else
            cout<<"NonDigit.\n";
```

```
        cin>>c;
    }
}
```

运行结果同上。

分析：

可以看到虽然整个程序变短了，但是内嵌代码处代码较长，可读性不好。再改写例 3-8，用内联函数来实现判断字符是否数字的功能，改写如下：

```
# include <iostream.h>
inline bool isDigit(char)；   //内嵌函数
void main()
{
    char c；
    cin>>c；
    for(；c!='#'；)
    {
        if(isDigit(c))    //内联方式：开销少、可读性佳
            cout<<"Digit.\n"；
        else
            cout<<"NonDigit.\n"；
        cin>>c；
    }
}
bool isDigit(char ch)
{
    return ch>='0' && ch<='9' ? 1：0；
}
```

运行结果同上。

C＋＋在编译时，将在所有调用内联函数的语句处插入函数体代码，从而节约了函数调用的系统开销，提高了程序执行效率。由于内联函数的代码会在任何调用它的地方展开，所以对内联函数的调用会增加了程序的长度。如果函数太复杂，代码膨胀带来的坏处会大于效率提高带来的好处，因此 inline 往往与频繁使用的小函数一起使用。

需要注意的是，递归函数不能定义为内联函数。另外，内联函数的函数体内也不允许出现循环语句(for、while、do-while)和开关语句(switch)，当遇到这样的函数时，即使编程时加上了 inline 限定，也不能被系统编译为内联方式，只能按照非内联函数进行调用。

3.3.3　重载函数

C＋＋允许在同一程序中定义几个名称相同，但是参数(个数、类型)不同的函数。这些函数称为重载函数。

【例 3-9】　**函数重载实例分析。**

程序代码如下：

```
#include <iostream.h>
void print()
{
    cout<<0<<"  "<<0<<"  "<<'?'<<endl;
}
void print(int a)
{
    cout<<a<<"  "<<0<<"  "<<'?'<<endl;
}
void print(int a,int b,char c)
{
    cout<<a<<"  "<<b<<"  "<<c<<endl;
}
void main()
{
    print();
    print(999);
    print(111,222,'*');
}
```

运行结果：

```
0   0   ?
999  0   ?
111  222   *
```

分析：

当调用重载函数时，C++编译程序通过检查函数调用语句中实际参数的数量、类型和顺序来选择正确的函数。

例 3-9 中，"print();"将调用第一个无参的 print 函数，"print(999);"将调用 print(int a)，并将实参 999 传给形参 a；"print(111,222,'*');"将调用 print(int a,int b,char c) 函数，并将实参 111 传递给形参 a，实参 222 传递给形参 b，实参 * 传递给形参 c。

在实际应用中，函数重载通常用于创建相同名称的几个函数，这些函数对不同的数据类型执行类似的任务，这样会使得程序易于阅读和理解。

【例 3-10】　**找出两个数中的较大值。数的类型可以是整型、浮点型和双精度浮点型。**

分析：

题中要求的三种数据类型，不管是哪一种，找出两个数中较大值的过程是一样的，对两个数作比较就可以。这种情况下可以使用函数重载，max 函数中的处理过程一样，但处理的数据种类不同。

程序代码如下:

```cpp
#include <iostream.h>
int max(int a,int b)    //求两个整数的最大值
{ if(a>b)
        return a;
    else
        return b;}
float max(float a,float b)    //求两个浮点数的最大值
{ if(a>b)
        return a;
    else
        return b;}
double max(double a,double b)    //求两个双精度数的最大值
{ if(a>b)
        return a;
    else
        return b;}
void main()
{
    int a=7,b=9;
    float c=5.6f,d=7.4f;
    double e=78.54,f=6.759;
    cout<<a<<"与"<<b<<"的最大值:"<<max(a,b)<<endl;
    cout<<c<<"与"<<d<<"的最大值:"<<max(c,d)<<endl;
    cout<<e<<"与"<<f<<"的最大值:"<<max(e,f)<<endl;
}
```

运行结果:

7 与 9 的最大值:9

5.6 与 7.4 的最大值:7.4

78.54 与 6.759 的最大值:78.54

分析:

该例中,函数调用时编译器将检查实参与形参的匹配情况,并根据匹配结果调用相应的函数,完成整型数据、浮点型数据和双精度数据的求最大值运算。

要实现函数重载,它们的参数必须满足以下两个条件之一:

(1)参数的个数不同。如:

int add(int x, int y);

int add(int x, int y, int z);

(2)参数的类型不同。如:

int add(int x, int y);

float add(float x，float y)；

注意：

(1)编译器不以形参名来区分。如：

int add(int x,int y)；

int add(int a,int b)；

(2)编译器也不以返回值来区分。如：

int add(int x,int y)；

void add(int x,int y)；

(3)不要将不同功能的函数定义为重载函数，以免出现对调用结果的误解。如：

int add(int x,int y)

｛　return x＋y；　｝

float add(float x,float y)

｛　return x－y；　｝

另外，当重载函数具有默认值时，应该特别小心，因为这可能导致二义性。修改例 3-9。

＃include ＜iostream.h＞

void print()

{

　　　cout<<0<<"　"<<0<<"　"<<'?'<<endl；

}

void print(int a)

{

　　　cout<<a<<"　"<<0<<"　"<<'?'<<endl；

}

void print(int a = 0, int b = 0, char c = '?')

{

　　　cout<<a<<"　"<<b<<"　"<<c<<endl；

}

void main()

｛　print()；

　　print (999)；

　　print(111,222,'＊')；

}

重新编译，会在 main 函数"print()；"处提示出现'print': ambiguous call to overloaded function 的错误，其原因在于，这条调用语句，可以理解为去调用无参函数，也可以理解为调用全部取默认值的函数，出现了二义性，这种是不允许的。

3.3.4　递归函数

1.递归函数的定义与调用

函数的嵌套调用使得程序能够完成复杂的功能。在函数调用过程中，如果某函数直接或间接的调用该函数自身,就构成了递归调用,该函数称为递归函数。递归调用有直接递归和间接递归两种调用方式,其调用示意图如图3.4所示。

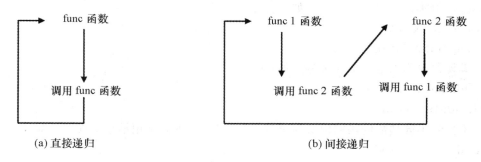

(a) 直接递归

(b) 间接递归

图 3.4 函数的递归调用

可以看到,这两种调用都是直接或间接的无休止的自身调用,显然这是不合理的。实际上正确的递归调用应是有限的,一定条件下会停止调用。

可以采用递归算法解决的问题一般具有如下特点:原始问题可转化为解决方法相同的新问题,而新问题的规模要比原始问题小,同时新问题又可转化为解决方法相同的规模更小的问题……,直至归结到最基本的情况——递归的终结条件为止。

从程序设计的角度考虑,递归算法涉及两个问题:其一是递归公式,其二是递归终结条件。于是可以将递归过程表述为:

```
if(递归终结条件)
        return(终结条件下的值);
else
        return(递归公式);
```

2.递归函数的执行过程

【例 3-11】 计算正整数的阶乘 n!。

问题分析:

求解 n! 的问题可转化为求解 n(n-1)!,且 1!=1。因此求 n!,可以转化为求(n-1)!;而求(n-1)! 又可转化为求(n-2)!;……;直至 1!=1。用数学公式可表达为:

$$n! = \begin{cases} 1 & (n=0 \text{ 或 } n=1) \\ n(n-1)! & n>1 \end{cases}$$

程序代码如下:

```cpp
#include <iostream.h>
void main()
{long fac(int n);   //函数声明
 int n;
 cout<<"Input a integer number:";
 cin>>n;
 cout<<n<<"!="<<fac(n)<<endl;   //调用递归函数
```

```
}
long fac(int n)    //递归函数 fac 的定义
{if（n<=1）
    return(1)；   //若满足终结条件,则返回终结条件下的值
 else
    return(n * fac(n-1))；   //若不满足终结条件,则进行递归调用
}
```

运行结果：

Input a integer number：4（回车）

4！=24

分析：

程序执行时,首先输出提示信息,要求输入一个整数并将其存放于变量 n 中,然后输出 n 值及其阶乘计算结果。n 的阶乘通过调用递归函数 fac 来实现:将实参 n 传递给 fac 函数的形参 n;因为 n=4,所以递归终结条件（n<=1）测试为假,因而程序转去执行 else 分支语句 return(n * fac(n-1)),先计算表达式的值,得到 4 * fac(3);其中 fac(3)又是对 fac 函数的调用,但此时实参已经变成了 3;这样依次递归,其流程如图 3.5 所示。

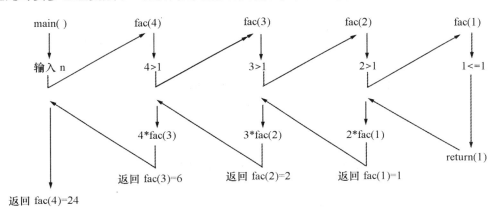

图 3.5　递归调用过程

归纳起来,递归过程的执行可分为两个阶段:

● 递归过程。将原始问题不断转化为规模小一级的新问题,从未知向已知推进,最终达到递归终结条件。

● 回溯过程。从递归终结条件下得到的结果出发,沿着递归的逆过程,逐一求值返回,直至递归初始处,完成递归调用。

可见,递归调用实际上是对递归函数自身调用的循环,正确结束调用循环是非常关键的,否则程序将不能正常结束。在实际应用中,用递归方法解决的问题也可以用迭代方法或其他算法来解决,但递归程序简洁、清晰,更能自然地反映解决问题的过程,而且有些问题用递归方法解决要比迭代方法简单,例如解决经典的汉诺塔问题等。

在许多情况下,采用递归调用形式使程序变得简洁,增加了可读性,有明显的优点。但由

于递归调用费时、耗费内存,执行效率较低,所以在对性能要求不太高时采用,否则使用迭代或其他算法往往执行效率会更高。

3.3.5　系统函数

C++提供了丰富的标准库函数,如常用的 printf、scanf、fabs、sqrt 等函数,在使用这些库函数时,需要使用文件包含命令(♯include)将带有该函数定义的标准库包含到当前程序文件中。每个标准库都有对应的头文件(＊.h),其中提供了该标准库中所有函数的函数原型。常用的 C++标准库如附录 C 所示。

【例 3-12】　生成 10~99 之间的随机整数,并从其中找出 10 个质数输出。

程序代码如下:

```cpp
#include <iostream.h>
#include <stdlib.h>
#include <math.h>
void main()
{
    int i=10,a;
    while(i>0)
    {
        a=rand()%90+10;      //生成 10~99 之间的随机数并赋值给 a
        int j,k;
        k=int(sqrt(a));      //求 a 的平方根后取整并赋值给 k
        for(j=2;j<=k;j++)    //求可被 2-k 之间的整数整除的 a
            if(a%j==0)
                break;
        if(j>k)  //将不能被 2-k 之间的整数整除的 a 输出
        {
            cout<<a<<' ';
            i--;
        }
    }
    cout<<endl;
}
```

运行结果:

71 97 71 67 73 61 79 29 61 13

分析:

程序中使用了标准库函数 rand 和 sqrt。rand 函数包含在<stdlib.h>头文件中,其功能是生成随机数;sqrt 函数包含在<math.h>头文件中,用于求参数的平方根。程序执行设计算法后将 10 个质数输出。

3.3.6　综合实例分析

【例 3-13】　设计掷骰子游戏。

问题分析：

在主函数 main 中掷出骰子，在自定义函数 rolldice 中编制规则，处理计算得出点数并将其返回主函数，在主函数中输出结果。

```cpp
#include <iostream.h>
#include <windows.h>
int rolldice(void);     // 函数 rolldice 声明
void main()
{
  int gamestatus,sum,mypoint;
  unsigned seed;
  START:
  cout<<"Please enter an unsigned integer:";
  cin>>seed;     //输入随机数种子
  srand(seed);     //将种子传递给 rand()
  sum = rolldice();     //第一轮投骰子、计算和数
  switch(sum)
  {
    case 7:     //如果和数为 7 或 11 则为胜,状态为 1
    case 11:
         gamestatus = 1;
         break;
    case 2:     //和数为 2、3 或 12 则为负,状态为 1
    case 3:
    case 12:
         gamestatus = 2;
         break;
    default:     //其他情况,游戏尚无结果,状态为 0,记下点数,为下一轮做准备
         gamestatus = 0;
         mypoint = sum;
         cout<<"point is"<<mypoint<<endl;
         break;
  }
  while(gamestatus == 0)     //只要状态仍为 0,就继续进行下一轮
  {
    sum = rolldice();
    if(sum == mypoint)     //某轮的和数等于点数则取胜,状态置为 1
```

```
            gamestatus＝1；
        else
          if（sum＝＝7）      //出现和数为7则为负，状态置为2
            gamestatus＝2；
    }
            //当状态不为0时上面的循环结束，以下程序段输出游戏结果
    if（gamestatus＝＝1）
        cout＜＜"player wins\n"；
    else
        cout＜＜"player loses\n"；
    cout＜＜"Would you like to continue this game? Y or N："；
    char choice；
    cin＞＞choice；
    if（choice＝＝'Y'）    //判断程序是否继续
            goto START；
    else
            exit（1）；
}
int rolldice（void）    //投骰子、计算和数、输出和数
{
    int die1，die2，worksum；
    die1＝1＋rand（）%6；
    die2＝1＋rand（）%6；
    worksum＝die1＋die2；
    cout＜＜"player rolled "＜＜die1＜＜'＋'＜＜die2＜＜'＝'＜＜worksum＜＜endl；
    return worksum；
}
```

运行结果：

```
Please enter an unsigned integer：8（回车）
player rolled 5＋1＝6
point is 6
player rolled 6＋6＝12
player rolled 6＋4＝10
player rolled 6＋6＝12
player rolled 6＋6＝12
player rolled 3＋2＝5
player rolled 2＋2＝4
player rolled 3＋4＝7
player loses
```

Would you like to continue this game? Y or N：N(回车)

分析：

程序设计了取胜和失败的点数,读者可以根据喜好自行设置点数。键盘输入种子值后传递给掷骰子函数 rolldice 函数,由该函数计算并返回值。读者可自行设计 rolldice 函数算法,自行指定取胜规则。

3.4　C++程序结构

3.4.1　变量生存期和作用域

C++规定,使用变量、函数等必须"先定义,后使用"。在定义变量时,不仅要指出其数据类型,还要指出它的另一种属性:存储类型。存储类型指的是数据在内存中存储的方式。变量的一般定义形式:

存储类型　数据类型　变量列表；

例如,

static int a；　　　　//定义静态存储的整型变量 a

实际上,C++中变量的完整定义包括 3 个方面的含义:一是变量的数据类型,如 int、float、自定义类型等,规定了变量所占据内存的字节数;二是变量的存储类型,即变量在内存中的存储方式,直接决定了变量占用分配到的存储空间的时限;三是变量的作用域,由变量在程序中的定义位置决定,表示一个变量在程序中起作用的范围。以上 3 方面共同决定了一个变量的生存期和作用域。

1.变量的生存期

C++编译器按以下原则处理程序和数据的内存空间存储:将程序存放在程序区,数据则分别存放在动态存储区和静态存储区。

在 C++中,数据的存储方式分为动态存储和静态存储。动态存储的变量,当执行到定义它的语句时才被分配存储单元,而当其所在的函数或复合语句执行结束后系统将释放掉其所占空间。而对于静态存储的变量,在源程序编译的时候即被分配内存空间,在程序运行时占据分配的内存单元,并在整个运行期间一直占用固定的存储单元,直到程序运行结束,才会释放掉所占空间。

动态存储有两种存储方式,自动类型(auto)的变量被存放在内存的动态存储区;寄存器类型(register)的变量被存放于寄存器中。

静态存储只有一种存储方式,即将变量存放在静态存储区。C++中用 static(静态)、extern(外部)两个关键字来定义静态存储的变量。

(1)自动类型变量(auto)存放在内存的动态存储区,是系统默认的存储类型。例如以下两条变量定义语句等价:

auto int a；　　　　//定义了一个自动类型的整型变量 a

int a；　　　　　　//定义了一个自动类型的整型变量 a

auto 变量的作用域和生存期是一致的,在它的生存期内一直是可见的、有效的。例如,在函数内部定义的 auto 变量在每次函数调用时都会被重新分配内存单元,调用结束后将释放内存单元,该变量随即消亡。由此可知,auto 变量的存储位置随着程序的运行而变化,所以未赋初值的 auto 变量的值是不确定的。

(2)寄存器类型变量(register)存放在寄存器中。例如:

register int a;　　//定义寄存器类型的整型变量 a

同 auto 变量一样,register 变量的作用域和生存期也是一致的。由于寄存器的存取速度比内存的存取速度快得多,进行程序设计时可以将频繁引用的变量定义为 register 类型,如循环体中的循环控制变量等。但由于计算机中寄存器的数量有限,因此 register 变量个数不能太多,类型不能太大(如数组、结构体等)。当前流行的 C++ 编译系统大都是优化的,能够识别频繁使用的变量,因而通常不必声明 register 变量,而由系统决定。

(3)静态变量(static)存放在内存的静态存储区。例如:

static int y;　　//定义静态类型的整型变量 y

静态变量在编译时即被分配内存,在整个程序运行伊始就占据这些内存并进行初始化,且只能初始化一次。对于未赋值的 static 变量,系统将根据变量类型自动赋予 0 或'\0'等。在整个程序运行期间,static 变量始终占据固定的内存单元,即使它所在的函数调用结束后也不释放内存,它所在的内存单元的值也会继续保留,下次调用此函数时,static 变量仍然使用原来的存储单元以及该单元中保存的值。

(4)外部变量(extern)是指定义在函数外部任意位置的变量。如果一个变量定义在函数外部,即默认为外部变量,而不必使用 extern 说明。以下两条外部变量定义等价:

extern int k;　　　　　　　//定义外部变量 k

int k;　　　　　　　　　　//定义外部变量 k

extern 类型的变量也存放在静态存储区,编译时就分配内存,程序运行伊始占据该内存并同时初始化,赋值规则及使用原则同静态变量。

【例 3-14】　变量的生存期。

程序代码如下:

```cpp
#include <iostream.h>
void main()
{
    int f(int a);
    int a=2,i;
    for (i=0;i<3;i++)
        cout<<f(a)<<endl;
}
int f(int a)
{
    auto int b=0;
    static int c=3;
    ++b;
    ++c;
```

```
        return(a + b + c);
}
```

运行结果：

7

8

9

思考：

将程序中"static int c = 3；"语句改为"int c = 3；"，运行程序，其结果为：

7

7

7

请读者思考两者差别，从而理解变量的生存期。

2. 变量的作用域

变量只能在它的作用域范围内使用，这就是变量的作用域规则，又称为变量的可见性。变量定义的位置及其存储类型直接决定了变量的作用与范围。C++中，作用域范围分为局部作用域、函数作用域、函数原型作用域、类作用域、文件作用域以及程序作用域。

(1)局部作用域。又称为块作用域，指定义在语句块内部的变量。此时，变量的作用域从定义位置开始一直到该语句块结束，在作用域之外是不可见的。其中变量具有局部作用域的块包括函数、复合语句块、if 语句块、switch 语句块、循环语句块(for、do-while、while)。注意在 VC 6.0 中，for 语句头中定义的变量，其作用域将一直延伸至包含 for 的最小块结束。由于在一个语句块中定义的变量，其作用域局限于该语句块内部，因此 C++允许在不同语句块中定义同名变量，不会引起混淆。

【例 3-15】　修改例 3-14，理解变量作用域。

程序代码如下：

```
#include <iostream.h>
int a = 12; //全局变量，其作用范围从这里至文件结束，遇到同名局部变量，会被覆盖
void main()
{
        int f(int a);        //函数原型中的局部变量 a，其作用范围仅在 f 后面小括号内
        int a = 2,i;
        //main 函数中的局部变量 a 和 i，其作用范围从此处开始至 main 函数结束
        for (i = 0;i<2;i++)
                cout<<f(a)<<endl;//此处的 a 为 main 函数的局部变量 a
}
int f(int a)                //函数形式参数 a，其作用范围在 f 函数内，属于动态变量
{
        auto int b = 0;    //局部变量 b，其作用范围从此处开始至 f 函数结束，为动态变量
```

```
        static int c = 3;    //局部变量 c,其作用范围从此处开始至 f 函数结束,为静态变量
        ++b;
        ++c;
        return(a + b + c);   //是将 f 内的局部变量 a、b 和 c 相加并返回
}
```

运行结果:

7

8

分析:

系统给全局变量 a 和静态变量 c 分配内存,并分别初始化为 12 和 3,执行 main 函数。

①为局部变量 a 分配内存并初始化为 2;为局部变量 i 分配内存。

②为局部变量 i 赋值为 0。

③判断 i 是否小于 3。

④成立则调用 f(a),此处的 a 为 main 函数内的局部变量,其值为 2。

⑤为 f 函数形参 a 分配内存并用实参 a = 2 初始化形参 a,即形参 a = 2。

⑥为 f 函数局部变量 b 分配内存并初始化为 0。

⑦b = b + 1,b 的值为 1,c = c + 1,c 的值为 4,返回(a + b + c),即返回 7,同时释放 a 和 b 所占内存,返回 main 函数,输出一个 7 并换行。

⑧i = i + 1 为 1,再从③开始执行至⑥。

⑨b = b + 1,b 的值为 1,c = c + 1,c 的值为 5,返回(a + b + c),即返回 8,同时释放 a 和 b 所占内存,返回 main 函数,输出一个 8 并换行。

请仔细观察全局变量 a,main 函数中的局部变量 a 和 f 函数中的局部变量 a 所起作用的范围。

假设修改程序为:

```
#include <iostream.h>
int a = 12;    //全局变量
void main()
{
        int f(int a);
        int i;
        for (i = 0;i<2;i++)
                cout<<f(a)<<endl;  //全局变量 a 起作用
}
int f(int a)
{
        auto int b = 0;
        static int c = 3;
        ++b;
```

```
    ++c;
    return(a+b+c);      //局部变量 a 起作用
}
```

运行结果为：

17

18

请参照上述程序运行过程，读者自行分析一下修改后的程序运行情况。

可见用 static 声明的局部变量，其作用域仍然是定义该变量的语句块内，作用域外不可见，但它在整个程序运行期间一直生存。可以利用内部 static 变量的这种特点编写需要在被调用结束后仍保存其值的函数。

（2）函数原型作用域。函数声明中的形参变量的作用域仅限于该函数原型内部，例如：

```
void area(double l,double w);       //l,w 的作用域只在该声明的左右括号之间
void area(double,double);           //函数声明不必给出形参值，但须给出形参类型
```

可见，函数声明不同于函数定义，函数定义时函数头中的形参变量具有局部作用域，而函数声明时函数头中的形参变量仅具有函数原型作用域。这也是函数声明中的形参变量可有可无的原因所在。

（3）文件作用域。在函数外部定义的静态变量又称为静态全局变量，具有文件作用域。默认情况下，其有效性从定义位置开始，一直到该源文件结束。但可以使用 extern 关键字将其作用域扩展到定义之前。

（4）程序作用域。在函数外部定义的外部变量又称为全局变量，具有程序作用域，能够在程序的不同源文件中使用。默认情况下外部变量具有文件作用域，其有效性从定义位置开始，一直到该源文件结束。但可以使用 extern 关键字将外部变量的作用域扩展至定义之前，甚至扩展到其他源文件。

【例 3-16】 分析程序的运行结果。

程序代码如下：

```
//ch3-16-1.cpp
#include <iostream.h>
void main()
{   void f();           //函数 f 声明
    extern int A;       //外部变量 A 的作用域扩展到此位置
    int b=0;
    static int c;       //内部静态变量 c 定义，系统自动初始化为 0
    cout<<A<<'\t'<<b<<'\t'<<c<<endl;
    A+=3;               //外部变量 A
    f();                //函数调用
    cout<<A<<'\t'<<b<<'\t'<<c<<endl;
    b+=3;
    f();                //函数调用
}
```

```
// ch3-16-2.cpp
#include <iostream.h>
int A = 5；              // 外部变量 A 的定义
void f()                 // 函数 f 定义
{    int b = 3；          // 内部自动变量 b
     static int c = 2；   // 内部静态变量 c 定义
     A += 5；
     b += 5；
     c += 5；
     cout<<A<<'\t'<<b<<'\t'<<c<<endl；
     c = b；
}
```

运行结果为：

```
5     0     0
13    8     7
13    0     0
18    8     13
```

分析：

程序中外部变量 A 的定义在源文件 ch3-16-2.cpp 中，默认情况下 main 函数在其作用域之外，因此通过声明 A 的作用域扩展到了源文件 ch3-16-1.cpp 中。请读者分析程序运行结果，注意 main 函数中定义的静态局部变量 c，由于程序未提供它的初值，因而由系统自动初始化为 0。

需要注意的是，由于外部变量的定义及其作用域扩展都使用 extern 关键字，若外部变量在定义时未提供初值，则会引起运行错误，因为此时系统不能分辨到底哪个是变量定义，哪个是作用域扩展。这种情况下，在外部变量定义处去掉 extern 关键字，而在变量作用域扩展处保留 extern 关键字即可。

可见，文件作用域和程序作用域变量的使用增加了函数之间传递数据的途径，但同时也降低了函数的通用性。由于某函数对一个全局变量的修改，直接影响到其他使用这个变量的函数，因此全局变量的过多使用，会导致函数间依赖性增加、耦合度提高，而独立性、内聚性都会降低。

3.同名变量的局部优先原则

C＋＋中，当不同作用域的同名变量都同时有效时，遵从局部优先原则，即小作用域变量可见。例如，当局部变量与全局变量同名时，则局部变量的作用域优先，全局变量被屏蔽。

【例 3-17】 验证变量的作用域。

程序代码如下：

```
#include <iostream.h>
int a = 3,b = 5；   // 定义外部变量 a,b
int func(int x)     // 外部函数,x 为形参
{    x += a++；
```

```
        b++;
        return(x);
    }
    int x=2;                        //定义外部变量 x
    int max(int a,int b)            //外部函数定义,a、b 为形参
    {   int c;
        c=a>b? a:b;
        x++;
        return(c);
    }
    void main()                     //定义主函数
    {   int a=8;
        {   int a=1;                //复合语句
            a=max(a,b);
            cout<<"a = "<<a<<endl;
        }
        cout<<"max = "<<max(a,func(b))<<endl;
        cout<<"a = "<<a<<"\tb = "<<b<<"\tx = "<<x<<endl;
    }
```

运行结果为：

a=5

max=8

a=8　　　b=6　　　x=4

分析：

程序中,a、b 是在源程序的开始定义的外部变量,其作用域从定义位置至文件结束。x 是在 max 函数之前定义的外部变量,其作用域从定义位置至文件结束。由于外部变量 x 的作用域未进行扩展,因而在 func 函数中,可见的变量包括局部变量 x 和外部变量 a、b。max 函数中的局部变量包括形参 a、b 和变量 c,这里形参 a、b 与外部变量同名,因此外部变量 a、b 被屏蔽,形参变量 a、b 有效,所以 max 函数内可见的变量包括局部变量 a、b、c 以及外部变量 x。main 函数中可见的变量包括局部变量 a(在复合语句外部定义)和外部变量 b、x,而外部变量 a 则被屏蔽。在 main 函数内的复合语句中,可见的变量为局部变量 a(在复合语句内部定义)和外部变量 b,而在复合语句外定义的局部变量 a 以及外部变量 a 均被屏蔽。

为了提高程序的可读性,建议尽量少用同名变量。为了与内部变量相区别,通常约定外部变量的第 1 个字母大写。

4．名空间

当同名变量的作用域重合时,C++ 利用局部优先原则来处理。此时,如果程序中需要使用大作用域的变量,该怎么办呢? C++ 使用名空间来解决名字发生冲突的问题。C++ 认为,所有名字都有其空间归属,在特定的空间中,名字是不允许发生冲突的(默认使用局部优先原

则确定)。在引用一个名字时,如果加上空间归属的前缀,就可以指定该名字所对应的实体。

(1)名空间的定义。在 C++中,名字空间域相当于一个更加灵活的文件域(全局域),可以用花括号把文件的一部分括起来,并以关键字 namespace 开头为名字空间命名。

名空间的具体声明格式如下:

namespace　ns1　　　// **声明名空间 ns1**

{

      float a,b,c;　　　　// 定义变量

      fun1(){……}　　　 // 定义函数

       ⋮

}

名空间中可以包括:类、变量、函数等。

(2)名空间的访问。

①直接访问,在域外使用域内的成员时,采用如下访问形式:

ns1::a=9;

ns1::fun1();

这里名空间名 ns1 为前缀,其后紧跟域操作符"::",其后即可添加名空间中定义的成员。

②using 声明,使用 using 声明可只写一次限定修饰名。using 声明以关键字 using 开头,后面是被限定修饰的名空间成员名:

using ns1::a;

使用 using 在程序开始进行声明,以后在程序中使用 a 时,就可以直接使用成员名,而不必使用限定修饰名。

③using 指示符,使用 using 指示符可以一次性地使名空间中的所有成员都可以直接被使用,比 using 声明方便:

using namespace 名空间名;

标准 C++库中的所有组件都是在一个被称为 std 的名空间中声明和定义的。在采用标准 C++的平台上使用标准 C++库中的组件,只要使用 using 指示符指定该名空间即可:

using namespace std;　　// 直接使用标准 C++库中的所有成员

【例 3-18】　局部名空间默认。

程序代码如下:

```
#include <iostream>
using std::cout;
using std::endl;
void swap(int &a,int &b)          //自定义 swap 函数
{ int c; c=a;a=b;b=c; }
void main()
{   int a=-5, b=6;
    swap(a,b);                    //使用自定义 swap 函数
    cout<<a<<'\t'<<b<<endl;
```

```
    std::swap(a, b);          //使用标准库函数 swap
    cout<<a<<'\t'<<b<<endl;
}
```

运行结果为：

```
6        -5
-5       6
```

很多时候，名字都无须带有前缀，这是因为事先已经指定了默认名字空间，如果默认名空间在两个以上，则必须注意名字冲突的可能性，当发生冲突时，需要明确指定使用变量所在的名空间。

3.4.2　多文件结构

当一个 C++ 工程中包含若干文件时，即形成多文件结构的程序。在 VC 6.0 中，可按如下步骤新建一个基于控制台的工程：

- 点击 File −>New 菜单。
- 在弹出的 New 对话框中选择 Projects 选项卡，点击列表框中的 Win32 Console Application 选项后，在右侧 Project Name 项输入工程名称，在 Location 项选择保存工程的路径。
- 点击 OK 按钮。

创建完成后，会进入工程的工作空间。在左侧 Project 窗口中点击 FileView 选项卡，展开本工程文件目录，将看到工作空间中缺省的 3 个文件夹：Source Files，Header Files 和 Resource Files。右键单击 Source Files 文件夹可添加源程序文件(.c,.cpp,.cxx,.tli)，右键单击 Header Files 文件夹可添加头文件(.h,.hpp,.hxx,.inl)，右键单击 Resource Files 文件夹可添加资源文件(.rc,.rct,.res)。当在一个工程文件中添加了多个文件后，该工程即为多文件结构工程。但需要牢记，一个工程中只能包含一个主函数 main，main 函数为执行工程的程序入口。

【例 3-19】 建立多文件结构工程。

程序代码如下：

```
//ch3-19-1.cpp
#include <iostream.h>
extern char fn(char c);              //fn 函数声明
void main()
{
    char ch;
    while((ch = getchar())! = '\n')
    cout<<ch<<fn(ch);                //调用 fn 函数
    cout<<endl;
}
//ch3-19-2.cpp
    extern void print();             //print 函数声明
    static char next(char c)         //next 函数定义
```

```
{
    char d；
    d = c + 1；
    print()；    //调用 print 函数
    return(d)；
}
char fn(char c)
{
    return next(c)；    //调用 next 函数
}
//ch3-19-3.cpp
#include <iostream>
using namespace std；
void print()    //print 函数定义
{    cout<<" - "；
}
```

运行结果：

abcdefghijklmn(回车)

- ab - bc - cd - de - ef - fg - gh - hi - ij - jk - kl - lm - mn - no

说明：程序由 3 个源程序文件组成。其中，ch3-19-3.cpp 中只有外部函数 print 的定义，该函数的功能是输出"-"。ch3-19-2.cpp 文件中包含内部函数 next 和外部函数 fn 的定义，因而 next 函数只能被本文件中的其他函数调用，而其他文件则无权访问。next 函数的功能是调用 print 函数，并返回实参变量所代表字符的后续字符，fn 函数则调用并传递实参给 next 函数。ch3-19-1.cpp 中包含主函数 main，因而是主源程序文件。程序在 main 中输入字符串，输出该字符及后续字符。后续字符通过调用 fn 函数，也就是说，间接调用 next 函数获得。

组成工程文件的.cpp 文件需要分别编译，编译成功后制作.exe 文件或直接执行程序，此时系统将对编译代码进行连接并生成可执行文件，运行后得到结果。

在实际应用中，往往根据各函数的功能和大小将其划分到不同的源程序文件，一般将用于协同完成某项功能的若干函数放在同一源文件中。另外需要注意的是，在调用某函数之前，必须有该函数的声明或定义，编译器才能按照声明或定义中的函数原型核查函数调用是否合法。

3.4.3 编译预处理命令

在编译程序之前进行的一些预处理。需要预处理的操作包括在待编译的文件中包含其他文件、符号常量和宏定义及程序代码的条件编译。所有预处理器命令都用符号"#"开始，而且在预处理器命令的前面仅仅能出现空白字符。

1.文件包含预处理命令

文件包含用#include 开头的命令。#include 的两种形式是：

#include <文件名>

#include "文件名"

　　两者差别在于预处理器查找要包含的文件的位置。第一种方式称为标准方式,通常用于包含标准库头文件,预处理器将在集成编译开发环境安装路径下的 include 子目录下搜索由文件名所指明的文件。而第二种方式通常用于包含自定义头文件,编译器将首先在当前文件所在目录下搜索,如果找不到再按标准方式搜索。

　　2. 宏定义预处理命令

　　宏定义命令是指以 ♯define 开头,用来创建符号常量和宏(作为符号定义的操作)。其命令格式是:

　　♯define 标识符　　替换文本

　　其作用是,使得源程序中后续出现的所有相同的标识符都将在编译程序之前自动替换为指定的替换文本,替换过程称为宏替换或宏展开。

　　(1)不带参的宏。用宏名表示一个常量字符串,因此又称为符号常量,意指用符号表示的常量。例如:

　　　　♯define PI 3.1415926

　　该命令将把后续出现的符号常量 PI 都用数字常量 3.1415926 代替。

　　宏替换只是字符串和标识符之间的简单替换,预处理本身不做任何数据类型和合法性检查,也不分配内存单元。

　　(2)带参数的宏。带参的宏的定义形式很像定义一个函数,但与函数的本质不同,宏定义仍然只是产生字符串替代,不存在分配内存和参数传递。格式为:

　　♯define　　宏名(形参列表)表达式串

　　例如:

　　♯define CIRCLE_AREA(x) (3.14 * x * x)

　　该宏使得在源文件中所有出现 CIRCLE_AREA(x) 的地方,都将被替换成(3.14 * x * x)。例如,有以下 C++ 语句:

　　area = CIRCLE_AREA(5);

　　该语句将被预处理器展开为:

　　area = (3.14 * 5 * 5);

　　需要注意,一般将宏定义时的形参用括号括起来,否则容易导致逻辑错误。比较下列两条宏定义:

　　♯define S(a,b)　　a * b/2

　　♯define S(a,b)　　(a) * (b)/2

　　前者将源程序中的宏 S(3+5,4+2) 错误地展开为 3 + 5 * 4 + 2/2;而后者则将该宏展开为(3+5) * (4+2)/2。可见当宏参数是表达式时,使用括号保证了正确的计算顺序。

　　【例 3-20】　采用宏定义计算圆面积。

　　程序代码如下:

　　♯define PI 3.1415

　　♯define CIRCLE(r) PI * (r) * (r)　　　　　　　　　　　　　// 宏定义

　　♯include <iostream.h>

　　void main()

```
{
        cout<<CIRCLE(5＋6)<<endl；          //使用宏,预处理器将进行宏展开
}
```

考虑可以编写函数完成与宏相同的计算功能,但函数有相关的函数调用成本。宏的优势在于,宏直接在程序中插入代码,避免了函数的调用成本。而且由于宏单独定义,所以程序仍然易于阅读。宏的缺点就是参数要经过宏替换后才能参与运算,要被处理两次。

宏的替换文本是指＃define 命令中定义的宏名后本行内的所有文本。如果宏的替换文本长度太长,则必须在行末加入反斜线"\",说明替换文本将在下一行继续。

3.4.4　带参数的 main 函数

main 函数也可以带参数。带参数 main 函数的定义格式如下:

void main(int argc, char ＊ argv[])

```
{
 ……
}
```

argc 和 argv 是 main 函数的形式参数。这两个形式参数的类型是系统规定的。如果 main 函数要带参数,只可以是这两个类型的参数;否则 main 函数不带参数。变量名称 argc 和 argv 是常规的名称,也可以换成其他名称。

那么,实际参数是如何传递给 main 函数的 argc 和 argv 的呢? C＋＋程序在编译和链接后,生成一个 exe 文件,执行该 exe 文件时,可以直接执行;也可以在命令行下带参数执行,命令行执行的形式为:

可执行文件名称 参数 1 参数 2 ......参数 n

执行文件名称和参数、参数之间均使用空格隔开。执行时,命令行字符串将作为实际参数传递给 main 函数。具体为:

(1)可执行文件名称和所有参数的个数之和传递给 argc。

(2)可执行文件名称(包括路径名称)作为一个字符串,首地址被赋给 argv[0],参数 1 也作为一个字符串,首地址被赋给 argv[1],……依次类推。

【例 3-21】　带参数的 main 函数。

程序代码如下:

```
＃include ＜stdio. h＞
int main(int argc, char ＊ argv[])
{
    int i；
    for (i＝0； i ＜argc； i＋＋)
        printf("Argument %d is %s.\n", i, argv[i])；
    return 0；
}
```

说明:

假如上例编译链接后为 hello. exe,打开命令提示符,将当前路径修改为文件 hello. exe 所

在的路径后,如果:

(1)输入下列命令:hello.exe a b c d,回车。那么运行之后,argc = 5,表示有 5 个参数,对应的:

args[0] = "hello.exe";

args[1] = "a";

args[2] = "b";

args[3] = "c";

args[4] = "d";

(2)输入下列命令:hello.exe a basdfsa 1314324 − k − f,则 argc = 6,就是表示有 6 个参数,对应的:

args[0] = "hello.exe";

args[1] = "a";

args[2] = "basdfsa";

args[3] = "1314324";

args[4] = " − k";

args[5] = " − f";

3.5 小结

一般来说较小的程序用一个源程序文件即可实现,但在开发较大程序时,通常将其分解为多个源程序文件,以便于分别编写、编译和调试,提高效率,而且有利于程序的维护。

C++程序可以设计有多个函数,这些函数可以根据需要存放在多个源文件中。编译多文件结构的工程时,每个源程序文件作为一个单独的编译单位,如果其中有编译预处理指令,则首先经过编译预处理生成临时文件存放在内存,之后对临时文件进行编译生成目标文件.obj,编译后原临时文件撤销。所有的目标文件经连接器连接,最终生成一个完整的可执行文件.exe。

当程序中使用标准库函数时,需要包含库函数所在的头文件;对于自定义函数,则须"先定义,后使用"。当使用在先,定义在后,或者使用定义在不同源文件中的函数时,需要在函数调用之前给出函数原型声明。注意正确地调用函数,对于带参函数,在调用时要明确 C++对实参和形参的处理方式以及实参和形参的赋值方向。

C++中可以定义多个同名函数,其参数表必须不同。函数调用时,根据实参与形参匹配的情况决定具体调用哪个函数。带默认参数的函数允许函数调用时实参个数少于形参个数,对于未给定的参数,将直接使用默认参数。函数的内联使得函数代码在编译阶段就嵌入到调用位置,减少了函数调用过程中的内存开销,提高了程序运行效率。但函数内联与否往往由系统决定,设计者只能给出建议 inline。

在 C++中,变量的属性取决于其存储类型、数据类型及其定义位置。按照变量作用域的大小,可将变量划分为 5 个等级:程序作用域、文件作用域、函数作用域、局部作用域、函数原型作用域。变量的存储类别决定着变量的生存期,生存期是变量在内存或寄存器中存在时间的长短。生存期与变量的作用域不同,作用域是就可见性而言的。只要可见就一定存在,但是存在却并不一定是可见的。存储为 auto 和 register 类型的变量,其作用域和生存期相同;静态局部变量的作用域是局部的,但在程序运行过程中一直存在;静态全局变量的作用域局限于其所在源文件,但其生存期一直贯穿整个程序运行期间;外部变量的作用域和生存期则均为整个程序。

　　C++使用名空间来解决同一作用域空间内的名字冲突问题,当同一作用域空间中使用的若干同名标识符都同时有效时,需要使用名空间唯一指定标识符所在的域。

❓ 习题

一、改错题(下面程序各有一处错误,请找出并改正)

　　1.以下 min 函数的功能是求两个参数的差,并将和返回调用函数。

```
void min(float a, float b)
{    float c;
     c = a - b;
     return c;
}
```

　　　错误语句是:＿＿＿＿＿＿＿＿＿＿＿＿＿＿＿＿＿＿＿＿＿＿＿＿＿

　　　改正为:＿＿＿＿＿＿＿＿＿＿＿＿＿＿＿＿＿＿＿＿＿＿＿＿＿＿

　　2.下列程序运行结果为 10。

```
#include <iostream.h>
void fn(int x, int y = 0)
{
     cout<<x + y;
}
void main()
{
     fn();
}
```

　　　错误语句是:＿＿＿＿＿＿＿＿＿＿＿＿＿＿＿＿＿＿＿＿＿＿＿＿＿

　　　改正为:＿＿＿＿＿＿＿＿＿＿＿＿＿＿＿＿＿＿＿＿＿＿＿＿＿＿

二、程序填空题

　　1.以下程序的运行结果是"-5,15",请填空。

```
#include <iostream.h>
void number()
{
【            】
     int a = 5, b = 10;
     x = a - b;
     y = a + b;
```

```
}
int x,y;
void main()
{
    int a = 6,b = 5;
    x = a + b;
    y = a - b;
    number();
    cout<<x<<","<<y<<endl;
}
```

2. 以下程序的功能是用递归计算学生的年龄,已知第一位学生的年龄最小,为 10 岁,其余学生一个比一个大 2 岁。求第 5 位学生的年龄。

```
#include <iostream.h>
int age(int n);
void main()
{
    int n = 5;
    cout<<"age："<<【    (1)    】<<endl;
}


int age(int n)
{
    int c;
    if(n == 1)
        c = 10;
    else
        c =【    (2)    】;
    return(c);
}
```

3. 已知三角形的三边,求三角形面积,将其编写成一个函数。

```
#include <iostream.h>
#include <math.h>
double area(int a,int b,int c);
void main()
{
    int a,b,c;
    cin>>a>>b>>c;
    cout<<"Area："<<【    (1)    】<<endl;
}
```

```
double area(int a,int b,int c)
{
    double s,area;
    s = (a + b + c)/2.0;
    area = sqrt(s * (s - a) * (s - b) * (s - c));
    return【   (2)   】;
}
```

4. 延时函数。

```
void delay(int a = 2);              //函数声明
void main()
{
    delay();                        //默认延迟2秒
    delay(2);                       //延迟2秒
    delay(5);                       //延迟5秒
}
void delay(【        】)            //函数定义
{
    int sum = 0;
    for(int i = 1; i<= a; ++i)
        for(int j = 1; j<3500; ++j)
            for(int k = 1; k<100000; ++k)
                sum++;
}
```

三、程序设计题

1. 设计一个函数,计算长方形的面积,并在主函数中输入长方形的长和宽,输出面积。
2. 编程求三个数的平均值。三个数可以是整型、浮点型和字符型。写出重载函数。
3. 以下函数的功能是递归方法计算 x 的 n 阶勒让德多项式的值。已有调用
   语句"p(n,x);",请编写 p 函数。递归公式如下:

$$P_n(x) = \begin{cases} 1 & (n = 0) \\ x & (n = 1) \\ ((2n - 1) * x * P_{n-1}(x) - (n - 1) * P_{n-2}(x))/n & (n > 1) \end{cases}$$

二维码 3-1　习题参考答案

第4章 数组、指针与字符串

C++中利用数组对数据类型相同、按顺序排列的大量数据进行有效的管理。在C++中可以利用指针直接访问内存,能够快速处理在内存中连续存放的大量数据,以及实现函数间的大量数据共享。

4.1 数组

在介绍数组概念之前,请先看这样一个问题,假设需要这样一个程序,读入3位学生的成绩,然后根据这些学生的成绩,求出其中的最高分,再依次输出3位学生的成绩和最高分的差值。请注意在这个程序中,如果想得到最高分,必须把3位学生的成绩全部读入,同时为计算每位学生的成绩与最高分的差值,就需要同时存储3位学生的成绩,所以有如例4-1中的程序。

【例4-1】 编写程序读入3位学生的成绩,得出最高成绩,并输出最高成绩与3位学生的成绩的差值。

程序代码如下:

```cpp
#include <iostream.h>
void main()
{
    double score1,score2,score3,maxScore;
    cin>>score1>>score2>>score3;
    maxScore = score1;
    if (score2>maxScore)
        maxScore = score2;
    if (score3>maxScore)
        maxScore = score3;
    cout<<maxScore - score1<<"\t"<<maxScore - score2<<"\t"
        <<maxScore - score3<<endl;
}
```

思考:

如果上述程序针对的是10位学生的成绩呢? 虽然可以定义10个double型变量用于存放10位学生的成绩,但是读入10位学生的成绩,然后求其最大值及输出最大值和每位学生成绩的差值,工作量是非常巨大的,而且当学生的数目再次改变的时候,程序显然又不可行了。对于这种大规模的同类型数据,C++中是利用数组进行有效的存储和管理。

4.1.1 数组定义与使用

数组是若干相同类型变量按照一定顺序组成的集合体,组成数组的变量称为数组的元素。数组元素用数组名和带方括号的下标表示。

如在例 4-1 中,5 位学生的成绩可以表示为 score[0],score[1],score[2],score[3],score[4],其中不变的 score 代表数组的名字,而 score[0]…score[4]则代表了数组中的元素。

数组属于自定义数据类型,因此在使用之前必须加以定义。

1.一维数组

(1)一维数组的定义。

一维数组定义的一般语法形式为:

数据类型 数组名[元素个数];

说明:

● 数组名为符合 C++命名规则的合法标识符,如 score。

● 数据类型为数组中元素的数据类型,可以为基本数据类型(如 int、double 等),也可以为用户自定义类型(如后面自定义的类)。

● 元素个数为常量或者整型常量表达式,其值必须为正整数。例如:

int a[3];   //a 为一维数组,具有 3 个元素

double   b[2*3+1];   //b 为一维数组,具有 7 个元素

元素是组成数组的基本单位。数组元素本质上就是一个普通变量,其特殊之处就在于其标识方法为数组名[下标],下标表示了元素在数组中的顺序号,可以是常量也可以说变量。元素的下标从零开始,下标的最大值为:元素个数-1。

对于上面定义的数组 a 中各个元素分别为:

a[0]、a[1]和 a[2]

数组 b 的各个元素分别为:

b[0]、b[1]、b[2]、b[3]、b[4]、b[5]、b[6]

注意:

编译器不对数组下标越界进行检查,编写程序时候必须仔细检查。一定不要混淆[]的两种使用方式,在数组声明时,[]里表示的是数组中的元素个数,除此之外,[]里表示的都是元素的下标值。

(2)一维数组的存储。

一维数组中的元素在内存中是按照下标顺序连续存储的。

例如:int array[4];

定义了一个一维数组 array,包含 4 个元素,分别为 array[0]、array[1]、array[2]、array[3],则数组各个元素在内存中的存储顺序如图 4.1 所示。

array[0]   array[1]   array[2]   array[3]

图 4.1 一维数组的存储顺序

（3）一维数组的初始化。

数组的初始化是指在定义数组时,为部分或全部元素赋初值。如果不初始化数组,其元素值为随机数。

● 全部元素赋初值。

例如：int array[4]={1,2,3,4}；

数组 array 中有 4 个元素,在{}中给出了 4 个初值,则上面语句等价于：

int array[4]；

array[0]=1；

array[1]=2；

array[2]=3；

array[3]=4；

如果在定义一维数组时为全部元素赋初值,则可以省略数组长度。即上面数组定义语句与下面语句等价：

int array[]={1,2,3,4}；

● 部分元素赋初值。

在 C++中允许为数组中部分元素赋初值。在为部分元素赋初值时,将初值按顺序赋给前面几个元素,后面没有初值的元素,其初值为 0。

例如：

int array[4]={1,2}；

等价于：

int array[4]；

array[0]=1；

array[1]=2；

array[2]=0；

array[3]=0；

（4）一维数组的使用。

在使用数组时,注意只能对数组中的元素进行操作。数组中每个元素都相当于一个相应类型的独立的变量,凡是允许使用该类型变量的地方都可以使用数组元素。

注意,通常情况下,对数组的使用往往要通过其元素来进行,不能一次引用整个数组。

再来看在本节开始时提出的问题,读入 10 位学生的成绩,则该程序可以用数组实现对 10 位学生成绩的存储、求最大值及成绩差值。

【例 4-2】　编写程序读入 10 位学生的成绩,求出最高成绩,并输出最高成绩与 10 位学生的成绩的差值。

程序代码如下：

```
#include <iostream.h>
void main()
{
    double score[10];
    double maxScore;
```

```
    int i;
    cin>>score[0];
    maxScore = score[0];
    for(i=1;i<10;i++) //i 为下标变量
    {
        cin>>score[i]; //输入数组中的每一个元素
        if (score[i]>maxScore)
            maxScore = score[i];
    }
    cout<<"最高成绩为 "<<maxScore<<endl;
    for(i=0;i<10;i++) //修改位置
    {
    cout<<score[i]<<"\t 与最大值的差值为\t "<<maxScore - score [i]<<endl;
    }
}
```

运行结果：

输入 10 个数据：72　50　81　79　96　63　73　42　88　65（回车）

最高成绩为 96

72	与最大值的差值为	24
50	与最大值的差值为	46
81	与最大值的差值为	15
79	与最大值的差值为	17
96	与最大值的差值为	0
63	与最大值的差值为	33
73	与最大值的差值为	23
42	与最大值的差值为	54
88	与最大值的差值为	8
65	与最大值的差值为	31

分析：

因为需要对数组中所有的元素都进行同样的操作，并且数组元素的下标是从 0 变化到 9，所以，当需要对数组所有元素按顺序操作时，一般利用 for 循环来实现对数组中元素逐个操作。

数组元素的下标可以是任意合法的算术表达式，但是其结果必须为整数。

需要注意的是，数组元素的下标不要超过其定义时所规定的上界。

思考：

①请将例题中带注释"修改位置"语句修改为 for(i=0;i<=10;i++)然后编译并运行程序，分析程序运行结果。

②请修改例题使其完成能够实现找出 10 位同学中的最低成绩，然后输出最低值，并输出

其对应元素的下标。

【例 4-3】 编写程序完成输出 Fibonacci 数列的前 20 个数。

Fibonacci 数列是指
$$
\begin{cases}
F_1 = 1 & n = 1 \\
F_2 = 1 & n = 2 \\
F_n = F_{n-1} + F_{n-2} & n \geqslant 3
\end{cases}
$$

程序代码如下：

```
#include <iostream.h>
void main()
{
    int f[20]={1,1},i;
    for(i=2;i<20;i++)
    {
        f[i]=f[i-1]+f[i-2];
    }
    for(i=0;i<20;i++)
    {
        if(i%5==0)
            cout<<"\n";
        cout<<f[i]<<"\t";
    }
}
```

运行结果：

```
1      1      2      3      5
8      13     21     34     55
89     144    233    377    610
987    1597   2584   4181   6765
```

分析：

①在本例中，为数组 f 中部分元素进行了初始化，以保证 Fibonacci 数列的初值。

②程序中第一个 for 循环是根据公式计算 f[2] 到 f[19] 的值。第二个 for 循环用于分行输出数列，即每行输出 5 个元素。

思考：

如何实现每行输出 4 个元素。

2. 二维数组

现在把 4-2 例中的问题难度稍微加大，设 10 位同学为一小组，一个班共有 3 个小组，则共有 $3 \times 10 = 30$ 位同学，如果按照小组顺序依次读入这一班 30 位同学的成绩，请问成绩最高的同学是哪个组的哪位同学？如果按照刚才的思路去解决这个问题，则用一个一维数组存储这 30 位同学的成绩，然后求出最高成绩，但是在求解最高成绩的同学是哪个组哪位的时候会遇到些小麻烦，因为数组中存储的是每位同学在 30 人中的排序位置，并没有他们的小组信息。

显然用一维数组存储没法体现各位同学的班、组信息，解决这样的问题，我们通常采用多维数组,如用二维数组 score[3][10]来存储 3 个小组,每小组 10 位同学,共 30 位同学的成绩,这样一个二维数组可以表示类似矩阵关系的数据,即有 3 行 10 列,其中每一行表示一个小组的成绩。

(1)二维数组的定义。

二维数组定义的一般语法形式为:

　　　数据类型 数组名[行数][列数];

说明:

● 数组名为符合 C++命名规则的合法标识符,如 score。

● 数据类型为数组中元素的数据类型,可以为基本数据类型(如 int、double 等),也可以为用户自定义类型(如后面自定义的类)。

● 行数和列数为常量或者整型常量表达式。

二维数组的元素个数为行数×列数。例如:

double b[2][3];　　//b 为二维数组,具有 2×3=6 个元素

与一维数组一样,二维数组的元素是组成数组的基本单位,其本质上就是一个普通变量。二维数组元素的表示是二维数组名[行下标][列下标],其中,行下标和列下标为整型常量、整型表达式或者变量,二维数组第一个元素的行下标和列下标均为 0,最后一个元素的行下标及列下标分别为行数−1、列数−1。

对于上面定义的数组 b 中各个元素分别为:

b[0][0]、b[0][1]、b[0][2]

b[1][0]、b[1][1]、b[1][2]

(2)二维数组的存储。

二维数组是按行存放的,即先将第一行中各个元素按列下标从小到大的顺序存放,然后再存放第二行,依此类推。

例如,int b [2][3];

定义了一个二维数组 b,包含 6 个元素,具体为如下:

　　　　　b [0][0]　　　　　b [0][1]　　　　　b [0][2]
　　　　　b [1][0]　　　　　b [1][1]　　　　　b [1][2]

可以发现,二维数组相当于数学上的矩阵,即上面定义的二维数组 b 相当于 2 行 3 列的矩阵。数组 b 中元素的存放顺序如图 4.2 所示。在二维数组中,数组名同样是第一个元素的首地址。

　　　　b [0][0]　　b [0][1]　　b [0][2]　　b [1][0]　　b [1][1]　　b [1][2]

图 4.2　二维数组的存储顺序

(3)二维数组的初始化。

● 全部元素赋初值。

方法一:将所有初值写在一个花括号内,按存储顺序给元素赋初值。例如:

int d[2][3] = {1,2,3,4,5,6};

则等价于:

int d[2][3];

d[0][0]=1;

```
d[0][1] = 2;
d[0][2] = 3;
d[1][0] = 4;
d[1][1] = 5;
d[1][2] = 6;
```

方法二:分行赋值,即利用多个花括号分别给每行元素赋初值。上面数组定义语句等价于下面语句:

```
int d[2][3] = {{1,2,3},{4,5,6}};
```

在为数组中全部元素赋初值或分行初始化时,可不指定第一维大小,系统根据初始数值与列数来确定第一维大小,但第二维必须指定。在上面数组定义语句与下面语句等价:

```
int d[][3] = {{1,2,3},{4,5,6}};
```

● 部分元素赋初值。

方法一:按存储顺序将初值赋给前面几个元素,后面没有初值的元素,其初值为 0。例如:

int d[2][3] = {1,2};

则等价于:

```
int d[2][3];
d[0][0] = 1;
d[0][1] = 2;
d[0][2] = 0;
d[1][0] = 0;
d[1][1] = 0;
d[1][2] = 0;
```

例如:int d[][3] = {{1},{2}};

则等价于:

```
int d[2][3];
d[0][0] = 1;
d[0][1] = 0;
d[0][2] = 0;
d[1][0] = 2;
d[1][1] = 0;
d[1][2] = 0;
```

方法二:分行给部分元素赋值,即利用多个花括号分别给每行前几个元素赋初值,后面没有初值的元素,其初值为 0。例如:

int d[2][3] = {{1},{5,6}};

则等价于:

```
int d[2][3];
d[0][0] = 1;
d[0][1] = 0;
d[0][2] = 0;
```

```
d[1][0]=5；
d[1][1]=6；
d[1][2]=0；
```

(4)二维数组的使用。

再来看我们上面提出的问题,读入 3 个小组,每个小组 10 位学生,共 30 人的成绩,求成绩最高的同学是哪个组的哪位同学?

【例 4-4】　编写程序读入 30 位学生的成绩,求出最高成绩,并输出最高成绩是哪个小组的哪位同学。

程序代码如下:

```
#include <iostream.h>
void main()
{
    double score[3][10];
    double maxScore；
    int i,j；
    for(i=0;i<3;i++) //i 为行下标变量
        for(j=0;j<10;j++)   //j 为列下标变量
            cin>>score[i][j];//输入数组中的每一个元素
    maxScore=score[0][0]；
    for(i=0;i<3;i++) //i 为行下标变量
        for(j=0;j<10;j++)   //j 为列下标变量
            if (maxScore<score[i][j])
    maxScore=score[i][j]；
    cout<<"最高成绩为 "<<maxScore<<endl；
    for(i=0;i<3;i++) //i 为行下标变量
        for(j=0;j<10;j++)   //j 为列下标变量
            if (maxScore==score[i][j])
    cout<<"为第 "<<i+1<<"组,第 "<<j+1<<"位同学 "<<endl；
}
```

运行结果:

输入 30 个数据:

```
72  50  81  79  96  63  73  42  88  65
89  96  59  74  36  28  94  68  81  90
75  83  95  91  69  46  77  74  85  93
```

最高成绩为 96

为第 1 组,第 5 位同学

为第 2 组,第 2 位同学

分析：

本例中对二维数组进行操作。在对二维数组的元素按存储顺序操作时，应该使用双重循环，内层循环用于控制列下标，外层循环用于控制行下标。在本例中，外层循环表示的是小组变化，内层循环表示的是当前小组内的同学序号变化。

【例 4-5】 编写程序完成二维数组 a 行列元素互换，存到另一个数组 b 中。

程序代码如下：

```cpp
#include <iostream.h>
void main()
{
    int a[2][3]={{1,2,3},{4,5,6}};
    int b[3][2],i,j;
    cout<<"array a:\n";
    for(i=0;i<2;i++)
    {
        for(j=0;j<3;j++)
        {
            cout<<a[i][j]<<"\t";
            b[j][i]=a[i][j];
        }
        cout<<"\n";
    }
    cout<<"array b:\n";
    for(i=0;i<=2;i++)
    {
        for(j=0;j<=1;j++)
            cout<<b[i][j]<<"\t";
        cout<<"\n";
    }
}
```

运行结果：

```
array a:
1    2    3
4    5    6
array b:
1    4
2    5
3    6
```

分析：

题目的要求是实现将数组 a 经过转置后赋给数组 b，即可以找到数组 a 和数组 b 中对应元素之间的关系为 b[j][i]=a[i][j]。

3. 多维数组

如果上述问题再进一步扩展,假设一共有 4 个班,共有 4×3×10＝120 位同学,如果按照班、组顺序依次读入这 120 位同学的成绩,请问成绩最高的同学是哪个班哪个组的哪位同学?显然,需要用更多维的信息来表示这 120 人,即用一个三维数组 score[4][3][10] 来存储 4 个班,每班 3 个小组,每小组 10 位同学,共 120 位同学的成绩。

多维数组定义的一般语法形式为:

数据类型 数组名[常量表达式 1][常量表达式 2]···[常量表达式 n];

说明:

- 常量表达式 1,2···,n 表示每一维的长度,其值必须为正整数。
- 具有 n 个下标的数组称为 n 维数组。
- 数组中元素个数为各维长度的乘积。例如:

int c[2][3][4];// c 为三维数组,具有 2×3×4＝24 个元素

数组 c 的各个元素分别为:

c[0][0][0]、c[0][0][1]、c[0][0][2]、c[0][0][3]
c[0][1][0]、c[0][1][1]、c[0][1][2]、c[0][1][3]
c[0][2][0]、c[0][2][1]、c[0][2][2]、c[0][2][3]
c[1][0][0]、c[1][0][1]、c[1][0][2]、c[1][0][3]
c[1][1][0]、c[1][1][1]、c[1][1][2]、c[1][1][3]
c[1][2][0]、c[1][2][1]、c[1][2][2]、c[1][2][3]

【例 4-6】　编写程序完成创建一个 2×3×4 三维数组 a,设置其元素值为其下标的乘积,例如 a[1][2][3]＝1×2×3。然后将该三维数组元素输出。

程序代码如下:

```
#include <iostream.h>
void main()
{
    int a[2][3][4];
    int i,j,k;
    for(i=0;i<2;i++)
    {
        for(j=0;j<3;j++)
        {
            for(k=0;k<4;k++)
            {
                a[i][j][k]=i*j*k;
            }
        }
    }
```

```
for(i = 0;i<2;i + + )
{
    for(j = 0;j<3;j + + )
    {
        for(k = 0;k<4;k + + )
        {
            cout << "a["<<i<<"]["<<j<<"]["<<k<<"] = "
                <<a[i][j][k]<<"\t";
        }
        cout<<"\n";
    }
}
```

运行结果：

a[0][0][0] = 0　a[0][0][1] = 0　a[0][0][2] = 0　a[0][0][3] = 0
a[0][1][0] = 0　a[0][1][1] = 0　a[0][1][2] = 0　a[0][1][3] = 0
a[0][2][0] = 0　a[0][2][1] = 0　a[0][2][2] = 0　a[0][2][3] = 0
a[1][0][0] = 0　a[1][0][1] = 0　a[1][0][2] = 0　a[1][0][3] = 0
a[1][1][0] = 0　a[1][1][1] = 1　a[1][1][2] = 2　a[1][1][3] = 3
a[1][2][0] = 0　a[1][2][1] = 2　a[1][2][2] = 4　a[1][2][3] = 6

分析：

可以发现,对于多维数组,当需要对数组中元素按顺序操作时,就需要多重循环实现。尝试用程序实现上面提出的扩展问题,读入 4 个班,3 个小组,每小组有 10 位同学,共有 $4 \times 3 \times 10 = 120$ 位同学的学生成绩,输出成绩最高的同学是哪个班哪个组的哪个同学?

4.1.2　数组作为函数参数

数组名和数组元素都可以作为函数的参数以实现函数间数据的传递和共享。

1.数组名作为函数参数

因为数组名为数组在内存中存放的首地址,当数组名作为函数的参数,要求函数的形参和实参都应该为数组名,并且数据类型相同。

【例 4-7】　利用函数实现,求 10 位学生的最高成绩。

程序代码如下：

```
#include <iostream.h>
double getMaxScore(double array[],int len)
{
    int i;
    double aver,maxScore = array[0];
    for(i = 1;i<len;i + + )
    { if (maxScore<array[i])
```

```
        maxScore = array[i];
    }
    return maxScore;
}
void main()
{   double score[10],max;
    int i;
    cout<<"input 10 scores:\n";
    for(i = 0;i<10;i++)
        cin>>score[i];
    cout<<endl;
    max = getMaxScore(score,10);
    cout<<"The maximum score is "<<max<<endl;
}
```

运行结果：

input 10 scores：

72   50   81   79   96   63   73   42   88   65

The maximum score is 96

说明：

(1)用数组名作函数参数,应该在主调函数和被调用函数分别定义数组,例中 array 是形参数组名,score 是实参数组名,分别在其所在函数中定义。

(2)实参数组与形参数组类型应一致。如不一致,结果将出错。

(3)用数组名作函数实参时,不是把数组的值传递给形参,而是把实参数组的起始地址传递给形参数组,由于形参数组和实参数组的首地址重合,对应元素使用相同的存储地址,即实参数组和形参数组共用同一段内存,实质上实参数组与形参数组为同一个数组。因此对形参数组的操作会影响到实参数组的相应元素,即在被调函数中改变形参数组元素值,主调函数中实参数组的相应元素也会发生变化。数组名作为函数参数可以实现在主调函数和被调函数之间传递大量数据。

2.数组元素作为函数参数

由于数组元素就是一个普通变量,只不过其名字有点特殊(即由数组名和下标组成的)。当将数组元素作为函数的实参时,与使用相同类型的普通变量作为函数的实参是完全相同的。

【例 4-8】 数组元素作为函数参数。

程序代码如下：

```
#include <iostream.h>
int add(int x,int y)
{
    x = 2 * x;
    y = 2 * y;
    return x + y;
```

```
}
void main()
{       int a[2]={3,4};
        int sum;
        sum=add(a[0],a[1]);
        cout<<sum<<endl;
        cout<<a[0]<<endl;
        cout<<a[1]<<endl;
}
```

运行结果：

14

3

4

分析：

函数 add 的形参为两个整型变量。函数调用语句"sum=add(a[0],a[1]);"中实参为数组 a 的两个元素 a[0]和 a[1]。

4.1.3　综合实例分析

在实际中,经常遇到的一类问题就是统计学生的学习成绩,比如各门课加在一起的总分,某门课的平均分等,图 4.3 所示就是一组同学的成绩表,其中每一行表示的是一位同学的各门课成绩(虚框所示),平均分表示对一门课的所有同学的平均成绩,即数学、语文和英语的平均成绩,总分表示为一个同学的三门课的总分。其中,每门课的成绩是通过输入得到,但是总分和平均分需要对输入的成绩统计得到。

姓名	数学	语文	英语	总分
李丽	96	87	80	263
王超	89	65	73	227
赵飞	68	90	85	243
孙阳	74	80	82	236
孟丹	83	58	65	206
平均分	82	76	77	235

图 4.3　成绩统计表

【例 4-9】　编写一个统计学生成绩的程序,要求用二维数组存储学生的成绩,读入每个同学的成绩后,输出每门课成绩及统计结果,如图 4.3 所示的粗框线中的数据。

程序代码如下：

```
#include <iostream.h>
void main()
{
        double score[6][4];
```

```
int i,j;
for(i=0;i<5;i++)
{
    for(j=0;j<3;j++)
    {
        cin>>score[i][j];  //读入每个同学的每门课成绩
    }
}
for(j=0;j<=3;j++)
    score[5][j]=0;    //平均分所在一行初值为0
for(i=0;i<5;i++)
    score[i][3]=0;    //总分所在一列初值为0
for(i=0;i<5;i++)
{
    for(j=0;j<3;j++)
    {
        score[i][3]+=score[i][j];   //求解总分列
        score[5][j]+=score[i][j];  //求解平均分行
        score[5][3]+=score[i][j];  //所有同学的分数之和
    }
}
for(j=0;j<=3;j++)
    score[5][j]/=5;    //求出平均分所在一行的元素值
for(i=0;i<6;i++)
{
    for(j=0;j<4;j++)
        cout<<score[i][j]<<"\t";
    cout<<"\n";
}
}
```

运行结果：

输入 5 组同学的 3 门课成绩：

96　87　80（回车）

89　65　73（回车）

68　90　85（回车）

74　80　82（回车）

83　58　65（回车）

```
96    87    80    263
89    65    73    227
68    90    85    243
74    80    82    236
83    58    65    206
82    76    77    235
```

分析：

程序读入的一组矩阵数据，所以采用二维数组存储表示更为便捷，其中矩阵的行表示学生，矩阵的列表示课程，实现上用一个 5×3 的二维数组存储即可，但是程序要求经过统计计算得到新的一列（总分列）和新的一行（平均分行），所以需要在定义数组的时候再多加一行一列，所以初始时候 score 数组定义为 6×4 的二维数组，该数组的前 5 行 3 列存储的是读入的学生成绩，由第一个双重循环实现。新增的平均分行和总分列的初值设置为 0，第二个双重循环实现对相应行和列的数据求和。而由于平均分行求解的是平均值，所以最后一个 for 循环实现求解分数的平均值。

4.2　字符数组与 C-字符串

在 C++ 中，字符串是利用字符数组和 string 类来保存字符串数据，一个字符串可以存储在一个一维字符数组里面，多个字符串可以存储在二维字符数组里面。本节将主要介绍如何利用字符数组处理字符串。

4.2.1　字符数组定义与使用

字符数组的定义与其他类型的数组是类似的。字符数组的定义形式为：

char 数组名[常量表达式 1][常量表达式 2]…[常量表达式 n]；

字符数组中的元素为字符型数据。

例如：

char c[10] = {'I',' ','a','m',' ','h','a','p','p','y'}；

则 c 为字符数组，包含 10 个元素，其值对应为：

c[0]	c[1]	c[2]	c[3]	c[4]	c[5]	c[6]	c[7]	c[8]	c[9]
I		a	m		h	a	p	p	y

例如：

char stu[][5] = {{'J','o','h','n'},{'M','i','k','e'}}；

stu[0][0]	stu[0][1]	stu[0][2]	stu[0][3]	stu[0][4]
J	o	h	n	\0
stu[1][0]	stu[1][1]	stu[1][2]	stu[1][3]	stu[1][4]
M	i	k	e	\0

未赋初值元素的值自动为空字符（即'\0'）。

字符数组的使用可以和其他类型数组一样，只能逐个使用数组元素。

【例 4-10】　字符数组的使用。

程序代码如下：

```
# include <iostream.h>
void main()
{
    int i;
    char str[5];
    for (i = 0; i < 5; i++)
        cin >> str[i];
    for (i = 0; i < 5; i++)
        cout << str[i];
    cout << "\n";
}
```

运行结果：

输入：hello（回车）

输出：hello

注意：

只有当字符数组中存放"\0"，才能构成字符串。

4.2.2　字符数组存放字符串

字符串常量是由一对双引号括起的字符序列。例如："CHINA"，"C++ program："等。每个字符串都有一个字符结束标志（"\0"）。

可以用字符串常量来给字符数组初始化。

例如：char str[] = {"program"};

也可以省略花括号，直接写成：char str[] = "program";

由于系统将在字符串常量的最后，自动加上一个"\0"。所以上面语句与下面定义语句等价：

char str[] = {'p', 'r', 'o', 'g', 'r', 'a', 'm', '\0'};

在程序的执行语句部分，不允许把字符串赋值给一个数组。例如：

char str[8];

str[7] = "program";　//错误。因为 str[7] 仅表示一个数组元素，str[7] 仅能存放一个字符。

str = "program";　//错误。因为 str 是数组名，是地址常量，不能给数组名赋值。

例如：char fruit[][7] = {"Apple","Orange","Grape","Pear","Peach"};

fruit [0][0]	fruit [0][1]	fruit [0][2]	fruit [0][3]	fruit [0][4]	fruit [0][5]	fruit [0][6]
A	p	p	l	e	\0	\0
fruit [1][0]	fruit [1][1]	fruit [1][2]	fruit [1][3]	fruit [1][4]	fruit [1][5]	fruit [1][6]
O	r	a	n	g	e	\0

fruit [2][0]	fruit [2][1]	fruit [2][2]	fruit [2][3]	fruit [2][4]	fruit [2][5]	fruit [2][6]
G	r	a	p	e	\0	\0

fruit [3][0]	fruit [3][1]	fruit [3][2]	fruit [3][3]	fruit [3][4]	fruit [3][5]	fruit [3][6]
P	e	a	r	\0	\0	\0

fruit [4][0]	fruit [4][1]	fruit [4][2]	fruit [4][3]	fruit [4][4]	fruit [4][5]	fruit [4][6]
P	e	a	c	h	\0	\0

4.2.3　C-字符串输入输出

当字符串保存在字符数组中时,字符串的输入输出有两种方法:

(1)将逐个字符输入输出。如例 4-10。

(2)将整个字符串整体输入和输出。

将例 4-10 改写成如下的例 4-11。

【例 4-11】　改写字符串的整体输入输出。

程序代码如下:

```
#include <iostream.h>
void main()
{
    char str[20];
    cin>>str;
    cout<<str<<endl;
}
```

运行结果:

输入:good(回车)

输出:good

输入:Good morning(回车)

输出:Good

分析:

当用户输入 good 后,系统会自动在 good 后面加上一个"\0"结束标志。从这两个输入例子也可以看出 cin 输入遇到空格或回车符后结束读入,输出时 cout 遇到字符串结束标志"\0"停止输出。因此输出结果是 good。

说明:

将字符数组中的字符串输入输出时,需要注意:

(1)输入时候遇到空格或者回车结束。

(2)输出的字符数组中一定要有结束符'\0'。

(3)字符串结束标志'\0'不输出。

(4)输出整个字符串时,输出项为字符数组名。

(5)如果字符数组中包含一个以上'\0',则遇到第一个'\0'时输出就结束。

如:

char c[] = "good\0hello";

　　cout<<c;

　　只输出"good"四个字符。

4.2.4　常用字符串处理函数

　　C++提供了一些字符串处理函数,使得用户能很方便地对字符串进行处理。这些字符串处理函数在头文件 string.h 中定义,使用时需要在文件头加入"♯include <string.h>"。下面介绍几个常用的字符串函数的用法。

　　1.字符串连接函数 strcat

　　函数原型:char * strcat (char dst[],const char src[]);

　　函数功能:将第二个字符数组中的字符串连接到前面字符数组的字符串的后面。连接后的字符串存放在第一个字符数组中。

　　函数返回值:第一个字符数组的地址。

　　如:

　　char str1[16] = "I am a ";

　　char str2[] = "student";

　　cout<<strcat(str1,str2)<<endl;

　　cout<<str1;

　　则输出:

　　I am a student

　　I am a student

　　注意:

　　● 第一个字符数组必须足够大,否则连接后会发生越界错误。

　　● 连接前的两个字符串均以'\0'结束;连接后第一个字符串的'\0'取消,新串最后加'\0'。

　　2.字符串复制函数 strcpy

　　函数原型:char * strcpy (char dst[],const char src[]);

　　函数功能:将第二个字符数组中的字符串复制到第一个字符数组中去,将第一个字符数组中的相应字符覆盖。

　　函数返回值:第一个字符数组的地址。

　　如:

　　char str1[10] , str2[] = "China";

　　cout <<strcpy(str1,str2);

　　注意:

　　(1)第一个字符数组长度必须大于第二个字符数组,否则复制后会发生越界错误。

　　(2)第一个字符数组必须是数组名形式,如 str1,第二个字符数组可以是字符数组名或字符串常量。

　　(3)只能通过调用 strcpy 函数来实现将一个字符串或字符数组赋给另一个字符数组,而不能用赋值语句将一个字符串常量或字符数组直接赋给一个字符数组。

　　char str1[10],str2[10];

```
str1 = "student";//错误
str2 = str1;//错误
```

【例 4-12】　字符串的连接、复制。

程序代码如下：

```
#include <iostream.h>
#include <string.h>
void main()
{
    char destination[25];
    char blank[] = " ";
    char kitty[] = "kitty";
    char hello[] = "Hello";
    strcpy(destination, hello);
    strcat(destination, blank);
    strcat(destination, kitty);
    cout<<destination<<endl;
}
```

运行结果：

Hello kitty

分析：

strcpy 函数对 hello 字符串的复制，复制后 destination 数组中为 Hello，第一个 strcat 函数实现对空格符的连接，第二个 strcat 函数实现对 kitty 的连接。

3.字符串比较函数 strcmp

函数原型：int　strcmp(const char[] , const char[]);

函数功能：比较两个字符串。

比较规则：对两个字符串自左至右逐个字符的 ASCII 码相比，直到出现不同的字符或遇到"\0"为止。如全部字符相同，则认为相等；若出现不相同的字符，则以第一个不相同的字符的比较结果为准。

函数返回值：比较的结果。

(1)如果字符串 1 = 字符串 2，函数返回值为 0。

(2)如果字符串 1 > 字符串 2，函数返回值为 1。

(3)如果字符串 1 < 字符串 2，函数返回值为 -1。

如：

```
strcmp("abc","abd");   //返回 -1
strcmp("abc","aab");   //返回 1
strcmp("abc","abc");   //返回 0
```

【例 4-13】　字符串的比较。

程序代码如下：

```
#include <iostream.h>
```

```
#include <string.h>
void main()
{
int   i,j,k;
    char   a1[] = "shanghai"，a2[] = "beijing";
    i = strcmp(a1,a2);
    j = strcmp("China"，"Japan");
    k = strcmp(a2，"beijing");
    cout<<i<<endl;
    cout<<j<<endl;
    cout<<k<<endl;
}
```

运行结果：

1

－1

0

4．字符串长度函数 strlen

函数原型：int   strlen(const char[])；

函数返回值：字符串的实际长度，不包括"\0"在内。

如：

char str[10] = "China";

cout<<strlen(str)；

则输出结果不是 10，也不是 6，而是 5。

cout<<strlen("beijing\0wuhan")；

则输出结果是 7。

【例4-14】 在字符串中查找一个字符，输出该字符在串中第一次出现的位置，若字符串中没有该字符，则输出－1。

分析：

要在字符串中查找某一个字符，必须从第一个字符开始，依次比较字符串中的元素是否为该字符。如果找到相同字符，则记录位置，并退出循环。

程序代码如下：

```
#include <iostream.h>
#include <string.h>
void main()
{
    char str[10]，ch;
    int i，loc，n;
    cout<<"input a string:\n";
    cin>>str;     /＊输入字符串＊/
```

```
        cout<<"input a character:\n";
        cin>>ch;                    /*输入要查找的字符*/
        n=strlen(str);              /*计算串的长度*/
        for(i=0;i<n;i++)
        {
            if (str[i]==ch)          /*若找到字符,则记录位置并退出循环*/
            {   loc=i;
                break;
            }
        }
        if (i==n)
            loc=-1;          /*没有找到字符*/
        cout<<loc<<endl;
}
```

运行结果:

input a string:

hello

input a character:

e

1

请思考:如何实现统计某字符在字符串中出现的次数?

【例 4-15】 用函数的形式实现统计字符串中字符的个数。

程序代码如下:

```
#include <iostream.h>
#include <string.h>
int ischar(char c)
{
    if(c>='a'&&c<='z' || c>='A'&&c<='Z')
        return 1;
    else
        return 0;
}
void main()
{
    int i,num=0;
    char str[255];
    cout<<"please input a string \n";
    cin>>str;
    for(i=0;str[i]!='\0';i++)
```

```
        if(ischar(str[i]))
            num++;
    cout<<"num = "<<num<<endl;
}
```

运行结果：

首先输出一个提示

please input a string

he123(回车)

num = 2

分析：

本程序中函数 ischar 的形参为字符型数据，函数的功能用于判断形参是否为字符型数据，如果是字符型数据，就返回 1 否则返回 0。

在 main 函数中将字符数组中每一个元素分别作为函数的实参调用 ischar 函数来判断其是否为字符型数据，如果是，则将统计变量 num 的值加 1，否则继续判断，直到字符串结束。

【例 4-16】 修改例 4-15 程序，在函数中实现字符的数量统计。

程序代码如下：

```
#include <iostream.h>
#include <string.h>
int charnum(char c[],int n)
{
    int i,num = 0;
    for(i = 0;c[i]! = '\0',i<n;i++)
        if(c[i]>= 'a'&&c[i]<= 'z' || c[i]>= 'A'&&c[i]<= 'Z')
            num++;
    return num;
}
void main()
{
    char str[255];
    cout<<"please input a string   \n";
    cin>>str;
    cout<<"num =."<<charnum(str,255)<<endl;
}
```

运行结果：

首先输出一个提示

please input a string

he123(回车)

num = 2

分析：

修改前后程序运行结果一致。但是两个程序有较大的差异。本程序中函数 charnum 函数有两个形参。其中第一个为字符型数组，第二个为整型变量，用于说明数组的长度。函数 charnum 能够统计一个字符串中含有几个字符型元素。

在本程序中将统计工作都在函数 charnum 中实现，main 函数中仅需要进行函数调用即可，因此本程序比例 4-15 更为简洁。需要注意的是，在 main 函数中调用函数 charnum 时，第一个实参为数组名。

4.2.5　综合实例分析

许多应用程序都带有字数统计的功能，例如 Microsoft Office Word 应用程序，这里我们设计实现一个对英文单词个数统计的程序，即对输入的一段英文文字，统计其中的单词个数，其中单词之间是用空格分隔开的。

【例 4-17】　对输入的一段英文文字，统计其中的英文单词个数，单词间用空格分开，文字的输入以回车符结束。

程序代码如下：

```cpp
#include <iostream.h>
#include <string>
void main()
{
    char string[81];
    int i,num = 0,word = 0;
    char c;
    gets(string);    //读入一段含有空格的字符串,以回车符结束读入
    for(i = 0;(c = string[i]) != '\0';i ++)
    {
        if(c == ' ')
            word = 0;
        else
        {   if(word == 0)
            {
                word = 1;
                num ++;
            }
        }
    }
    cout<<"There are "<<num <<" words in the line.\n";
}
```

运行结果：

I am a good student.(回车)

There are 5 words in the line.

分析：

根据题目要求，可以用一个字符数组来存储输入的这段文字。但是，由于文字中有空格，所以用 cin 读入时，只能在 string 数组中读入一个单词，所以我们 gets(数组名)函数来读入一段含有空格的字符，该函数读入时候遇到回车结束。

要统计其中单词数，就是判断该字符数组中的各个字符，如果出现非空格字符，且其前一个字符为空格，则新单词开始，计数 num 加 1。但这在第一个单词出现时有点特殊，因为第一个单词前面可能没有空格，因此在程序加上一个标志 word，并初始化为 0。该标志指示前一个字符是否是空格，如果该标志值为 0 则表示前一个字符为空格，开始一个新单词，计数 num 需要加 1；如果该标志值为 1，则说明当前的单词还没有遍历结束，计数 num 不需要加 1。

4.3 指针

指针是 C++从 C 中继承过来的一个重要数据类型。利用指针可以直接而快速地处理内存中各种数据结构的数据，特别是数组、字符串、内存的动态分配等，指针为函数间各类数据的传递提供了简捷便利的方法。

4.3.1 指针变量的定义

为了更好地理解指针，首先介绍一下内存的访问方式。

1. 内存的访问方式

在计算机中，数据都是存放在存储器中的。存储器中的一个字节称为一个内存单元。为正确地访问内存单元，必须为每个内存单元编号，即为每个内存单元分配地址。每个内存单元都有一个唯一的地址，这样就可以根据内存单元的地址准确地找到该内存单元。

在程序中如果定义了一个变量，在编译时就给这个变量分配相应的内存单元。也就是说，变量实质上代表了"内存中某段存储空间"。不同数据类型的变量在内存中占据的字节数是不同的，如一个 int 变量占 4 个字节单元，一个 char 变量占 1 个字节单元等。

【例 4-18】 测试不同类型数据在内存中所占内存单元个数。

程序代码如下：

```
#include <iostream.h>
void main()
{
    int a;
    cout<<sizeof(a)<<endl;
    cout<<sizeof(char)<<endl;
    cout<<sizeof(double)<<endl;
}
```

运行结果：

4

1

8

每个变量的地址是指该变量所占用内存空间的第一个字节的地址。如，"int a;"假设将连续的 4 个字节的内存单元 2000～2003 分配给变量 a，则 a 的地址为 2000。

在程序中可以通过变量名和内存地址两种方法来存取内存中的数据。

例如：

int a;

则

a = 10;

就是通过变量名来将数据存放到内存单元中。如果程序中没有变量名可用或不方便使用变量名时，则需要使用内存地址直接对内存单元进行操作。那么如何通过内存单元地址对内存进行操作呢？就必须定义一类特殊的数据类型，专门表示内存单元的地址，这就是指针。

2. 指针变量的定义

指针是一种数据类型，表示内存单元的地址。指针变量则是专门用来存放内存单元地址的变量。

在使用指针变量之前必须先定义。指针变量的定义形式如下：

数据类型　＊　指针变量名；

其中，＊ 表示定义的是一个指针类型的变量。数据类型表示该指针变量所指的内存单元能够存放数据的类型。

例如：int ＊ip;

说明：

ip 为指针变量，即变量 ip 中存放的是一个内存单元地址，该内存地址中能够存放 int 型数据。一般来说称 ip 为整型指针或者指向整型的指针，表示其存放的是整型变量的地址。

例如：

int 　＊p1，＊p2;

int 　＊p3，p4;

注意：

(1)这两组定义的不同，其中第一个定义中 p1、p2 都是指针型变量，而在第二个定义中，p3 是指针型变量，p4 是整型变量。

(2)指针变量名是 p1、p2 ，不是 ＊p1、＊p2。

(3)指针变量只能指向定义时所规定类型的变量。

(4)指针变量定义后，变量值不确定，应用前必须先赋值。

如何获取变量的地址呢？下面介绍两个与地址有关的运算符。

3. 指针相关的运算符"&"和"＊"

指针变量必须初始化后或者赋值之后才能确定其所指向的内存单元。指针初始化或者赋值的形式如下：

数据类型　＊指针变量名 ＝& 变量；

或

数据类型 ＊指针变量名；

指针变量名＝& 变量；

例如：

int ＊pa＝&a;

或

int ＊pa，＊pb，a；

pa＝&a;

说明：

"&"为取地址运算符，用于获取一个变量的内存地址。& 运算符为单目运算符，结合方向为右结合。& 运算符后只能是一个具体的变量或数组元素，不能是表达式。

"＊"为指针运算符，用于获取指针所指向的变量的值。＊运算符为单目运算符，结合方向为右结合。

【例 4-19】 使用并理解运算符"&"和"＊"。

程序代码如下：

```
# include <iostream>                      # include <iostream>
using namespace std;                      using namespace std;
void main()                               void main()
{                                         {
int a;                等价于              int a;
int ＊ip;             ======>             int ＊ip;
ip = &a;                                  ip = &a;
＊ip = 10;                                a = 10;
cout<<"the value of a is "<<＊ip<<endl;   cout<<"the value of a is "<<a<<endl;
}                                         }
```

说明：

在上例中，将变量 a 的地址赋给了指针变量 ip，则称指针变量 ip 指向了变量 a。因此程序中＊ip 等价于 a。

需要注意的是，"&"和"＊"在定义语句中和执行语句中其含义是不同的。

● 在定义语句中。

"&"——起到说明作用，说明定义了一个引用。

"＊"——起到说明作用，说明定义了一个指针变量。

int &a＝b；//定义 a 为变量 b 的引用。

int ＊ip；//定义变量 ip 为一个指针变量。

● 在执行语句中。

"&"——为取地址运算符，表示取变量的地址。

"＊"——为指针运算符，表示指针变量所指变量。

ip＝&a；//表示将变量 a 的地址赋给指针变量 ip，使得指针变量 ip 指向变量 a

＊ip＝12；//表示给 ip 所指向的变量赋值12，等价于 a＝12；

【例 4-20】　输入 a 和 b 两个整数，按先大后小的顺序输出 a 和 b。

程序代码如下：

```
#include <iostream.h>
void main()
{
    int a,b;
    int *ip1,*ip2,*ip;
    ip1=&a;
    ip2=&b;
    cin>>a>>b;
    if(a<b)
    {
        ip=ip1;
        ip1=ip2;
        ip2=ip;
    }
    cout<<*ip1<<","<<*ip2<<endl;
}
```

运行结果：

输入：12 22(回车)

输出：22,12

分析：

程序中，ip1 指向 a，ip2 指向 b。输入 12　22，则 a=12，b=22。由于 a<b，所以执行交换。即交换 ip1 和 ip2 的值，交换前后情况如图 4.4 所示。

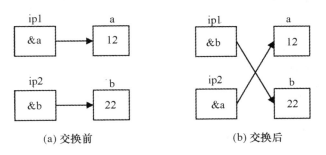

(a) 交换前　　　　　　　　　　(b) 交换后

图 4.4　交换情况

通过分析，可以发现：本例中交换了 ip1 和 ip2 的值，即交换了 ip1 和 ip2 的指向。这样在输出 *ip1 和 *ip2 时，实际上是先输出变量 b 的值，然后输出变量 a 的值，即先输出 22，然后输出 12。

请将程序中最后一条输出语句改为：

cout<<a<<","<<b<<endl;

然后运行程序,请思考为什么程序运行结果不同? 其原因就在于本例题中并未交换 a 和 b 的值,交换的是 ip1 和 ip2 的指向。

【例 2-21】 修改例 4-20。

程序代码如下:

```
#include <iostream.h>
void main()
{
    int a,b;
    int * ip1, * ip2,t;
    ip1 = &a;
    ip2 = &b;
    cin>>a>>b;
    if(a<b)
    {
        t = * ip1;
        * ip1 = * ip2;
        * ip2 = t;
    }
    cout<< * ip1<<","<< * ip2<<endl;
}
```

运行程序,可以发现两个程序运行结果一致。

如果将程序中最后一条输出语句改为:

```
cout<<a<<","<<b<<endl;
```

然后运行程序,可以发现程序运行结果相同。因为本程序中交换的是 ip1 和 ip2 的指向,即交换的是 a 和 b。

4.几种特殊的指针

下面介绍几种特殊的指针。

(1)指向常量的指针。

语法形式:

const 数据类型 * 指针变量名;

例如:

```
const int * ip1;
const int A = 10;
ip1 = &A;
```

【例 4-22】 请分析下面程序。

```
#include <iostream.h>
void main()
{
```

```
        const int A = 12;
        const int B = 24;
        const int  * p = &A;
         * p = 20; // error
        cout<< * p<<endl;
        p = &B;
        cout<< * p<<endl;
    }
```

编译程序,会出现编译错误 error C2166：l-value specifies const object。指针 p 指向的是一个常量 A,即程序中 * p 等价于 A。常量 A 的值在程序中是不允许改变的,因此程序中出现类似于 * p = 20;这种试图利用指向常量的指针改变常量的操作都是错误的。

但是指向常量的指针本身的值可以改变,即可以改变指针的指向,常量指针可以指向不同的常量。假设还有定义:

const int B = 20;

则 p = &B;是正确的。此时 p 指向了常量 B,则 * p 等价于常量 B。

(2)指针常量。

语法形式:

数据类型　　 * const 指针变量名＝常量;

例如:　int * const p = &a;

此时,p 为一个常量,是一个指向整型数据的常量。需要注意的是常量在定义是必须初始化,即定义指针常量时必须说明该指针的指向,并且在程序运行期间不能改变其指向。

【例 4-23】　分析下面程序。

程序代码如下:

```
#include <iostream.h>
void main()
{
    int a = 12;
    int * const p = &a;
    cout<< * p<<endl;
}
```

运行结果:

12

分析:

程序中 p 是一个指针类型的常量,因此 p 在定义时就必须初始化,并且在程序运行期间不允许改变,即:p 在整个程序运行期间只能指向 a。但是需要注意的是,a 是一个变量,所以在程序中通过指针 p 来改变 a 的值是允许的,即出现语句" * p = 23;"是正确的。

(3)void 类型的指针。

语法形式:

void　　 * 指针变量名;

可以将任意类型数据的地址赋给 void 类型的指针变量;经过类型强制转换,void 类型指针可以访问任何类型的数据。

【例 4-24】 void 类型指针的使用。

程序代码如下:

```
#include <iostream.h>
void main()
{    int a=12;
     int * p1;
     void * p2;
     p2=&a;
     p1=(int *)p2;
     cout<< * p1<<endl;
}
```

运行结果:

12

分析:

程序中的语句"p2=&a;"是将 int 型数据 a 的地址赋给 void 类型的指针变量。语句"p1=(int *)p2;"经过类型强制转换,将 void 类型指针赋值给 int 型指针。

4.3.2　指针的运算

指针作为一种特殊的数据类型,可以进行部分赋值、算术和关系运算。如果是两个指针变量之间进行运算,要求两个指针变量必须指向相同类型的数据。

1.赋值运算

作为一种数据类型,如果定义了指针变量而没有赋值,则指针变量的值为随机数。即不能确定该指针变量指向的是哪一个内存单元。如果这时指针所指向的内存单元中恰好存放了重要的数据,然后盲目地去访问,则会破坏数据,甚至造成系统的故障。因此,要求指针必须有明确的指向,才能使用。

【例 4-25】 分析下面程序。

程序代码如下:

```
#include <iostream.h>
void main()
{
     int a=10;
     int * ip1;
     ip1=&a;
     cout<< * ip1<<endl;
}
```

运行结果:

10

分析：

请将语句"ip1 = &a；"删除，然后再编译、连接，发现都是正确的。最后运行程序，则出现错误。其原因就在于没有给指针变量赋值就访问其指向，此时指针的指向为随机的。

因此，定义指针后必须先赋值再使用。

下面是关于指针变量能够进行的几种赋值运算。假设有定义如下：

int a,b；

int s[5]；

double c；

int ∗ p1；

(1)将变量的地址赋给指针变量。

例如：p1 = &a；

则 p1 指向了变量 a。

这是最为常见的一种赋值操作。需要注意数据类型必须一致，例如语句"p1 = &c；"是错误的。因为 c 为 double 型数据，而 p1 只能指向整型数据。

(2)为指针变量初始化赋值。

例如：int ∗ p2 = &b；

等价于：

int ∗ p2；

p2 = &b；

即 p2 指向了变量 b。

(3)指向相同数据类型的指针变量之间互相赋值。

例如：p1 = p2；

则 p1 与 p2 指向相同，都指向了变量 b。

(4)将数组名赋给指针变量。

例如：p1 = s；

由于数组名代表着数组的首地址，因此可以将数组名赋给指针变量，此时指针变量指向数组元素 s[0]，即本语句等价于：p1 = &s[0]；

(5)为指针变量赋 0。

例如：p = 0；

注意：

对指针变量赋 0 和不赋值是不同的。指针变量未赋值时，程序编译时分配给指针变量的存储空间中的值是不确定的，可以是任意值，直接使用该指针变量可能造成意外错误。而指针变量赋 0 后，值是确定的，则可以使用，只是它不指向具体的变量而已。

【例 4-26】 理解指针变量的赋值运算。

程序代码如下：

```
#include <iostream.h>
void main()
{    int a = 10,b = 20;
     int s,t;
```

```
    int x[5] = {1,2,3,4,5};
    int * p1, * p2;
    p1 = &a;
    p2 = &b;
    s = * p1 + * p2;
    t = * p1 * * p2;
    cout<<"a = "<<a<<",b = "<<b<<endl;
    cout<<"a + b = "<<s<<" ,a * b = "<<t<<endl;
    p1 = x;
    p2 = &x[2];
    cout<< * p1<<","<< * p2<<endl;
}
```

运行结果：

a = 10,b = 20

a + b = 30 ,a * b = 200

1,3

分析：

语句"t = * p1 * * p2;"中,第一个 * 和第三个 * 为指针运算符,是单目运算符,右结合性,并且其优先级高于乘法运算符,因此等价于"t = (* p1) * (* p2);",即先计算 * p1 和 * p2,然后再进行乘法运算。

注意：

不能直接将整数赋给指针变量,例如赋值语句"p1 = 1000;"是错误的。

2.算术运算

指针的算术运算可以分为与整数的加减运算、与同类型的指针的加减运算。

(1)与整数的加、减运算。

假设定义指针 p 和整数 n,则 p±n 等价于 p±q×n,其中 q 为类型系数,不同数据类型其值不同。对于 char 型,q 为 1;int 型,q 为 4;double 型,q 为 8。

【例 4-27】 理解指针的算术运算。

程序代码如下：

```
#include <iostream.h>
void main()
{   int a = 10;
    int * p;
    p = &a;
    cout<<"p = "<<p<<endl;
    cout<<"p - 1 = "<<p - 1<<endl;
}
```

运行结果：

p = 0x0012FF7C

p－1＝0x0012FF78

分析：

观察程序运行结果，其中 p 的值是用十六进制表示的。p 和 p－1 之间刚好差 4，即一个 int 型数据所占用的内存单元的个数。

请将程序中的 int 替换为 double 或 p－1 改为 p－3，然后观察并分析程序运行结果。

p＋n 表示指针 p 当前位置后面第 n 个同类型数据的地址；p－n 表示指针 p 当前位置前面第 n 个同类型数据的地址。

由于数组中各个元素在内存中是按顺序连续存放的，因此只有当指针与数组的使用相联系时，指针变量与整数之间的加减运算才有意义。

【例 4-28】　分析程序运行结果。

程序代码如下：

```cpp
# include <iostream.h>
void main()
{
    int a[10]={0,1,2,3,4,5,6,7,8,9};
    int * p;
    p=a;
    cout<< * p<<endl;
    cout<< * (p+2)<<endl;
}
```

运行结果：

0
2

分析：

因为"p＝a;"所以 p 指向了数组的首地址，即"p＝&a[0];"相当于 p 指向了 a[0]。则 * p 等价于 a[0]。而 p＋2 相当于是 a[2]的地址，因此 * (p＋2)等价于 a[2]。

(2)两个同类型指针之间的相减运算。

指向同一数组的两个指针可相减，结果为两指针之间相差元素的个数。例如：假设 p1 指向 a[1]，p2 指向 a[4]，则 p2－p1 的结果为 3，即 a[4]和 a[1]之间差 3 个元素，两个元素下标之差。

【例 4-29】　指针间的相减运算。

程序代码如下：

```cpp
# include <iostream.h>
void main()
{ int a[10]={0,1,2,3,4,5,6,7,8,9}, * p , * q;
    p=a;q=&a[3];
    p++ ;
    cout<<q-p<<endl;
}
```

运行结果：

2

分析：

q 指向数组 a 中的元素 a[3]，而 p 指向数组 a 中的元素 a[1]，两个元素的下标之差为 2。当两个指针指向同一个数组的不同元素时，其差表示为其元素下标之差。

3．关系运算

一般地，当参与关系运算的两个指针指向同一个数组时，关系运算的结果才有意义，并能够表示两个指针所指数组元素之间位置关系。

假设有定义：

int a[10];

int * p1, * p2;

p1 = &a[1];

p2 = &a[5];

则：

p1 = = p2;   //结果为假，只有当 p1 和 p2 指向同一数组元素时才为真

p1 <= p2;   //结果为真，当 p1 指向的变量在 p2 指向的变量之前或相同时为真

p1 > p2;   //结果为假，当 p1 指向的变量在 p2 指向的变量之后时为真

p1! = p2;   //结果为真，当 p1 指向的变量和 p2 指向的变量位置不同时为真

4.3.3　指针与数组

指针与数组是 C++ 中很重要的两个概念，它们之间有着密切的关系，利用这种关系，可以增强处理数组的灵活性，加快运行速度。

1．利用指针操作数组

假设有定义：

int a[10];

int * p;

由于数组名 a 表示数组在内存中的首地址，是一个地址常量，即 a 等价于 &a[0]。

语句：p = a;

则说明指针 p 指向数组 a，等价于 p = &a[0];

按照指针运算规则，可以知道 p + i 等价于 &a[i]，因此 *(p + i) 表示 a[i]。

C++ 规定，数组元素有四种表示法：

　　　a[i]、*(a + i)、*(p + i)、p[i]

可以得出，数组元素的地址也有四种对应的表示方法：

　　　&a[i]、a + i、p + i、&p[i]

【例 4-30】 利用不同方法分别计算数组中所有元素之和。

程序代码如下：

```
#include <iostream.h>
void main()
```

```
{   int sum1 = 0,sum2 = 0,sum3 = 0,sum4 = 0,sum5 = 0;
    int a[10] = {1,2,3,4,5,6,7,8,9,0};
    int * ip;
    int i;
    for (i = 0;i<10;i++ )   //方法 1:数组名下标
        sum1 + = a[i];
    for (i = 0;i<10;i++ )   //方法 2:数组名指针访问
        sum2 + = * (a+i);
    ip = a;
    for (i = 0;i<10;i++ )   //方法 3:指针下标访问
        sum3 + = ip[i];
    for (i = 0;i<10;i++ )   //方法 4:指针访问
        sum4 + = * (ip+i);
    for (ip = a;ip<a+10;ip++ )   //方法 5:指针访问
        sum5 + = * ip;
    cout<<sum1<<endl<<sum2<<endl;
    cout<<sum3<<endl<<sum4<<endl;
    cout<<sum5<<endl;
}
```

运行结果:

45

45

45

45

45

分析:

本程序就是用 5 种不同方法来表示数组中元素,实现对数组中元素进行求和运算。

说明:

使用指针访问数组元素时,需要注意指针变量是变量,其值可以改变,而数组名是常量,值不能改变。程序中 ip++ 是合法的,而 a++ 、a = p、a = &b 都是错误的。

一般来说,如果希望严格按照递增或递减顺序访问数组,则用指针按顺序处理更为快捷方便;如果对数组元素进行随机访问,例如只访问某个元素,则用下标法更为直观。

在利用指针对数组进行操作时,需要注意指针当前所指位置。

【例 4-31】 通过改变指针的指向来计算数组中所有元素之和。

程序代码如下:

```
#include <iostream.h>
void main()
{   int a[10] = {1,2,3,4,5,6,7,8,9,0};
```

```
        int sum = 0；
        int ＊ ip；
        ip = a；
        cout<<"数组元素的值分别为："<<endl；
        for（；ip<a + 10；ip + + ）
        {
             cout<< ＊ ip<<"\t"；
        }
        cout<<endl；
        for（；ip<a + 10；ip + + ）
        {
             sum + = ＊ ip；
        }
        cout<<"数组中所有元素之和为： "<<sum<<endl；
    }
```

运行结果：

数组元素的值分别为：

1   2   3   4   5   6   7   8   9   0

数组中所有元素之和为： 0

分析：

程序运行结果不正确,数组元素之和应该为45。

本程序中两个 for 循环中,循环变量均为指针变量 ip。第一个循环目的在于输出数组中所有的元素值。第二循环用于计算数组中所有元素之和。在第一个循环中,ip 的初值为 a。即 ip 指向数组中的元素 a[0]。每循环一次,ip 的值加 1,即 ip 指向下一个数组元素。当第一个循环结束时,ip 指向了数组最后一个元素的下一个数据的地址,相当于是 a + 10。

在第二个循环中则是将相当于是将从 a + 10 到 a + 19 中的连续 10 个数相加,这显然是不正确的。程序目的是希望从 a[0]加到 a[9]。

解决方法就是需要在进行第二个 for 循环之前,重新设置一下 ip 的指向。因此在第二个for 循环之前加一个赋值语句：

ip = a；

使 ip 的初值重新为 &a[0]就可以了。

请思考是否有其他的方法,修改程序使之实现同样的功能。

2.利用字符指针处理字符串

前面使用 char 类型的数组变量存储字符串,也可以使用 char 类型的指针变量引用字符串。这个方法在处理字符串时非常灵活。下面的语句声明了一个 char 类型的指针变量：

char ＊ pS；

这里只创建了指针,但是并没有指定一个存储字符串的地方。要存储字符串,需要分配一些内存。可以声明一块内存,来存储字符串数据,然后使用指针追踪这块存储字符串的内存。

【例 4-32】 利用字符指针处理字符串数据。

程序代码如下：

```
#include <iostream.h>
void main()
{    char buffer[100];
     char *pb=buffer;
     cin>>pb;
     cout<<buffer<<endl;
}
```

运行结果：

输入 hello

输出 hello

【例 4-33】 将字符串 str1 复制为字符串 str2。

程序代码如下：

```
#include <iostream.h>
void main()
{
     char str1[]="I love CHINA!",str2[20];
     char *p1,*p2;
     p1=str1;
     p2=str2;
     for(;*p1!='\0';p1++,p2++)
         *p2=*p1;
     *p2='\0';
     cout<<"str1 is："<<str1<<endl;
     cout<<"str2 is："<<str2<<endl;
}
```

运行结果：

str1 is：I love CHINA!

str2 is：I love CHINA!

分析：

p1 指向字符数组 str1，p2 指向字符数组 str2。通过 for 循环将 p1 所指向的字符逐个地赋给 p2 所指向的数组元素，因此实现将字符数组 str1 中的字符通过指针逐个赋给字符数组 str2。

思考：

如果将程序中后面两个输出语句中的 str1 和 str2 分别改为 p1 和 p2，请问是否能够得到正确结果？

3.指针数组

一个数组，其元素均为指针类型数据，称为指针数组。指针数组中的每个元素均为指针变

量,且指向相同类型的数据。一维指针数组的定义形式如下:

类型名　＊数组名[数组长度]；

例如:

int　＊p[3]；

p 为一维数组,有 3 个元素,每个元素为指向整型数据的指针。

指针数组一般用来处理多维数组。假设定义:

int a[3][4],＊p[3]；

二维数组 a 可以理解为由 3 个一维数组组成,即数组 a 由 a[0]、a[1]和 a[2]三个元素组成,而每个元素为含有 4 个元素的一维数组。例如 a[0]含有 a[0][0]、a[0][1]、a[0][2]和 a[0][3]四个元素,a[0]为一维数组名。因此,a[0]就代表第 0 行第 0 列元素的地址,即数组元素 a[0][0]的地址,也即 &a[0][0],a[1]的值是 &a[1][0],a[2]的值是 &a[2][0]。

如果"p = a";则"p[0] = a[0]; p[1] = a[1];p[2] = a[2];",即 p[0]指向 0 行。p[1]指向 1 行,p[2]指向 2 行。

这样通过指针 p 就可以处理二维数组数据了。

【例 4-34】　用指针数组处理二维数组数据。

程序代码如下:

```
#include <iostream.h>
void main()
{
    int a[3][4], * p[3],i,j;
    for(i = 0;i<3;i++)
        for(j = 0;j<4;j++)
            a[i][j] = (i + 1) * (j + 1);
    p[0] = a[0];
    p[1] = a[1];
    p[2] = a[2];
    for(i = 0;i<3;i++)
    {
        for(j = 0;j<4;j++)
            cout<<"a["<<i<<"]["<<j<<"] = "<< * (p[i] + j)<<"\t";
        cout<<"\n";
    }
}
```

运行结果:

a[0][0] = 1　　a[0][1] = 2　　a[0][2] = 3　　a[0][3] = 4

a[1][0] = 2　　a[1][1] = 4　　a[1][2] = 6　　a[1][3] = 8

a[2][0] = 3　　a[2][1] = 6　　a[2][2] = 9　　a[2][3] = 12

注意,本程序中若出现 p = a,则是错误的形式,因为二者均为数组名,作为常量的数组名是不可以被赋值的。

4.3.4　指针与函数

指针可以用作函数的参数、函数的返回值类型,同时也可以利用指针指向一个函数。

1.指针作为函数参数

函数参数不仅可以是整型、实型、字符型等基本数据类型,也可以是指针类型。当函数的参数是指针类型时参数间传送的是地址。

【例 4-35】 改写例 4-20。

程序代码如下:

```
#include <iostream.h>
void exchange(int * p1,int * p2)
{   int t;
    t = * p1；   * p1 = * p2; * p2 = t;
}
void main()
{   int a,b;
    int * ip1, * ip2;
    cin>>a>>b;
    ip1 = &a;
    ip2 = &b;
    if(a<b)
        exchange(ip1,ip2);
    cout<<a<<","<<b<<endl;
}
```

分析:

exchange 是用户自定义的函数,用于完成交换功能。exchange 函数的形参 p1、p2 是指针变量。程序运行时,先执行 main 函数,输入 a 和 b 的值。然后将 a 和 b 的地址分别赋给指针变量 ip1 和 ip2,使 ip1 指向 a,ip2 指向 b。如图 4.5 所示。

图 4.5　函数调用前

接着执行 if 语句,由于 a<b,因此执行 exchange 函数。注意实参 ip1 和 ip2 是指针变量,在函数调用时,将实参变量的值传递给形参变量,则 p1 和 ip1 指向变量 a,p2 和 ip2 指向变量 b。如图 4.6 所示。

接着执行 exchange 函数,使 * p1 和 * p2 的值互换,即交换 a 和 b 的值。函数调用结束后,形参 p1 和 p2 释放空间。如图 4.7 所示。

2.指针型函数

指针可以作为函数的返回值类型,返回值为指针类型的函数称为指针型函数。

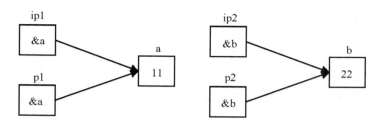

图 4.6　函数调用中

图 4.7　函数调用后

例如：

```
int * fun(int x,int y)
{
....../* 函数体 */
}
```

其返回值为指向整型数据的指针,表示 fun 为指针型函数。

【例 4-36】 程序通过指针函数,输入一个 1～7 之间的整数,输出对应的星期名。

程序代码如下：

```
#include <iostream.h>
char * day_name(int n)
{
    char * name[] = { "Illegal day","Mon","Tue","Wed","Thu","Fri","Sat","Sun"};
    return((n<1 || n>7) ? name[0]: name[n]);
}
void main()
{
    int i;
    cout<<"input Day No:\n";
    cin>>i;
    cout<<"Day No:"<<i<<" -->"<<day_name(i)<<endl;
}
```

运行结果：

```
input Day No：
2
Day No:2 -->Tue
```

分析：

函数 day_name 的返回值为一个字符指针。该函数中定义了一个指针数组 name。name 数组初始化赋值为八个字符串，分别表示各个星期名及出错提示。形参 n 表示与星期名所对应的整数。在主函数中，把输入的整数 i 作为实参，在 cout 语句中调用 day_name 函数并把 i 值传送给形参 n。day_name 函数中的 return 语句包含一个条件表达式，n 值若大于 7 或小于 1 则把 name[0] 指针返回，主函数输出出错提示字符串"Illegal day"。否则把 name[n] 返回，主函数输出对应的星期名。

3.指向函数的指针

一个函数占用一段连续的内存区，而函数名就是该函数所占内存区的首地址。把函数的首地址赋给一个指针变量，使该指针变量指向该函数，该指针变量为函数指针。通过函数指针就可以找到并调用这个函数。

函数指针的一般定义形式为：

数据类型（＊指针变量名）(形参列表)；

其中：

数据类型，为函数指针所指函数的返回值类型。

＊指针变量名，表示"＊"后面的变量是定义的指针变量。

形参列表，表示指针变量所指函数的形参类型和个数。

例如：int（＊pf)()；

表示 pf 是一个指向函数的指针变量，该函数的返回值是整型，无形参。

【例 4-37】 利用函数指针调用函数 。

程序代码如下：

```
# include <iostream. h>
void main()
{
    int max(int a,int b);
    int( * p)(int,int);
    int x,y,z;
    p = max; //p 指向函数 max
    cout<<"input two numbers:\n";
    cin>>x>>y;
    z = ( * p)(x,y); //通过函数指针调用函数 max
    cout<<z<<endl;
}
int max(int a,int b)
{
    if(a>b)
        return a;
    else
        return b;
}
```

运行结果：

input two numbers：

12 34

34

利用函数指针调用函数的一般形式为：

　　　（ * 指针变量名）（实参表）；

例如：z＝（ * p）（x,y）；

4.3.5　综合实例分析

字符串的处理在实际应用中非常普遍,常见的文本编辑应用程序中具有的编辑、复制、查找、替换等功能即是对字符串处理的应用,其本质就是字符串的连接、复制、移动及字符串的查找。下面的两个实例通过指针的应用,实现对字符串的插入和查找功能。

【例 4-38】 编写一个函数 int CountSubstr(char * s1, char * s2),用来统计字符串 s2(子串)在字符串 s1 中出现的次数。

程序代码如下：

```cpp
#include <iostream.h>
#include <string.h>
int CountSubstr(char * s1, char * s2 );
void main()
{
    char s1[100], s2[100];
    cout<<"Please input two strings:\n";
    cin>>s1;
    cin>>s2;
    cout<<"The number of substring is：\n";
    cout<<CountSubstr(s1, s2)<<endl;
}
int CountSubstr(char * s1,char * s2)
{
    int len1 = strlen(s1);
    int len2 = strlen(s2);
    int i,j,curNum = 0,repeatNum = 0;
    for (i = 0;i<= len1 − len2;i++)
    {
        for (j = 0;j< + len2;j++)
        {
            if (s1[j+i] == s2[j])    //若字符相同,则 curNum + 1
                curNum ++;
        }
        if (curNum == len2)   //若 curNum 与查找的子串 s2 长度相同,说明找到 s2 子串
```

```
            repeatNum ++;
        curNum = 0;
    }
    return repeatNum;
}
```

运行结果：

Please input two strings：

1000101010

10

The number of substring is：4

分析：

CountSubstr（char ＊ s1,char ＊ s2）函数,参数为两项,都是字符指针类型（char ＊）,分别代表了需要查找的字符串 s1 及被查找的子串 s2,返回值为找到的子串个数。整个查找过程就是遍历 s1 的所有长度为 s2 长度的子串,同时查看这些子串的字符是否与 s2 完全相同。函数中双重循环的外层循环表示了 s1 的子串的开始字符的数组下标,内层循环则表示 s1 的子串与 s2 的对应字符的两两比较,如图 4.8 所示。

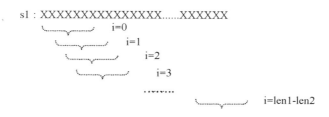

s1 : XXXXXXXXXXXXXXXX......XXXXXX

        i=0

        i=1

        i=2

        i=3

        i=len1-len2

s2 : XXXXXX

图 4.8　子串的查找

【例 4-39】　编写一个函数 char ＊ insert（s1,s2,n）,用指针实现在字符串 s1 中第 n 个字符后插入字符串 s2。

程序代码如下：

```
# include ＜iostream. h＞
# include ＜string. h＞
char ＊ insert（char ＊ s1,char ＊ s2,int n）;
void main（）
{
    int n;
    char s1[100], s2[100];
    char ＊ ss;
    cout＜＜"Please input two strings:\n";
    cin＞＞s1;
    cin＞＞s2;
```

```
        cout<<"Please input the insert location:\n";
        cin>>n;
        ss = insert(s1,s2,n);
        cout<<ss;
    }
    char * insert(char * s1,char * s2,int n)
    {
        int i,j;
        int len1 = strlen(s1);
        int len2 = strlen(s2);
        for (i = len1-1;i>= n;i--)        //把 s1 中字符向后移动 len2 个位置来存放 s2
            s1[i+len2] = s1[i];           //注意字符移动是从后向前移动
        for (i = n,j = 0;i<n+len2;i++,j++) //将 s2 复制到 s1 中腾出来的位置
            s1[i] = s2[j];
        s1[len1+len2] = '\0';
        return s1;
    }
```

运行结果:

Please input two strings:

12345678　　（回车）

abcd　　　　（回车）

Please input the insert location:

3

123abcd45678

分析:

insert(char * s1,char * s2,int n)函数,参数为三项,前两项都是字符指针类型(char *),分别代表了需要插入的字符串 s1 及被插入的字符串 s2,而第三个整型参数 n(int)则表示了插入位置。同时,注意到 insert(char * s1,char * s2,int n)函数的返回值也是字符指针 char * ,即说明了该函数返回的是一个字符数组的首地址,所以,我们将插入 s2 字符串后的 s1 的数组名作为函数的返回值。

整个插入过程可以划分为两个步骤,第一个步骤是把 s1 从第 n 个位置之后的字符向后面移动以腾出 s2 的字符个数的内存空间用于存储 s2 的字符,该步骤由函数中的第一个循环实现,移动时候需要注意的一点是,字符串的移动次序是从后向前的,针对上面的例子,需要移动是 45678 这 5 个字符,移动的次序是 8→7→6→5→4;第二个步骤是把 s2 字符复制到 s1 腾出的内存空间中,该步骤由函数中的第二个循环实现。同时在第一个循环的操作后,s1 最后一个字符串结束标志'\0'已经在字符的移动过程中被覆盖掉,所以需要在最新 s1 的字符串尾加一个'\0'结束符,即"s1[len1+len2] = '\0';"语句的目的。

思考:

(1)将 insert(char * s1,char * s2,int n)函数中的第一个循环中的字符串的移动次序改

成从前向后的次序,运行一下程序,结果是什么? 试分析一下为什么会出现这样的结果?

(2)将"s1[len1 + len2] = '\0';"语句删除,运行一下程序,结果是什么? 试分析一下为什么会出现这样的结果?

(3)将例 4-38 与例 4-39 这两个实例,改写成一个字符串替换函数,该函数名为 int replaceString(char * s1, char * s2,char * s3),即在 s1 中查找 s2,将找到的 s2 全部用 s3 替代,返回值为替换的次数。

4.4 动态内存分配

应用程序数据所占得内存可以分为 3 类:静态存储区、栈和堆。在程序运行开始前就分配的存储空间都在静态存储区中;局部变量分配的存储空间在栈中;动态内存分配的存储空间在堆中。

在很多情况下,在程序运行之前不能确定需要多少内存来存放数据。因此需要程序能够根据需要动态的申请适当的内存空间,在使用后能够释放。

所谓动态内存分配是指在程序运行期间根据实际需要随时申请内存,并在不需要时释放。

4.4.1 new 运算和 delete 运算

在 C++中进行动态内存分配使用两个运算符:new 和 delete。

1. new 运算符

new 运算符用于申请所需的动态内存。语法形式为:

指针变量 = new 数据类型(初值列表);

其中:

指针变量应事先定义,指针所指向的数据类型与 new 后的数据类型相同。

若申请成功,则将分配动态内存的首地址返回给指针变量,通过该指针变量就可以访问动态内存;如果申请失败(例如没有足够的内存空间),则抛出异常(有些编译器返回空指针)。例如:

int * p;

p = new int;

则根据 int 类型数据所需要的空间大小开辟一段内存单元,用来保存 int 型数据,并将内存单元地址保存在指针变量 p 中。

在申请分配动态内存时,也可以设定内存所存放数据的初始值。例如:

int * p;

p = new int(30);

则动态分配一个用于存放 int 型数据的内存空间,并将初值 30 存入该空间。

用 new 运算符可以申请一块用于保存数组的内存空间,即创建一个动态数组。语法形式为:

指针 = new 数据类型[常量表达式];

其中,常量表达式给出数组元素的个数,指针指向分配的内存首地址。

例如：

int ＊p；

p = new int[10]；

则分配能够存放 10 个 int 型数据的内存空间，指针 p 指向内存空间的首地址。

2.delete 运算符

delete 运算符是用来释放 new 申请到的内存。当程序中不再需要使用运算符 new 创建的内存空间时，就必须用运算符 delete 来释放。语法形式为：

      delete 指针变量；   //释放非数组内存单元

或

      delete [] 指针变量；   //释放数组内存单元

例如：

int ＊p；

p = new int；   //申请内存单元

＊p = 1；

delete p；   //释放内存单元，delete 与 new 必须成对使用

【例 4-40】 编程输出二项式系数。

所谓二项式系数是指 $(a+b)^n$ 的展开式的系数，分别为 $C_n^0, C_n^1, C_n^2, \cdots, C_n^n$。由于二项式系数的个数与二项式的幂相关，因此在程序没有运行之前是无法确定其幂次，因此无法确定其数组的长度，此时需要动态分配内存。

程序代码如下：

```cpp
#include <iostream.h>
void Bin_coefficient(int * const, int );
void main()
{
    int n , * p;
    do
    {
        cout <<"Please input power:\n";
        cin >> n;
    } while(n<0 || n>20 );
    p = new int [n+1];//动态分配内存
    Bin_coefficient(p,n);//生成系数
    //输出系数
    for(int i=0;i<n+1;i++ )
        cout <<p[i] <<"  ";
    cout<<endl;
    delete [] p;//释放内存
}
void Bin_coefficient (int * const py, int pn )
{
```

```
        int i , j；
        py[0]＝1；
        for (i＝1；i＜pn＋1；i＋＋)
        {
                py [i]＝1；
                for (j＝i-1；j＞0；j--)
                        py[j]＝py[j-1] ＋ py[j]；
        }
}
```

运行结果：

Please input power：

6

1　6　15　20　15　6　1

4.4.2　动态内存分配与释放函数

C＋＋继承了 C 中动态内存管理函数 malloc 和 free，这两个函数定义在头文件＜stdlib.h＞和＜malloc.h＞中。

1. 动态内存分配函数

函数原型：void ＊ malloc(int num_bytes)；

功能：用于申请长度为 num_bytes 字节的内存空间。如果申请成功则返回指向被分配内存的指针，否则返回空指针 NULL。

调用格式：

指针名＝(所指向数据类型 ＊)malloc(内存单元个数 ＊ sizeof(所指向数据的类型))

例如：　int ＊p＝(int ＊)malloc(n＊ sizeof(int))；

2. 动态内存释放函数

函数原型：　void free(void ＊p)；

功能：释放动态内存。

例如：free(p)；

【例 4-41】　函数 malloc 和 free 的使用。

程序代码如下：

```
＃include ＜iostream.h＞
＃include ＜malloc.h＞//①
void   main()
{
     char ＊p；
     p＝(char ＊)malloc(100)；//②
     if(p)//③
     {
```

```
        cin>>p;
        cout<<"Memory Allocated at:"<<p<<endl;
    }
    else// ④
        cout<<"Not Enough Memory! \n";
    free(p);//   ⑤
}
```

运行结果:

输入:hello 回车

输出:Memory Allocated at:hello

分析:

由于程序中需要调用函数 malloc 和 free,因此需要包含 malloc.h。程序中语句②,调用了函数 malloc,分配了 100 个内存单元,用于存放字符型数据,并将所分配的内存的首地址赋给指针变量 p。如果分配不成功,p 的值为 NULL。程序中语句⑤用于释放所分配的内存。

4.4.3　综合实例分析

C++中的动态内存管理函数 malloc 和 free 可以根据程序的需要动态的分配内存空间,避免内存空间的浪费,下面这个程序求解满足条件的爱心数,仔细分析一下动态内存分配的使用方式。

【例 4-42】　若一个六位数前 3 位组成的数字与后 3 位组成的数字之和为 520,则这个六位数称为"爱心数"。例如 520000、519001、123397 都是爱心数,123456 不是爱心数。第一个爱心数是 100420。编一个函数,找到所有的爱心数。

函数原型为:int * LoveNumbers(int * pn)

主函数中对于输入的序号,输出相应的爱心数。

程序代码如下:

```
#include <iostream.h>
#include <malloc.h>
int * LoveNumbers(int * pn)
{
    int i;
    int n1, n2;
    int * head, * p;
    * pn = 0;
    for (i = 100000; i<1000000; i++)   //计算爱心数的个数
    {
        n1 = i / 1000;
        n2 = i % 1000;
        if (n1 + n2 == 520)
            ( * pn)++;
```

```
    }
    head = (int * )malloc((* pn) * sizeof(int));
    // 为爱心数动态分配相应的内存空间
    p = head;
    for (i = 100000；i<1000000；i++) // 将爱心数存储在动态分配的内存空间中
    {
        n1 = i / 1000；
        n2 = i % 1000；
        if (n1 + n2 == 520)
            * p++ = i；
    }
    return head；
}
void main()
{
    int count；
    int * arr；
    int n；
    arr = LoveNumbers(&count)；
    cin>>n；
    if (n > count)
        cout<<" - 1"<<endl；
    else
        cout<<arr[n - 1]<<endl；
    free(arr)；
}
```

运行结果：

3

102418

分析：

int * LoveNumbers(int * pn)函数中的整型指针形参 pn 从主函数中获得爱心数个数的地址,该函数在被调用中通过第一个循环计算得到爱心数 * pn,并根据该值通过 malloc 函数动态分配相应的内存空间,而指针型返回值则指向该动态分配空间的数组,在 LoveNumbers 函数的第二个循环中将所有的爱心数存储在该动态内存空间中,且按从小到大的顺序排列。主程序 main 中,输入一个正整数 n,输出该爱心数数组中的第 n 个数,若 n> * pn,则输出 - 1。

4.5　小结

　　利用数组和指针可以快速、有效地处理大规模有序数据。数组和指针为 C++程序设计的重要基础,也是较难理解的内容。数组是具有一定顺序关系的若干变量的集合体。同一个数组中所有的元素具有相同的数据类型。数组的元素在定义时可以全部或部分赋初值。特别需要注意的是只能使用数组元素,不能将数组作为整体来使用。

　　指针是一种特殊的数据类型,用于表示内存单元的地址。用于保存指针的变量为指针变量。在使用指针变量之前,必须明确指针变量的指向,否则可能会造成系统瘫痪等严重后果。指针的使用很灵活、丰富。建议读者以指针的基本概念作为指导,举一反三。动态内存分配是指在程序运行期间根据实际需要随时申请内存,并在不需要时释放。C++中主要利用 new和 delete 来实现动态内存分配,请注意两者必须成对使用。

❓ 习题

一、改错题(下面程序各有一处错误,请找出并改正)

　　1. 下面程序求一个数组中的最小值。程序的运行结果应该为:

　　　最小值为 3

```cpp
#include <iostream.h>
void main()
{
    int a[10]={9,5,7,6,12,4,3,10,8,11};
    int min=0;
    for(int i=0;i<10;i++)
    {
        if (min>a[i])
            min=a[i];
    }
    cout<<"最小值为"<<min<<"\n";
}
```

　　　错误语句是:＿＿＿＿＿＿＿＿＿＿＿＿＿＿＿＿＿＿＿＿＿＿＿＿＿＿＿＿

　　　改正为:＿＿＿＿＿＿＿＿＿＿＿＿＿＿＿＿＿＿＿＿＿＿＿＿＿＿＿＿＿

　　2. 下面的程序逆序输出数组中的各个数字。程序的运行结果应该为:

　　　11　8　10　3　4　12　6　7　5　9

```cpp
#include <iostream.h>
void main()
{
    int a[10]={9,5,7,6,12,4,3,10,8,11};
    int *p=a;
```

```
        for(int i = 0;i<10;i++)
        {
            cout<< * p[i]<<"\t";
        }
    }
```

错误语句是：＿＿＿＿＿＿＿＿＿＿＿＿＿＿＿＿＿＿＿＿＿＿＿＿＿＿

改正为：＿＿＿＿＿＿＿＿＿＿＿＿＿＿＿＿＿＿＿＿＿＿＿＿＿＿＿＿

3. 下面的程序将字符串 s1 的内容复制到 s2,并输出 s2 的内容。

```
#include <iostream.h>
#include <string.h>
void main()
{
    char *  s1 = "Hello world!";
    char s2[255];
    for(int i = 0;i<strlen(s1);i++)
        s2[i] = s1[i];
    cout<<s2<<endl;
}
```

错误语句是：＿＿＿＿＿＿＿＿＿＿＿＿＿＿＿＿＿＿＿＿＿＿＿＿＿＿

改正为：＿＿＿＿＿＿＿＿＿＿＿＿＿＿＿＿＿＿＿＿＿＿＿＿＿＿＿＿

二、程序填空题

1. 下面程序输出三个值。程序运行结果应为：

10,21,21

```
#include <iostream.h>
void main()
{
    int a[] = {10,20,30,40};
    int  * p = a;
    cout<< * p++<<",";
    cout<<【                      】<<",";
    cout<< * p<<endl;
}
```

2. 下面的程序交换两个数的值。运行的结果为：

5,3

```
#include <iostream.h>
void exchange(int  * p1, int  * p2)
{
    int t;
    t = * p1;
```

```
    【                              】
        * p2 = t;
    }
    void main()
    {
        int i = 3,j = 5;
        exchange (&i,&j);
        cout<<i<<","<<j<<endl;
    }
```

3. 下面程序实现字符串的拷贝,将 s2 复制到 s1 并输出拷贝后的 s1 字符串长度。程序的运行结果是：5

```
#include <iostream. h>
#include <string. h>
void main()
{
    char s1[20] = "Beautiful";
    char s2[15] = "Scene";
    cout<<【                    】
    cout<<endl;
}
```

4. 下面程序的的运行结果是：

BDF

```
#include <iostream. h>
void main()
{
    char s1[20] = "ABCDEF";
    int i = 0;
    while(s1[i++] != '\0')
        cout<<【                    】
    cout<<endl;
}
```

5. 下面的函数 AddNewLine 的功能是在字符串后面增加一个换行符'\n'。

```
void AddNewLine(char * str)
{
    int i = 0;
    while(str[i])
        i++;
    str[i] = '\n';
```

【　　　　　　　　　　　　　　　　　】

　}

三、程序设计题

1. 编写一个程序,将 20 以内的偶数赋值给数组 a,然后输出此数组各元素。

2. 从一个三行四列的整型二维数组中按行优先查找第一个出现的负数。

3. 输入两个字符串,比较这两个字符串是否相同,并输出比较的结果。

4. 编程实现将输入的一个字符串经过简单译码后输出。译码规则:每个字符均译成其后面的第 4 个字符。如输入 abcd,则输出 efgh。

5. 编写一个函数,将传入此函数的直角坐标值转换为极坐标值,并返回主调函数中。

　　提示:极坐标的公式是:$c = sqrt(x * x + y * y)$ 和 $q = arctan(y/x)$;函数 f 的定义为:

　　　　void fun(double x,double y,double * c,double * q)

　　　　其中 x、y 为输入的直角坐标,指针 c、q 用于返回计算得到的极坐标值。

二维码 4-1　习题参考答案

第 5 章　类与对象

　　面向对象程序设计是以类、对象为研究重点,模拟人类认识问题、解决问题的过程。本章将通过实例介绍类与对象的基本概念、构造函数和析构函数、类的组合、友元等面向对象程序设计的核心概念,通过本章学习,读者可以完成面向对象的基本程序设计。

5.1　基本概念

　　【例 5-1】　引入实例。请编程实现平板电脑的销售管理。

　　分析:

　　如果实现平板电脑销售管理则需要平板电脑的属性信息,例如:平板电脑具有型号、颜色、价格、操作系统等属性,录制视频、上网等功能。本问题需要描述平板电脑这类对象的一些共同属性和功能,这样的描述应该适合于所有平板电脑,而不需要对每一个平板电脑重复进行这样的描述。因此,在描述一个客观事物前应首先定义一个类,而面向对象程序设计实际上就是定义类的过程。

　　首先遇到第一个问题,如何实现一个类的定义呢?

5.1.1　类的定义

　　类是在结构体基础上进行扩充的一种自定义数据类型,结构体只需要描述相同对象的属性说明;而类在结构体的基础上还加入了相同对象的操作说明。利用"类"这种自定义数据类型来定义对应的变量,这个变量就被称为类的对象(或实例)。

　　在例 5-1 中,使用平板电脑类之前必须先对其进行定义,下面是对平板电脑 Pad 类的描述。

```
class Pad                    //class 是类定义的关键字,Pad 是类名
{
private:
    char type[10];           //型号
    char color[4];           //颜色
    double price;            //价格
    char os[10];             //操作系统
public:
    void video()             //录制视频功能
```

```
    {
        cout<<"可以录制视频";
    }
    void internet()                    //上网功能
    {
        cout<<"可以上网";
    }
};
```

分析：

平板电脑 Pad 类里封装了平板电脑的属性数据（机型 type、颜色 color、价格 price、操作系统 os）和功能函数（录制视频 video、上网 internet），属性数据被称为类 Pad 的数据成员，功能函数被称为类的成员函数。

类定义的语法格式如下：

class   类名

{public：

　　数据成员或函数成员

protected：

　　数据成员或函数成员

private：

　　数据成员或函数成员

};

说明：

(1)class 是系统关键字，不可缺省。

(2)类名的命名规则与 C 语言一致，一般首字母大写。

(3)类的属性称为数据成员，可以是基本数据类型，也可以是自定义数据类型。

(4)类的功能称为成员函数，成员函数的定义可以采用内联的形式，即成员函数在类体内定义，见例 5-1 Pad 类的定义。也可以在类中只声明函数的原型，而函数的实现部分定义在类的外部，第 2 种定义形式在 5.1.4 节详细介绍。

(5)public(公有类型)、protected(保护类型)、private(私有类型)分别表示对类成员的三种不同访问控制权限，默认为 private。一般类成员函数的访问权限定义为 public，数据成员的访问权限常被定义为 private 和 protected，具体将在 5.1.3 小节进一步详细介绍。

下面以线段类 Line 的定义和实现为例进一步说明类的定义。

【例 5-2】 定义线段类 Line。

问题分析：

线段类 Line 的数据成员包括起点横坐标 pointX、起点纵坐标 pointY、终点横坐标 pointXX、终点纵坐标 pointYY，成员函数包括设置起点、终点坐标函数 setorigin、计算长度函数 length、计算斜率函数 slope。

程序代码如下：

```cpp
# include <iostream.h>
# include <math.h>
class Line
{ //Line 类的成员函数
public：
    void setpoint(int x,int y,int xx,int yy)        //设置起点、终点坐标
    {
        pointX = x;
        pointY = y;
        pointXX = xx;
        pointYY = yy;
    }
    double getlength()                              //计算线段长度
    {
    return sqrt((pointXX - pointX) * (pointXX - pointX) + (pointYY - pointY) *
(pointYY - pointY));
    }
    double slope()                                  //计算线段的斜率
    {
    return  (pointYY - pointY)/(pointXX - pointX);
    }
    //Line 类的数据成员
private：
    double pointX,pointY,pointXX,pointYY;           //线段的起点、终点坐标
};
//测试主程序
void main()
{   Line t;                                         //定义 Line 类型的变量(实例)t
    t.setpoint(5,11,9,15);                          //通过实例 t 访问类的成员分量 setpoint
    cout<<"The length is:"<<t.getlength();          //通过实例 t 访问类的成员分量 getlength
    cout<<endl;
}
```

运行结果为：

The length is:5.65685

分析：

在主程序 main 函数中不能直接访问 Line 类,应先创建一个 Line 类的变量(对象或实例)
t,然后通过对象 t 访问类的成员,例如:t.getlength()调用成员函数 getlength()可计算线段长
度,t.slope()调用成员函数 slope()计算线段的斜率。 由本例可以看出:

（1）在主程序中不能对类操作，一个类必须实例化为对象后才能在程序中使用。

（2）在类的定义中不允许对数据成员直接赋值进行初始化，即不允许出现以下形式：

private：

　　float pointX = 0；

　　float pointY = 0；

其原因在于类是抽象的，数据成员不能有具体值。

5.1.2　对象的定义与使用

类是一种自定义的数据类型，可以定义该类型的变量（即实例），这个变量被称为对象。类与对象的关系就如同蛋糕模具与蛋糕之间的关系一样，即抽象与具体的关系。

【例 5-3】　以 RPG（Role-Playing Game 角色扮演游戏）人物为例。

类与对象的关系如图 5.1 所示。

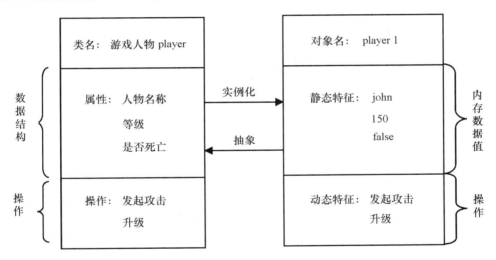

图 5.1　类与对象的关系

问题分析：

游戏人物类 Player 的数据成员包括人物名称 name、等级 level、是否死亡 death 等属性，包括发起攻击、升级等操作。

类定义时，系统并不会为类成员分配内存空间，只有当定义该类的对象时，才真正分配相应的内存空间。

定义类的对象可以采用两种形式：

（1）先定义类，再定义该类的对象，如果同时定义多个对象，则多个对象名用逗号分隔，即：

**　　类名　对象 1，对象 2，对象 3，……；**

例如：Player　player1，player2，player3；

（2）可以在定义类的同时定义类的对象，这种定义形式与结构体类型相同，即：

**　　class　类名**

{

**　　数据成员；**

　　　　成员函数；

　　｝对象 1,对象 2,对象 3;

　　其中,第一种定义形式较常见,定义中的对象 1、对象 2、……可以是一般的对象名,也可以是指向对象的指针、指向对象的引用、对象数组名等,见例 5-4。详细的使用方法在后面章节介绍。

【例 5-4】 Player 对象的定义。

程序代码如下:

```cpp
#include <iostream.h>
class Player
{
private：
    char name[10]；  //人物名称
    bool fail；      //是否对抗失败
    int level；      //等级
public：
    void attack(Player &p)    //发起攻击
    {   cout<<"玩家奋起一跃,发起攻击吧!";}
    void levelup(int n)       //升级
    {   level = level + n;     }
};
void main()
{
    Player p1,p2；            //定义 Player 类的对象 p1、p2
    Player * p3 = &p1；       //定义指向 Player 类对象 p1 的指针 p3
    Player p[15]；            //定义 Player 类对象数组 p
    Player &p4 = p1；         //定义 Player 对象 p1 的引用 p4
}
```

注意:

对象只能访问类中 public 权限的数据成员和成员函数。

访问 public 数据成员的格式为:

　　　　对象名.数据成员名

访问 public 成员函数的格式为:

　　　　对象名.成员函数(实参)

5.1.3　类成员的访问控制

　　为了实现数据的封装性,类中的数据成员和成员函数分为 3 种访问控制权限,分别是私有类型 private、保护类型 protected 和公有类型 public;访问控制权限指定了该类的对象可以访问成员的范围。

　　(1)public:指定其后的成员是公有的。公有成员是类与外部的接口,被 public 修饰的类成员在程序的任何部分都可以通过类对象进行访问。类外部通过这个公有成员对类内封装的数据进行操作。如例 5-3 中成员函数 void attack(Player &p)和 void levelup(int n)可通过类的对象进行调用。

（2）private：指定其后的成员是私有的。若类名后成员，省略访问权限关键字，则默认为私有成员。私有成员只能被本类的成员函数访问，来自类外部的任何其他访问(除友元函数)都是非法的。因此，私有成员保证了数据的安全性。如例 5-3 中的数据成员 name、death 和 level 只能被本类的成员函数访问，不能被类以外的函数使用。

（3）protected：指定其后的成员是保护的，性质与私有成员类似，其差别在于继承和派生时派生类的成员函数可以访问基类的保护成员，关于派生继承在后续章节介绍，本章不作详细讨论。

【例 5-5】类中 3 种访问控制符的运用。

程序代码如下：

```
#include <iostream.h>
class Player
{
  private：
    char name[10]；      //人物名称
    bool death；         //是否死亡
    int level；          //等级
  protected：
    int energy；         //能量值
  public：
    void attack(Player &p)      //发起攻击
    {  cout<<"玩家奋起一跃,发起攻击吧!";}
    void levelup(int n)         //升级
    {  level = level + n；}
};
void main()
{  Player p；
   p.level = 3；              //①错误,不能通过类的对象直接访问其私有数据成员
   p.levelup(2)；             //②正确,可以通过类的对象直接访问其公有成员函数
   cout<<"玩家的姓名:"<<p.name；  //③错误,同①
   cin>>p.energy；            //④错误,不能通过类的对象直接访问其保护数据成员
   p.energy + = 100；         //⑤错误,不能通过类的对象直接访问其保护数据成员
}
```

程序编译时会出现以下错误信息：

● error C2248:'level': cannot access private member declared in class 'Player'

● error C2248:'energy': cannot access protected member declared in class 'Player'

以上 3 种访问控制权限在使用时应注意以下几点：

(1)关键字 private、protected 和 public 可以按任意顺序出现在类的定义中,并且3种控制类型的成员不一定都有。

(2)类中一般设有 public 权限的成员,否则该类没有外部接口,类以外的程序也无法访问类内的成员,因此该类的定义没有任何实际的意义。

(3)类中的每个成员只能有一种特定的访问控制权限。

对类成员的访问控制权限可以实现数据存储和数据操作的分离,类内部封装数据存储方式改变所产生的影响被控制在类内,对程序其他部分没有影响,使程序的维护更安全、方便。

5.1.4 类的成员函数定义

类中不但封装了数据成员,还封装了作用于这些数据成员的操作,即成员函数。有了成员函数,类不只是简单的数据变量的堆积,而成为一个有机的整体。类的成员函数与其他普通函数一样,可以是内联函数、重载函数、无参函数和带默认形参值的函数等,有多种定义形式:

(1)在类定义中声明函数的同时定义函数体,则成员函数自动为内联函数,见例5-3。

(2)在类定义中声明成员函数,但在类体外定义成员函数体。定义格式如下:

返回值类型　类名::成员函数名(形参列表)

{

**　函数体**

}

例 5-3 中类 Player 的定义可写为:

```cpp
#include <iostream.h>
class Player
{
private:
    char name[10];          //人物名称
    bool death;             //是否死亡
    int   level;            //等级
protected:
    int energy;             //能量值
public:
    void attack(Player &p); //成员函数声明
    void levelup(int n);    //成员函数声明
};
//Player 类成员函数的类外实现
void Player::attack(Player &p)//发起攻击
{   cout<<"玩家奋起一跃,发起攻击吧!";}
void Player::levelup(int n)    //升级
{   level = level + n;}
void main()
{   Player player1, player2, player3;}
```

注意:

与普通函数不同,类的成员函数定义在类外时需要用类名::来限制,如"Player::levelup"等。其中:符号"::"为类作用域符号。

类的成员函数允许是带默认形参值的函数。当类中声明成员函数时,可以为成员函数指定默认形参值,但是在类外定义函数体时,就不能再带有默认形参值了,否则,编译时会出现如下错误"redefinition of default parameter"。正确的代码见例5-6。

【例 5-6】　带有默认形参值的成员函数声明与定义。

部分程序代码如下:

```
class Player
{ // Player 类成员函数的声明
public:
void levelup(int n = 1);              // 带默认形参值的成员函数
......
private:
    char name[10];                    // 人物名称
    bool death;                       // 是否死亡
    int level;                        // 等级
};
// Player 类成员函数的实现
void Player::levelup(int n)           // 不带默认形参值
{
    level = level + n;
}
......
```

在实际编程中,一般把类的声明和类外实现的成员函数放在不同的文件中,类的声明应放在头文件中(*.h),类外实现的成员函数放在源文件中(*.cpp),头文件与源文件的文件名一般相同。代码如下。

【例 5-7】　多文件结构程序。

程序代码如下:

```
// 5.7.h 文件中的代码
# include <iostream.h>
class Player
{
private:
    char name[10];                    // 人物名称
    bool death;                       // 是否死亡
    int   level;                      // 等级
protected:
    int energy;                       // 能量值
```

```
public：
        void attack(Player &p)；              //发起攻击
        void levelup(int n)；                 //升级
};
//5.7.cpp 文件中的代码
#include "5.7.h"                            //引用头文件
void Player::attack(Player &p)
{   cout<<"玩家奋起一跃,发起攻击吧!";}
void Player::levelup(int n)
{   level = level + n；}
void main()
{   Player player1,player2,player3；}
```

5.1.5　综合实例分析

【例 5-8】　模拟 RPG 游戏。

问题分析：

在角色扮演游戏中,不论是攻击方,还是对抗方,都具有一些共同的属性,比如生命能量值、攻击力、抵抗力、等级、是否死亡等。不同角色的人物在进行攻击对抗时产生不同的攻击力和抵抗力,生命能量值发生变化,对抗过程中可以进行升级。若玩家的生命能量值小于等于0,则最终死亡。

程序代码如下：

```
#include <iostream.h>
#include <string.h>
class Player
{
private：
        char name[10]；                       //人物名称
        bool death；                          //是否死亡
        int   level；                         //等级
        int energy；                          //能量值
        int ap；                              //攻击能力
        int dp；                              //抵抗能力
public：
        void attack(Player &p)；              //发起攻击
        void levelup(int n)；                 //升级
        void defence(Player &q)；             //抵抗
        void set(char ns[] = "winner",bool ds = false,int ls = 1,int es = 100,int as = 10,int
dps = 10)；                                   //设置初始值
        void show()；                         //显示人物属性
};
```

```
void Player∷attack(Player &p)              //发起攻击
{
    cout<<"\n 玩家奋起一跃,发起攻击吧!"<<endl;
    p.energy = p.energy - ap + p.dp;
//energy 为玩家 p 的能量值,ap 为另一个玩家的攻击能力,dp 为玩家 p 的抵抗能力
}
void Player∷levelup(int n)              //升级
{   level = level + n;  }
void Player∷defence(Player &q)              //抵抗
{   cout<<"\n 玩家休息一下,开始抵抗!"<<endl;
    q.energy = q.energy - dp + q.ap;
    //energy 为玩家 q 的能量值,ap 为玩家 q 的攻击能力,dp 为另一个玩家的抵抗能力
}
void Player∷set(char ns[],bool ds ,int ls ,int es ,int as ,int dps)    //设置初始值
{   strcpy(name,ns);
    death = ds;
    level = ls;
    energy = es;
    ap = as;
    dp = dps;
}
void Player∷show()                    //显示人物属性
    cout<<"玩家姓名为:"<<name<<endl
        <<"当前能量值为:"<<energy<<endl<<"当前等级为:"<<level<<endl
        <<"当前攻击力为:"<<ap<<endl<<"当前抵抗力为:"<<dp<<endl;
    death = (energy<= 0? true:false);
    cout<<(death?"该玩家已经死亡!":"该玩家还未死亡呢!")<<endl;
}
void main()
{
    Player player1,player2;                    //定义玩家 1 和玩家 2
    player1.set();                             //设置初始值
    cout<<"玩家 player1 的战前信息是:"<<endl;
    player1.show();                            //显示人物属性
    player2.set("warer",false,10,400,30,50);   //设置初始值
    cout<<"\n 玩家 player2 的战前信息是:"<<endl;
    player2.show();                            //显示人物属性
    player2.attack(player1);                   //发起攻击
    player1.levelup(2);                        //升级
```

```
        player1.defence(player2);                      //抵抗
        cout<<"\n 玩家 player1 的战后信息是:"<<endl;
        player1.show();                                //显示人物属性
        cout<<"\n 玩家 player2 的战后信息是:"<<endl;
        player2.show();                                //显示人物属性
}
```

运行结果:

玩家 player1 的战前信息是:
玩家姓名为:winner
当前能量值为:100
当前等级为:1
当前攻击力为:10
当前抵抗力为:10
该玩家还未死亡呢!

玩家 player2 的战前信息是:
玩家姓名为:warer
当前能量值为:400
当前等级为:10
当前攻击力为:30
当前抵抗力为:50
该玩家还未死亡呢!

玩家奋起一跃,发起攻击吧!

玩家休息一下,开始抵抗!

玩家 player1 的战后信息是:
玩家姓名为:winner
当前能量值为:80
当前等级为:3
当前攻击力为:10
当前抵抗力为:10
该玩家还未死亡呢!

玩家 player2 的战后信息是:
玩家姓名为:warer
当前能量值为:420
当前等级为:10

当前攻击力为:30

当前抵抗力为:50

该玩家还未死亡呢!

分析:

本实例首先定义了角色扮演游戏中的人物类 Player,然后在 main 函数中生成两个玩家对象 player1 和 player2,首先显示出战前两个玩家的基本信息,然后由玩家 2 向玩家 1 发起攻击;玩家 1 进行升级;玩家 1 抵抗玩家 2 等一系列游戏场景;最后显示战后两个玩家的基本信息状况。

5.2　构造函数和析构函数

当定义一个类的对象时,系统会自动为该对象的数据成员分配内存空间;但对象的数据成员与普通变量相同,未赋值之前无法使用,因此通常在定义对象的同时对其数据成员需要进行初始化工作,当程序结束时,还需要对其数据成员进行内存空间的清理工作。C++程序中对象的初始化和最后的内存释放清理工作,由类的两个特殊成员函数来完成,即构造函数(Constructor)和析构函数(Destructor)。

5.2.1　构造函数

构造函数(Constructor)是一个特殊的类成员函数,主要用于生成对象,并完成内存空间分配、赋初值等初始化工作。构造函数在使用时注意以下几点:

(1)构造函数的函数名与类名相同,可以是无参函数,也可以是带默认形参值的函数。

(2)一个类允许同时有多个构造函数,即允许构造函数重载。

(3)构造函数不允许有返回值类型,即使 void 也不可以。

(4)构造函数是类的一种成员函数,可以直接访问类的所有数据成员。

(5)构造函数应为公有函数(public)。

构造函数的定义格式如下:

类名(形参列表)

**　{　函数体　}**

当定义该类的对象时,构造函数将被系统自动调用以实现对该对象的初始化,程序的其他部分不能调用类的构造函数。构造函数的定义格式与普通成员函数类似,可以先声明函数再定义函数体,也可以在类体中直接定义函数体。

(1)先声明函数再定义函数体,例如:

```
class Line
{public:
    Line(int x,int y ,int xx ,int yy);           //构造函数的声明
 private:
    int pointX,pointY;
    int pointXX,pointYY;
};
```

```
Line∷Line(int x,int y ,int xx ,int yy)            //构造函数的定义
｛    pointX = x；
      pointY = y；                                 //对数据成员赋值
      pointXX = xx；
      pointYY = yy；
｝
```

(2)在类体中直接定义函数体,例如：

```
class Line
｛
public：
      Line(int x,int y ,int xx ,int yy)            //构造函数的定义
      ｛    pointX = x；
           pointY = y；
           pointXX = xx；
           pointYY = yy；
      ｝
private：
      int pointX, pointY；
      int pointXX,pointYY；
｝；
```

在 C＋＋中每个类必须至少有一个构造函数,否则无法完成类的对象的创建。若程序代码中没有提供任何的构造函数,则 C＋＋编译器将自动提供一个系统默认的构造函数,格式如下：

类名( )
｛ ｝

例如：

```
Line( )
｛ ｝
```

该默认构造函数是个无参的构造函数,仅仅负责创建对象而不做任何操作。如果类中声明了构造函数(无论是否有形参),编译器将不会再为类自动生成系统默认构造函数了。另外,无参数的构造函数也被称为默认形式的构造函数。

【例 5-9】 构造函数的应用。

程序代码如下：

```
♯ include <iostream. h>
class Line
｛public：
      Line( )                                      //①无参的默认构造函数
      ｛   cout<<"default constructor "<<endl；｝
      Line(int x, int y, int xx ,int yy)           //②带有参数的构造函数
```

```
    {   pointX = x；pointY = y；pointXX = xx；pointYY = yy；
        cout <<"构造了起点为("<<pointX<<","<<pointY<<")和终点为("
            <<pointXX<<","<<pointYY<<")的线段"<<endl；
    }
        Line(int xx,int yy)；              //带部分形参的构造函数声明
private：
        int   pointX；
        int   pointY；
        int   pointXX；
        int   pointYY；
}；
Line::Line(int xx,int yy)                  //③带部分形参的构造函数定义
{   pointX = 0；pointY = 0；pointXX = xx；pointYY = yy；
    cout<<"构造了起点为("<<pointX<<","<<pointY
        <<")和终点为("<<pointXX<<","<<pointYY<<")的线段"<<endl；
}
void main()
{   Line line1；                           //调用无参的构造函数
    Line line2(2,3,9,5)；                  //调用带 4 个参数的构造函数
    Line line3(5,6)；                      //调用带 2 个参数的构造函数
}
```

运行结果：

default constructor

构造了起点为(2,3)和终点为(9,5)的线段

构造了起点为(0,0)和终点为(5,6)的线段

分析：

本程序中定义了无参、带 2 个参数和带 4 个参数三种形式的构造函数,所以编译器不再提供系统默认构造函数了。主程序中构造 Line 类的对象 line1 时,会隐含调用构造函数①,即构造对象时不传参数,则自动调用不带形参的构造函数。当构造对象 line2 时,由于提供了初始值 2、3、9、5,因此系统自动调用带 4 个形参的构造函数②。当构造对象 line3 时,由于只提供初始值 5、6,因此系统自动调用带 2 个形参的构造函数③。

由例 5-9 可以看出,若构造函数带有参数,则声明对象时,必须用实参对对象进行初始化;若相应的构造函数没有形参,则声明对象时,不需要提供实参值。

注意：

构造函数允许重载,但当无参的构造函数和带默认形参值的构造函数同时存在时,编译会出现二义性错误,见例 5-10。

【例 5-10】 重载构造函数的二义性。

程序代码如下：

```
#include <iostream.h>
class Line
```

```
{public：
    Line()
    {   cout<<"default constructor "<<endl;}
    Line(int xx=2,int yy=3)
    {   pointX=0;pointY=0;pointXX=xx;pointYY=yy;
        cout <<"构造了起点为("<<pointX<<","<<pointY<<")和终点为("
            <<pointXX<<","<<pointYY<<")的线段"<<endl;
    }
private：
        int   pointX；
        int   pointY；
        int   pointXX；
        int   pointYY；
};
void main()
{   Line line1；    //错误,产生二义性,系统无法确定调用哪个构造函数
    Line line2(5,6)；
}
```

程序编译时会出现以下错误：

ambiguous call to overloaded function

分析：

主程序中定义的对象无初始值时,既可调用无参的构造函数,又可调用带默认形参值的构造函数,若类中同时定义了这两种构造函数,本例中如 Line()和 Line(int xx=2,int yy=3) ,则编译时会出现二义性错误。

请读者特别注意以下几种易混淆的语句：

```
    Line   line1；          //①创建 Line 类对象 line1
    Line   line2()；        //②声明一个函数 line2,函数返回值类型为 Line
    Line   line3(10)；      //③创建 Line 类的对象 line3,初始值 10
    Line   line4(int)；     //④声明函数 line4,返回值类型为 Line,形参类型 int
```

构造函数不仅可以完成对象的初始化过程,也可以对一个对象数组进行初始化。对象数组的初始化,实际上就是调用构造函数对每个数组元素对象进行初始化。若指定了对象数组中每个元素的初始值,就会调用带形参的构造函数进行初始化;如果没有指定对象数组元素的初值,就会调用无参的构造函数。见例 5-11。

【例 5-11】　对象数组的初始化。

程序代码如下：

```
#include <iostream.h>
class Line
{
public：
```

```
    Line()           //无参的默认构造函数
    {
        pointX = 0；
        pointY = 0；
        pointXX = 2；
        pointYY = 3；
        cout<<"默认构造函数被调用 "<<endl；
    }
    Line(int x, int y, int xx ,int yy)       //带有参数的构造函数
    {
        pointX = x；
        pointY = y；
        pointXX = xx；
        pointYY = yy；
        cout<<"构造了起点为("<<pointX<<","<<pointY
            <<")和终点为("<<pointXX<<","<<pointYY
            <<")的线段"<<endl；
    }
private：
    int pointX；
    int pointY；
    int pointXX；
    int pointYY；
};
void main()
{   cout<<"创建第一组线段对象"<<endl；
    //创建时没有指定数组大小,指定了初始值,这些对象将由带参构造函数创建
    Line line1[] = {Line(0,0,1,1),Line(1,2,3,4),Line(10,10,21,22)}；
    cout<<"\n 创建第二组线段对象"<<endl；
    //部分数组元素指定了初始值,这些对象将由带参构造函数创建
    //没有指定的将由无参构造函数创建
    Line line2[3] = {Line(5,6,10,10),Line(1,2,1,3)}；
    cout<<"\n 创建第三组线段对象"<<endl；
    //创建数组,没有指定数组元素的初始值,这些对象将由无参构造函数创建
    Line line3[2]；
}
```

运行结果：

创建第一组线段对象

构造了起点为(0,0)和终点为(1,1)的线段

　　构造了起点为(1,2)和终点为(3,4)的线段
　　构造了起点为(10,10)和终点为(21,22)的线段

　　创建第二组线段对象
　　构造了起点为(5,6)和终点为(10,10)的线段
　　构造了起点为(1,2)和终点为(1,3)的线段
　　默认构造函数被调用

　　创建第三组线段对象
　　默认构造函数被调用
　　默认构造函数被调用

分析：

创建第1个对象数组line1时，没有指定数组的大小，由初始化数组元素的个数决定，因此数组大小为3，分别调用了3次带参数的构造函数。创建的第2个对象数组包含了3个元素，前2个元素给了初始值，后1个元素没有初始值，则分别调用了2次带参数的构造函数和1次无参的构造函数。创建的第3个对象数组包含2个元素，都没有给初始值，则调用了2次无参的构造函数。

5.2.2　析构函数

与变量一样，程序结束时对象也要消亡，释放系统分配给它的内存空间。C＋＋中提供了一个特殊的类成员函数——析构函数，用于完成对象被删除前的一些内存清理工作。构造函数在使用时注意以下几点：

(1)析构函数的函数名应为类名前加～，析构函数没有参数。

(2)一个类只允许有一个析构函数，不允许重载。

(3)析构函数不允许有返回值类型，即使 void 也不可以。

(4)析构函数是类的一种成员函数，应为公有函数(public)。

(5)如果程序没有定义析构函数，则系统会自动生成一个空函数体的默认析构函数。

(6)类的多个对象的析构顺序与构造顺序相反。

析构函数的定义格式如下：

～类名（形参列表）

**　｛　函数体　｝**

当类的对象即将消亡时，析构函数被系统自动调用，完成内存空间的清理工作。析构函数的定义与构造函数相同，可以在类内声明同时定义，也可以在类内声明后，在类的外部定义。大多数情况下，不需要自定义析构函数，只需要利用系统自动提供的默认析构函数就可以了。但如果构造函数中使用 new 运算符向系统动态申请了内存空间，就必须自定义析构函数了，因为系统默认的析构函数无法回收动态申请的内存空间，见例 5-12。

【例 5-12】　析构函数的应用实例。

程序代码如下：

```
#include <iostream.h>
#include <string.h>
```

```cpp
class Player
{
private：
        char * name；                    //人物名称
        bool death；                     //是否死亡
        int    level；                   //等级
        int energy；                     //能量值
        int ap；                         //攻击能力
        int dp；                         //抵抗能力
public：
Player(char * ns = "winner",bool ds = false,int ls = 1,int es = 100,int as = 10,int dps = 10)
//带参数的构造函数
        {   cout << "Constructing " <<ns <<endl；
            name = new char[strlen(ns) + 1]；       //动态申请内存空间
            if(name！= 0)
                strcpy(name,ns)；
            death = ds；
            level = ls；
            energy = es；
            ap = as；
            dp = dps；
        }
    ～Player()                            //析构函数
        {   cout << "Destructing " <<name <<endl；
            name[0] = '\0'；
            delete []name；                           //释放动态申请的内存空间
        }
}；
void main()
{   Player p1("Randy")；                  //定义 Player 类的对象 p1,初始值 Randy
    Player p2("Mary")；                   //定义 Player 类的对象 p2,初始值 Mary
}
```

运行结果：
Constructing Randy
Constructing Mary
Destructing Mary
Destructing Randy

分析：
由程序可以看出,当对象 p1、p2 的生命期即将结束的时候,编译器自动调用析构函数来释放对象占用的内存空间,并且先构造的对象后析构,后构造的对象先析构。如果析构函数不能够正确释放内存空间,将会导致内存泄漏。

5.2.3　拷贝构造函数

在 C++ 中允许进行如下的变量定义:

double　a=5.61;

double　b=a;

其中 a 直接用常量 5.61 初始化,而变量 b 用一个已经定义的变量 a 进行初始化。对象之间也可以采用这种初始化方式,即用一个已有的对象初始化新对象,此时新对象的数据成员的值与已有对象的数据成员的值一一对应。

用已有的对象初始化新对象,其中新对象是用特殊的构造函数生成,这个特殊的构造函数即拷贝构造函数。拷贝构造函数可以实现用一个已经存在的对象,去初始化同类的一个新对象,其形参是本类对象的引用,定义的语法形式为:

类名（类名 & 对象名）

{

**　函数体**

}

与构造函数相同,当程序中没有定义拷贝构造函数时,系统在必要时会自动生成一个默认的拷贝构造函数;但与构造函数不同,系统默认的拷贝构造函数并不是什么都不做,而是把原对象的每个数据成员的值一一都赋值到新建立的对象中,以保证两个对象的数据成员完全相同。下面请看一个拷贝构造函数的例子。

【例 5-13】　拷贝构造函数调用的三种情况。

程序代码如下:

```
#include <iostream.h>
class Line
{
public:
    Line()                                  //无参的默认构造函数
    {    pointX=0;pointY=0;
         pointXX=5;pointYY=10;
         cout<<"默认构造函数被调用 "<<endl;
    }
    Line(int x, int y, int xx ,int yy)       //带参数的构造函数
    {    pointX=x; pointY=y;
         pointXX=xx;pointYY=yy;
         cout<<"带参数构造函数被调用"<<endl;
    }
    Line(Line &l)                            //拷贝构造函数
    {    pointX=l.pointX;
         pointY=l.pointY;
```

```
            pointXX = l. pointXX；
            pointYY = l. pointYY；
            cout<<"拷贝构造函数被调用"<<endl；
        }
private：
        int pointX；
        int pointY；
        int pointXX；
        int pointYY；
};
Line f1()                                //返回值为 Line 类的对象
{    Line line(2,3,4,8)；                 //调用有参的构造函数
     return line；                        //返回函数值时,调用拷贝构造函数
}
void f2(Line t)
{    }              //函数的形参为类 Line 的对象 t,实参传形参时,调用拷贝构造函数
void main()
{
        Line line1(1,2,1,5)；        //调用有参的构造函数构造对象 line1
        Line line2 = line1；         //①对象间赋值,调用拷贝构造函数
        line2 = f1()；               //②函数返回值是类的对象,返回时调用拷贝构造函数
        f2(line1)；                  //③对象 line1 作为函数形参,调用拷贝构造函数
}
```

运行结果：
带参数构造函数被调用
拷贝构造函数被调用
带参数构造函数被调用
拷贝构造函数被调用
拷贝构造函数被调用

分析：
由上面的程序可以看出,在以下三种情况下拷贝构造函数会被自动调用：

(1)当用一个已有的对象初始化该类的另一个对象时,拷贝构造函数被自动调用,以创建新对象。

(2)当函数的返回值是类的对象时,函数执行完毕返回调用点时自动执行构造函数。

例 5-13 中语句"return line；"执行时会产生一个无名临时对象,该无名对象是 line 对象的一个拷贝,是由拷贝构造函数创建出来的。其作用在于将 line 对象的数据成员值带回到主调函数。

(3)当函数的形参是类的对象时,调用函数时会发生形参和实参的结合,形参对象是由拷贝构造函数创建的。

实际上,在大多数简单的问题中都不需要编写拷贝构造函数,系统提供的默认拷贝构造函数就可以实现对象之间的数据成员对应复制。但默认的拷贝构造函数仅仅是数据成员之间的一一赋值,属于浅拷贝,不适合于所有的情况,下面将介绍两个拷贝构造中的重要概念:浅拷贝与深拷贝。当类的数据成员中有指针变量或引用变量时,需要采用深拷贝方法。下面以例 5-14 和例 5-15 为例进一步说明。

【例 5-14】 浅拷贝。(为了便于讨论问题,对 RPG 游戏中的人物类 Player 的属性进行简化。)

程序代码如下:

```
#include <iostream.h>
#include <string.h>
class Player                          //Player 类的定义
{ public:
    Player(char * ns)                 //带参数的构造函数
    {   cout <<"Constructing " <<ns <<endl;
        name = new char[strlen(ns) + 1];     //动态申请内存空间
        if(name! = 0)
            strcpy(name,ns);   }
    ~Player()                          //析构函数
    {   cout <<"Destructing " <<name <<endl;
        name[0] = '\0';
        delete []name;                 //释放动态申请的内存空间
    }
private:
    char * name;   };
void main()
{   Player p1("Randy");                //定义 Player 类的对象 p1,初始值 Randy
    Player p2 = p1;                    //由已知对象 p1 拷贝构造对象 p2
}
```

上述程序编译没有错误,但运行时会异常退出,原因是出现了内存访问错误。下面进行分析。

分析:

程序中语句"Player p2 = p1;"说明 p2 是用拷贝构造函数创建出来的,而程序中并没有显示写出拷贝构造函数,所以调用的默认的拷贝构造函数,而默认拷贝构造函数属于浅拷贝,即简单地对两个对象 p1、p2 的数据成员进行复制,即 p2. name = p1. name,如图 5.2 所示。

可以看出,p1. name 和 p2. name 两个指针指向了同一块内存空间"Randy"。当程序运行结束时,析构的顺序与构造顺序相反,先析构对象 p2 后析构对象 p1。析构对象 p2 时释放了"Randy"这块内存空间,析构对象 p1 时已没有内存空间可释放,因此,发生了二次释放,出现了内存访问错误。

采用深拷贝方法可以解决上述问题,如果一个类拥有资源,当这个类的对象发生复制且同

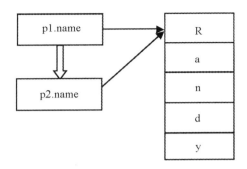

图 5.2　浅拷贝

时也复制了资源时,这个过程就称为深拷贝。反之如果对象存在资源,但复制过程并未复制资源,则称为浅拷贝。深拷贝复制的不是指针本身,而是指针所指向的数据。

【例 5-15】　深拷贝。

程序代码如下:

```
#include <iostream.h>
#include <string.h>
class Player                              //Player 类的定义
{ public:
    Player(char * ns)                     //带参数的构造函数
    {
        cout <<"Constructing " <<ns <<endl;
        name = new char[strlen(ns)+1];    //动态申请内存空间
        if(name!=0)
            strcpy(name,ns);    }
    Player(Player &tmp)                   //拷贝构造函数
    {
        cout<<"copy constructing is called"<<endl;
        name = tmp.name;
        name = new char[strlen(tmp.name)+1];
        if(name!=0)
            strcpy(name,tmp.name);    }
    ~Player()                             //析构函数
    {
        cout <<"Destructing " <<name <<endl;
        name[0] = '\0';
        delete []name;                    //释放动态申请的内存空间
    }
private:
    char * name;
```

```
};
void main()
{
    Player p1("Randy");           //定义 Player 类的对象 p1,初始值 Randy
    Player p2 = p1;               //由已知对象 p1 拷贝构造对象 p2
}
```

运行结果:

Constructing Randy

copy constructing is called

Destructing Randy

Destructing Randy

分析:

本例中定义了拷贝构造函数,先拷贝对象的数据成员,再为 p2.name 分配新的内存空间,最后用 p1.name 所指向的内存空间拷贝 p2.name 所指向的内存空间,如图 5.3 所示。析构时先析构对象 p2 后析构对象 p1,释放各自的内存空间,运行不会发生问题。

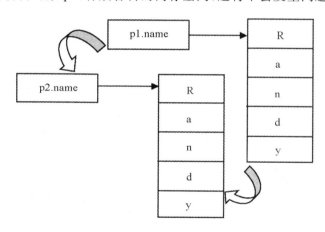

图 5.3　深拷贝

5.2.4　综合实例分析

【例 5-16】　以 RPG 人物为例,实现 Player 类的构造函数、析构函数和拷贝构造函数等成员函数的定义。

程序代码如下:

```
# include <iostream.h>
# include <string.h>
class Player                      //Player 类的定义
{
public:
    Player(char * ns = "winner",bool ds = false,int ls = 1, int es = 100, int as = 10, int
```

```
    dps = 10);
    //带参数的构造函数
    Player(Player &tmp);                          //拷贝构造函数
    ~Player();                                    //析构函数
    void attack(Player &p);//发起攻击
    void levelup(int n);      //升级
    void defence(Player &q);//抵抗
    void set(char * ns = "kitty", bool ds = false, int ls = 3, int es = 200, int as = 30, int
        dps = 40);
//设置初始值
    void show();                                  //显示
private:
    char * name;                                  //人物名称
    bool death;                                   //是否死亡
    int   level;                                  //等级
    int energy;                                   //能量值
    int ap;                                       //攻击能力
    int dp;                                       //抵抗能力
};
Player::Player(char * ns, bool ds, int ls, int es, int as, int dps)
        //带参数的构造函数
    {   cout << "构造了对象" << ns << endl;
        name = new char[strlen(ns) + 1];         //动态申请内存空间
        if(name != 0)
            strcpy(name, ns);
        death = ds;
        level = ls;
        energy = es;
        ap = as;
        dp = dps;
    }
Player::Player(Player &tmp)                       //拷贝构造函数
{
    cout << "拷贝构造函数被调用" << endl;
    name = new char[strlen(tmp.name) + 1];       //动态申请内存空间
    if(name != 0)
        strcpy(name, tmp.name);
    cout << "深拷贝构造了对象 " << name << endl;
    death = tmp.death;
```

```
    level = tmp. level;
    energy = tmp. energy;
    ap = tmp. ap;
    dp = tmp. dp;
}
Player∷~Player()                              //析构函数
{    cout <<"析构对象" <<name <<endl;
    name[0] = '\0';
    delete []name;                            //释放动态申请的内存空间
    }
void Player∷attack(Player &p)                        //发起攻击
{    cout<<"\n 玩家奋起一跃,发起攻击吧!"<<endl;
    p. energy = p. energy - ap + p. dp;
    //energy 为玩家 p 的能量值,ap 为另一个玩家的攻击能力,dp 为玩家 p 的抵抗能力
}
void Player∷levelup(int n)              //升级
{    level = level + n;}
void Player∷defence(Player &q)          //抵抗
{
    cout<<"\n 玩家休息一下,开始抵抗!"<<endl;
    q. energy = q. energy - dp + q. ap;
    //energy 为玩家 q 的能量值,ap 为玩家 q 的攻击能力,dp 为另一个玩家的抵抗能力
}
void Player∷set(char  * ns,bool ds ,int ls ,int es ,int as ,int dps)    //设置玩家属性
{
    name = new char[strlen(ns) + 1];        //动态申请内存空间
    if(name! = 0)
        strcpy(name,ns);
    death = ds;
    level = ls;
    energy = es;
    ap = as;
    dp = dps;
}
void Player∷show()                      //显示玩家属性
{
    cout<<"玩家姓名为:"<<name<<endl
        <<"当前能量值为:"<<energy<<endl
        <<"当前等级为:"<<level<<endl
```

```
            <<"当前攻击力为:"<<ap<<endl
            <<"当前抵抗力为:"<<dp<<endl;
            death = (energy<= 0?  true:false);
        cout<<(death?"该玩家已经死亡! \n":"该玩家还未死亡呢! \n")<<endl;
}
void main()
{   Player player1("marry"),player2;
    cout<<"\n 玩家 player1 的战前信息是:"<<endl;
    player1.show();
    player2.set("warer",false,10,400,30,50);
    cout<<"\n 玩家 player2 的战前信息是:"<<endl;
    player2.show();
    player2.attack(player1);                    //发起攻击
    player1.levelup(40);                        //升级
    player1.defence(player2);                   //抵抗
    cout<<"\n 玩家 player1 的战后信息是:"<<endl;
    player1.show();
    cout<<"\n 玩家 player2 的战后信息是:"<<endl;
    player2.show();
    Player player3 = player1;                   //由已知对象 p1 拷贝构造对象 p3
    cout<<"\n 玩家 player3 的信息是:"<<endl;
    player3.show();
}
```

运行结果:

构造了对象 marry
构造了对象 winner

玩家 player1 的战前信息是:
玩家姓名为:marry
当前能量值为:100
当前等级为:1
当前攻击力为:10
当前抵抗力为:10
该玩家还未死亡呢!

玩家 player2 的战前信息是:
玩家姓名为:warer
当前能量值为:400
当前等级为:10
当前攻击力为:30

当前抵抗力为:50
该玩家还未死亡呢!

玩家奋起一跃,发起攻击吧!

玩家休息一下,开始抵抗!

玩家 player1 的战后信息是:
玩家姓名为:marry
当前能量值为:80
当前等级为:41
当前攻击力为:10
当前抵抗力为:10
该玩家还未死亡呢!

玩家 player2 的战后信息是:
玩家姓名为:warer
当前能量值为:420
当前等级为:10
当前攻击力为:30
当前抵抗力为:50
该玩家还未死亡呢!

拷贝构造函数被调用
深拷贝构造了对象 marry

玩家 player3 的信息是:
玩家姓名为:marry
当前能量值为:80
当前等级为:41
当前攻击力为:10
当前抵抗力为:10
该玩家还未死亡呢!

析构对象 marry
析构对象 warer
析构对象 marry

5.3　const 和 static

5.3.1　常成员

在 2.1.3 常量一节中,已经知道,被 const 所修饰的量,表示数据值"恒定不变",即声明符

号常量,例如:

const int PRICE = 100;

表示 PRICE 的值在程序运行期间均为 100,不能改变。

在 C++ 中,const 不但可以修饰一般常量,还可以修饰类数据成员、类成员函数以及类对象。

若类数据成员的值在程序运行过程中不改变,则应声明为常数据成员(const 数据成员)。const 数据成员与 const 常量的定义格式相同,区别仅在于关键字 const 修饰常量所在的位置不同,前者在类定义体内,后者在类定义体外。特别注意,常数据成员的初始化比一般的数据成员复杂,只能通过带初始化参数列表的构造函数(见 5.4 节类的组合)来实现。

用关键字 const 修饰的成员函数称为常成员函数(const 成员函数),const 成员函数的定义是在函数参数表的括号后加 const,表示该函数只可以读取数据成员的值,但不能修改数据成员的值,也不能调用该类中没有 const 修饰的成员函数。

常成员函数的定义形式如下:

类型　函数名(参数列表)　const

注意:

函数声明和函数定义部分都不能省关键字 **const**。

const 数据成员和成员函数可提高程序的可靠性和健壮性,一旦 **const** 成员函数企图修改类数据成员的值或 **const** 数据成员的值发生改变,将出现编译错误。

【例 5-17】　const 数据成员、成员函数的应用。

程序代码如下:

```cpp
#include <iostream.h>
const double PI = 3.1415926;
class Circle
{ public:
    void setoriginy(float y = 0);
    void setradius(float r = 1);
    void getarea() const;               //const 成员函数的声明
private:
    const float pointX;                 //const 数据成员的定义
    float pointY;
float radius;
};
void Circle::setoriginy(float y)
{   pointX = 1;                         //①错误,const 数据成员值不能被修改
    pointY = y;
}
void Circle::setradius(float r)
{       radius = r;      }
void Circle::getarea() const           //const 成员函数在声明和定义时均要加 const
```

```
{   cout<<PI*radius*radius;        //②正确,const 成员函数可读取数据成员的值
    ++pointY;                      //③错误,const 成员函数不能修改普通数据成员
    setradius(12);                 //④错误,const 成员函数不能调用普通成员函数
}
```

分析:

①错误,是因为 pointX 为 const 数据成员,则在程序中任何试图修改该数据成员值的操作均为错误。

"void getarea() const;"说明 getarea 函数为常成员函数,则在其声明和定义处均需要加上 const。在常成员函数中不能修改普通数据成员,所以在常成员函数内修改普通数据成员中的操作(③)都是错误的。同样的,也不能调用普通成员函数(④)。

5.3.2 常对象

const 还可以修饰对象,即常对象,常对象的特点是该对象的数据成员值在整个对象的生存周期内是不能被改变。

常对象定义格式如下:

const 类名 对象名列表;

或

类名 const 对象名列表;

常对象在使用时应注意以下几点:

(1)与常量相同,常对象声明的同时必须进行初始化,且在程序的其他地方不能再修改对象的数据成员值。

(2)常对象的对外接口是常成员函数,常对象只能调用类的常成员函数,不能调用其他的成员函数。

(3)关键字 const 参与重载函数的区分,即 void Circle∷getarea() const 与 void Circle∷getarea()为重载函数。

【例 5-18】 分析程序中常对象使用的错误。

程序代码如下:

```
#include <iostream.h>
class Point                        //定义点类
{ private:
    int x,y;                       //点的横坐标、纵坐标
public:
    void MovePoint(int a, int b)//移动点的坐标
    { x=a; y=b;}
    void print()const              //输出点横坐标、纵坐标的常函数
    { cout<<"x = "<<x<<"y = "<<y<<endl;}
};
void main()
{   const Point point1;            //①正确,声明常对象 point1
```

```
    Point point2;                    //②正确,声明对象 point2
    point1.MovePoint(1,2);           //③错误,因为常对象 point1 的数据成员不能被更改
    point2.MovePoint(3,5);           //④正确
    point1.print();                  //⑤正确
    point2.print();                  //⑥正确
}
```

5.3.3　静态成员

如果在一个类中,有这样一个数据,需要该类的所有对象共同拥有和维护,比如,学生类中,班级学生的总数,学生总数在某一个时刻,对于班级中每一个学生来说都是一致的。那么如何保证呢?

C++中通过静态成员来实现同类的不同对象之间的数据和函数共享。为了便于数据的维护,静态成员不属于某个对象,而属于一个类的多个对象共享。静态成员包括静态数据成员和静态成员函数。

1.静态数据成员

静态数据成员是同一个类中所有对象共享的成员,而不是单属于某个对象的成员。例如,描述一个公司雇员的总数、一个平面上点的数目、银行活期存储利率等。静态数据成员是一种特殊的类成员,一般的类数据成员在定义该类的实例时都建立一份数据成员的副本,以保存不同类实例的特定值;而类的静态数据成员只分配一次内存空间,这个内存空间的数据可被整个类的所有对象实例访问。

静态数据成员的声明格式如下:

static　类型说明符　成员名;

例如:银行储蓄用户类 Account 中定义了一个静态数据成员 rate,用于记录当前的储蓄利率。

```
class Account
{    private:
     static double rate;    //储蓄利率
     ……        };
```

显然,对于类 Account,只要修改静态成员 rate 中的数据,可以保证 Account 类的所有实例都能同步访问到新的储蓄利率。同时,静态数据成员能够节省数据的存储空间,进一步提高编程效率,减少出错概率。

静态数据成员与一般的数据成员不同,必须在全局范围(类的外部)内进行定义和初始化,并用类作用符"::"指明所属的类,

静态数据成员类外定义格式如下:

类型说明符　类名::静态数据成员 = 值;

例如:double Account::rate = 0.014;

静态数据成员也保持了类的封装性,和其他数据成员一样,静态数据成员也遵守 public、protected、private 的访问权限规则。若静态数据成员为 private 或 protected 访问权限,则可通过类的 public 权限成员函数来访问;若静态数据成员为 public 访问权限,则可通过类的任

何对象实例访问,也可以通过"类名::静态数据成员"来访问。下面例子将说明如何定义和访问静态数据成员。

【例 5-19】 银行储蓄用户类 Account 的静态数据成员的应用。

问题分析：

银行储蓄用户类 Account 的数据成员包括存储利率 rate、储户账号 no、储户总人数 total，由于所有储户的存储利率都相同,故存储利率 rate 定义为 static,而储户总人数 total 也是该类 Account 中所有实例所共享的成员,因此也定义为 static。类的函数成员包括输入函数 input 和输出函数 show,当函数 input 输入一个新储户信息时,储户总人数增加 1。

程序代码如下：

```cpp
#include <iostream.h>
class Account                    //定义银行储蓄用户类
{ private：
    static double rate；         //存储利率
    char no[10]；                //储户的账号
public：
    static int total；           //储户总人数
    Account()                    //构造函数
    {
        total++；                //每生成一个储户对象,储户人数自动加一
    }
    void  input()                //输入函数
    {   cout<<"请输入账号:";
        cin>>no；
    }
    void show()
    {   cout<<"账号:"<<no<<"的存储利率是:"<<rate<<endl；        }

};
double Account::rate=0.014；      //静态数据成员 rate 的初始化
int Account::total=0；           //静态数据成员 total 的初始化
void main()
{   Account a,b；                //定义 Account 类的变量(实例)a 和 b
    a.input()；                  //输入储户 a 的信息
    a.show()；                   //输出储户 a 的信息
    b.input()；                  //输入储户 b 的信息
    b.show()；                   //输出储户 b 的信息
    cout<<"目前储户人数:"<<Account::total<<endl；//分析本语句
}
```

运行结果为：

请输入账号：s000001

账号:s000001 的活期存储利率是:0.014

请输入账号:s000005

账号:s000005 的活期存储利率是:0.014

目前储户人数:2

分析:

请将 cout≪"目前储户人数:"≪Account::total≪endl;语句中 Account::total 分别改为:a.total 和 b.total,运行程序,看看结果是否会改变? 请思考为什么没有改变呢?

再请修改 main 函数为:

```
void main()
{    Account a;                    //定义 Account 类的变量(实例)a 和 b
     a.input();                    //输入储户 a 的信息
     a.show();                     //输出储户 a 的信息
     Account b;                    //定义 Account 类的变量(实例)a 和 b
     cout≪"目前储户人数:"≪a.total≪endl;//分析语句 1
     b.input();                    //输入储户 b 的信息
     b.show();                     //输出储户 b 的信息
     cout≪"目前储户人数:"≪a.total≪endl; //分析语句 2
}
```

请分析程序运行结果。

然后依次将程序中分析语句 1 中 a.total 改为 Account::total 和 b.total,在编译运行程序,如果可以正确运行,分析其运行结果,如果不能正确运行,请分析其原因。

2.静态成员函数

类的定义中,在成员函数定义或声明语句最前端加关键字 static,即为静态成员函数。与静态数据成员一样,静态成员函数属于某个类,不属于类的某个实例。静态成员函数只能直接访问本类的静态数据成员和静态成员函数,而不能直接访问类中的非静态成员。静态成员函数可实现类的多个实例间的数据共享。

静态成员函数的定义格式如下:

static 类型说明符 成员函数名(形参列表)

{ 函数体 }

静态成员函数在使用时要注意以下几点:

(1)如果在类体外定义一个静态成员函数,则只需要在类体内的静态成员函数声明前加关键字 static,在类体外的函数定义部分不需要再加 static。

(2)对于 public 权限的静态成员函数,可通过"类名::"或类的实例来调用。

【例 5-20】 银行储蓄用户类 Account 的静态成员函数的应用。

问题分析:

在银行账号类 Account 中定义一个静态成员函数 raiserate(),用于调整当前的活期储蓄利率。

程序代码如下:

```
# include <iostream.h>
```

```
class Account                          //定义银行储蓄用户类
{ private:
    static double rate;                //活期存储利率
    char no[10];                       //储户的账号
public:
    static int total;                  //储户总人数
    Account()   //构造函数
    {total++;}                         //每增加一个储户,总人数加一
    static void raiserate(double i);   //调整储蓄利率
    void   input();                    //输入函数
    void show();                       //输出函数
};
double Account::rate = 0.014;          //静态数据成员 rate 的初始化
int Account::total = 0;                //静态数据成员 total 的初始化
void Account::raiserate(double i)      //类外定义,不使用关键字 static
{    rate += i;}                       //静态成员函数直接访问静态数据成员
void   Account::input()
{    cout<<"请输入账号:";
     cin>>no;        }
void Account::show()
{    cout<< "账号:"<<no<<"的活期存储利率是:"<<rate<<endl;}
void main()
{    Account a,b;
     a.input();
     a.raiserate(0.002);               //通过对象名 a 访问 public 静态成员函数
     a.show();
     Account::raiserate(0.005);        //通过类名 Account 访问 public 静态成员函数
     b.input();
     b.show();
     cout<<"目前储户人数:"<<Account::total<<endl;
}
```

运行结果为:

请输入账号:s0001
账号:s0001 的活期存储利率是:0.016
请输入账号:s0002
账号:s0002 的活期存储利率是:0.021
目前储户人数:2

下面以实例来说明静态成员函数通过类的实例来间接访问类的非静态成员。

5.3.4 综合实例分析

【例 5-21】 在例 5-16 角色扮演游戏 Role-playing game 的基础上,增加统计游戏中 RPG
人物数量的功能。

问题分析:

统计游戏中目前的 RPG 玩家的数量,数量这一属性描述的是整个类的属性,不单属于某
个玩家个体,因此,这里采用静态成员来实现这一功能。

```cpp
#include <iostream.h>
#include <string.h>
class Player                                     //Player 类的定义
{
public:
    Player(char * ns = "winner",int ls = 1,int es = 100, int as = 10,int dps = 10);
    //带参构造函数
    Player(Player &tmp);                         //拷贝构造函数
    ~Player();                                   //析构函数
    void attack(Player &p);                      //发起攻击
    void levelup(int n);                         //升级
    void defence(Player &q);                     //抵抗
    void set(char * ns = "kitty",int ls = 3,int es = 200,int as = 30,int dps = 40);
    //设置初始值
    void show()const;                            //显示游戏人物的属性
    //const 成员函数,该函数只可以读取数据成员的值,但不能修改数据成员的值
    static void  get_num();                      //统计目前游戏中的人物数量
private:
    char * name;                                 //人物名称
    bool death;                                  //是否死亡
    int   level;                                 //等级
    int energy;                                  //能量值
    int ap;                                      //攻击能力
    int dp;                                      //抵抗能力
    static int   num;                            //游戏人物总数
};
Player::Player(char * ns,int ls,int es,int as,int dps)      //带参数的构造函数
{   cout << "构造了玩家" <<ns <<endl;
    name = new char[strlen(ns) + 1];             //动态申请内存空间
    if(name!= 0)
    strcpy(name,ns);
    level = ls;
```

```cpp
        energy = es;
        ap = as;
        dp = dps;
        death = (energy<=0? true:false);
        num++;                                    //游戏人物总数加1
    }
    Player::Player(Player &tmp)                    //拷贝构造函数
    {   cout<<"拷贝构造函数被调用"<<endl;
        name = new char[strlen(tmp.name)+1];       //动态申请内存空间
        if(name!=0)
            strcpy(name,tmp.name);
        cout <<"深拷贝构造了玩家 "<<name<<endl;
        death = tmp.death;
        level = tmp.level;
        energy = tmp.energy;
        ap = tmp.ap;
        dp = tmp.dp;
        num++;                                    //游戏人物总数加1
    }
    Player::~Player()                              //析构函数
    {   cout <<"析构玩家"<<name<<endl;
        name[0] = '\0';
        delete []name;                             //释放动态申请的内存空间
        num--;                                    //游戏人物总数减1
    }
    void Player::attack(Player &p)                 //发起攻击
    {   cout<<"\n 玩家奋起一跃,发起攻击吧!"<<endl;
        p.energy = p.energy - ap + p.dp;
    }
    void Player::levelup(int n)                    //升级
    {   level = level + n;}
    void Player::defence(Player &q)                //抵抗
    {
        cout<<"\n 玩家休息一下,开始抵抗!"<<endl;
        q.energy = q.energy - dp + q.ap;
    }
    void Player::set(char * ns,int ls ,int es ,int as ,int dps)   //设置玩家属性
    {
        name = new char[strlen(ns)+1];             //动态申请内存空间
```

```
        if(name!=0)
            strcpy(name,ns);
        level=ls;
        energy=es;
        ap=as;
        dp=dps;
        death=(energy<=0? true:false);
    }
    void Player::show() const              //显示玩家属性
    {
        cout<<"玩家姓名为:"<<name<<endl
            <<"当前能量值为:"<<energy<<endl
            <<"当前等级为:"<<level<<endl
            <<"当前攻击力为:"<<ap<<endl
            <<"当前抵抗力为:"<<dp<<endl;
        cout<<(death?"该玩家已经死亡!":"该玩家还未死亡呢!")<<endl;
    }
    void   Player::get_num()               //输出游戏人物数量的信息
    {
        cout<<"\n 目前游戏中的人物总数为:"<<num<<endl;
    }
    int Player:: num=0;                    //游戏人物总数初始化
    void main()
    {
        Player player1("marry"),player2;   //创建游戏人物 player1 和 player2
        cout<<"\n 玩家 player1 的战前信息是:"<<endl;
        player1.show();
        player2.set("warer",10,400,30,50); //设置游戏人物 player2 的属性
        cout<<"\n 玩家 player2 的战前信息是:"<<endl;
        player2.show();
        player2.attack(player1);           //玩家 player2 对 player1 发起攻击
        player1.levelup(40);               //玩家 player1 升级
        player1.defence(player2);          //玩家 player1 进行抵抗
        cout<<"\n 玩家 player1 的战后信息是:"<<endl;
        player1.show();
        cout<<"\n 玩家 player2 的战后信息是:"<<endl;
        player2.show();
        Player player3=player1;            //玩家 player1 拷贝,构造玩家 player3
        cout<<"\n 玩家 player3 的基本信息是:"<<endl;
```

```
        player3.show();
        Player::get_num();                    //统计目前游戏中的人物数量
}
```

运行结果：

构造了玩家 marry

构造了玩家 winner

玩家 player1 的战前信息是：

玩家姓名为:marry

当前能量值为:100

当前等级为:1

当前攻击力为:10

当前抵抗力为:10

该玩家还未死亡呢！

玩家 player2 的战前信息是：

玩家姓名为:warer

当前能量值为:400

当前等级为:10

当前攻击力为:30

当前抵抗力为:50

该玩家还未死亡呢！

玩家奋起一跃,发起攻击吧！

玩家休息一下,开始抵抗！

玩家 player1 的战后信息是：

玩家姓名为:marry

当前能量值为:80

当前等级为:41

当前攻击力为:10

当前抵抗力为:10

该玩家还未死亡呢！

玩家 player2 的战后信息是：

玩家姓名为:warer

当前能量值为:420

当前等级为:10

当前攻击力为:30

当前抵抗力为:50

该玩家还未死亡呢!

拷贝构造函数被调用

深拷贝构造了玩家 marry

玩家 player3 的基本信息是:

玩家姓名为:marry

当前能量值为:80

当前等级为:41

当前攻击力为:10

当前抵抗力为:10

该玩家还未死亡呢!

目前游戏中的人物总数为:3

析构玩家 marry

析构玩家 warer

析构玩家 marry

5.4 类的组合

在程序中,凡是变量可以出现的地方,对象都可以出现。前面的类定义中,数据成员都是变量,那么数据成员是否也可以是对象呢? 答案是肯定的。

当类的数据成员为其他类的对象时,就构成了类的组合。

在现实生活中也有很多类组合现象,实体对象的类型间都有一定的相关性。例如:台式机电脑是由显示器、主机、键盘、鼠标等部件构成的,那么在定义一个类描述“台式机”时,就可以由显示器、主机、鼠标、键盘等部件类组装成“台式机”类,即由多个简单对象组合成为一个复杂的对象,这体现了一种整体和部分的关系;因此,组合是一种以已有类的对象作为数据成员来创建新类的机制。

实现软件重用,提高程序开发效率是程序设计中的一个关键问题。面向对象程序设计中类的组合技术有助于解决这一问题。通过类的组合,可以在已有类的基础上进行组装,来创建新的类,这样就减少了不必要的类的重复开发工作。

5.4.1 组合类

1.定义组合类

类的数据成员可以是基本数据类型(int、char、float 等),也可以是某个已有类的对象,见例题 5-22。

【例 5-22】 定义线段类 Line。

问题分析:

两点确定一条线段,线段和点之间是整体与部分的关系,因此可以用类的组合来描述线段类。线段类 Line 的数据成员包括起点 p1 和终点 p2,p1 和 p2 是 Point 类的对象。线段类 Line 的成员函数包括初始化函数 init()、计算线段长度函数 length()、计算线段斜率函数

slope()和显示函数 display()。

程序代码如下：

```cpp
#include <iostream.h>
#include <math.h>
class Point                              //定义点类 Point
{
public：                                  //外部接口
    void initp(int a = 0,int b = 0)
    {x = a；y = b；}                       //初始化函数
    int Getx()
    { return x;}                          //获取横坐标 x
    int Gety()
    { return y;}                          //获取纵坐标 y
    void show()                           //显示函数
    { cout<<"横坐标:"<<x<<",纵坐标:"<<y<<endl;}
private：
    int   x；                             //点的横坐标
    int   y；                             //点的纵坐标
};
class Line                               //定义线段类 Line
{private：
    Point p1,p2；                         //定义 Point 类的对象
public：                                  //外部接口
    void init(Point pp1,Point pp2)        //初始化函数
    {   p1.initp(pp1.Getx(),pp1.Gety());  //起点 p1 初始化
        p2.initp(pp2.Getx(),pp2.Gety());  //终点 p2 初始化
    }
    void length()                         //计算线段的长度
    {   double len；
        int x1,y1,x2,y2；
        x1 = p1.Getx()；y1 = p1.Gety()；x2 = p2.Getx()；y2 = p2.Gety()；
        len = sqrt((x2 - x1) * (x2 - x1) + (y2 - y1) * (y2 - y1))；
        cout<<"线段的长度是"<<len<<endl；   }
    void slope()                          //计算线段的斜率
    {   double k；
        int x1,y1,x2,y2；
        x1 = p1.Getx()；y1 = p1.Gety()；x2 = p2.Getx()；y2 = p2.Gety()；
        k = (y2 - y1)/(x2 - x1)；
        cout<<"线段的斜率是"<<k<<endl；   }
    void display()                        //显示函数
```

```
    {   cout<<"线段的起点";
        p1.show();
        cout<<"线段的终点";
        p2.show();          }
};
void main()
{   Point p1,p2;                      //定义 Point 类的对象 p1,p2
    p1.initp(1,1);                    //初始化点 p1
    p2.initp(16,16);                  //初始化点 p2
    Line  line;                       //定义 Line 类的对象 line
    line.init(p1,p2);                 //点 p1,p2 初始化线段 line
    line.display();                   //输出线段的起点和终点
    line.length();                    //计算线段的长度
    line.slope();                     //计算线段的斜率
}
```

运行结果为：

线段的起点横坐标:1,纵坐标:1

线段的终点横坐标:16,纵坐标:16

线段的长度是 21.2132

线段的斜率是 1

分析：

在 Line 类中包含两个数据成员，即"Point p1,p2;"，则 p1 和 p2 为对象成员，Line 类为组合类。

main 函数被执行时，首先生成 Point 类的两个对象 p1 和 p2，然后通过调用成员函数 initp()对两点进行赋值；接着生成 Line 类的对象 line，执行 Line 类成员函数 init()，由点 p1 和 p2 组合初始化线段 line；最后输出线段的两个端点，计算线段的长度和斜率。

由上例可以看出，类的组合描述的就是以其他类的对象作为本类数据成员的情况（内嵌的对象成员），这是一种整体与部分的关系。当设计一个较复杂的类时，就可以理解为一些简单类（部件）的组合，这些部件类比起其高层类，更容易设计和实现。

2.组合类对象的构造与析构

当创建一个组合类对象时，类中的内嵌对象成员也将被自动创建，那么编译器在调用构造函数时怎样才能实现内嵌对象成员的初始化呢？

下面首先将前面例 5-22 中 Point 类的初始化函数 initp()改为用构造函数进行初始化，代码如下：

```
Point(int a = 0,int b = 0)              //Point 类的构造函数
{
    x = a;
    y = b;
    cout<<"构造了一个点"<<"("<<x<<","<<y<<")"<<endl; }
```

　　由于线段类 Line 的构造函数不能直接访问内嵌对象 p1、p2 的私有数据成员（横坐标 x、纵坐标 y），因此采用构造函数函数体内直接赋值的方法无法完成组合类对象成员的初始化工作。C＋＋中提供带"成员初始化列表"的构造函数解决上述问题，也可以用来对基本类型数据成员进行初始化（比在构造函数体内直接赋值的执行效率更高）。

　　在无继承派生关系的情况下，带"成员初始化列表"的组合类构造函数定义形式为：

　　类名(形参表)：对象 1(形参 1)，对象 2(形参 2)，…，对象 n(形参 n)，其他变量(形参)

　　{

　　函数体

　　}

　　其中：对象 1，对象 2，…，对象 n 都是组合类中的内嵌对象成员，其他变量是组合类中的基本类型数据成员，"："后面的列表称为"成员初始化列表"，"成员初始化列表"中的形参均可以从形参表中得到。

　　注意：

　　"成员初始化列表"中要给出的是对象成员名，而不是对象成员的类名。

　　编译器在调用带"成员初始化列表"的组合类构造函数时，首先执行内嵌对象成员的构造函数完成初始化工作，然后再对组合类中的基本类型数据成员进行初始化，即"成员初始化列表"中的其他变量，最后执行构造函数的函数体部分。

　　在例 5-22 中组合类 Line 的构造函数可以定义为以下形式：

　　Line(int xx1,int yy1,int xx2,int yy2)：p1(xx1,yy1),p2(xx2,yy2)

　　　　　　//组合类 Line 的构造函数

　　{ cout<<"构造了一条线段"<<endl;　　　}

　　对例 5-22 的代码进行修改，程序代码如下：

```cpp
#include <iostream.h>
#include <math.h>
class Point    //定义点类 Point
{
public：    //外部接口
    Point(int a=0,int b=0)：x(a),y(b)    //Point 类的构造函数
    {cout<<"构造了一个点"<<"("<<x<<","<<y<<")"<<endl；}
    int Getx()
    { return x；}
    int Gety()
    { return y；}
    void show()
    {cout<<"横坐标："<<x<<",纵坐标："<<y<<endl；}  //显示函数
private：
    int   x;          //点的横坐标
    int   y;          //点的纵坐标
};
```

```cpp
class Line                  //定义线段类 Line
{
private：
    Point p1,p2；           //定义 Point 类的对象 p1,p2
public：                    //外部接口
    Line(int xx1,int yy1,int xx2,int yy2):p1(xx1,yy1),p2(xx2,yy2)
    //组合类 Line 的构造函数
    { cout<<"构造了一条线段"<<endl；   }
    void length()    //计算线段的长度
    {
        double len；
        int x1,y1,x2,y2；
        x1 = p1.Getx()；
        y1 = p1.Gety()；
        x2 = p2.Getx()；
        y2 = p2.Gety()；
        len = sqrt((x2 - x1) * (x2 - x1) + (y2 - y1) * (y2 - y1))；
        cout<<"线段的长度是"<<len<<endl；
    }
    void slope()        //计算线段的斜率
    {
        double k；
        int x1,y1,x2,y2；
        x1 = p1.Getx()；
        y1 = p1.Gety()；
        x2 = p2.Getx()；
        y2 = p2.Gety()；
        k = (y2 - y1)/(x2 - x1)；
        cout<<"线段的斜率是"<<k<<endl；
    }
    void display()    //显示函数
    {
        cout<<"线段的起点"；
        p1.show()；
        cout<<"线段的终点"；
        p2.show()；
    }
};
void main()
```

```
{    Line    line(1,1,50,30);              //建立 Line 类的对象 line
     line.display();                       //输出线段的起点和终点
     line.length();                        //计算线段的长度
     line.slope();                         //计算线段的斜率
}
```

运行结果为：

构造了一个点(1,1)

构造了一个点(50,30)

构造了一条线段

线段的起点横坐标:1,纵坐标:1

线段的终点横坐标:50,纵坐标:30

线段的长度是 56.9386

线段的斜率是 0

注意：

在 C++语言中,一个类中的常量数据成员和引用数据成员也必须使用带"成员初始化列表"的构造函数来进行初始化。例如：

```
class A
{ public：
     A(int i)：test1(10),test2(i)
          {     }
protected：
     const int test1；                     //常量数据成员 test1
     int   &test2；                        //引用数据成员 test2
};
```

若组合类中有多个构造函数和析构函数,在定义一个组合类对象时,构造函数和析构函数的调用遵循如下规则：

(1)如果创建组合类的对象时没有指定初始值,则自动调用无形参的默认构造函数,对应也调用内嵌对象的无参默认构造函数。

(2)先调用内嵌对象的构造函数,然后再执行本类构造函数的函数体。

(3)内嵌对象构造函数的调用顺序与内嵌对象在"成员初始化列表"中的顺序无关,与在组合类中声明的次序有关。

(4)析构函数的执行顺序与构造函数的执行顺序相反。

【例 5-23】 定义部件类和整体类。

问题分析：

定义类 Part 表示台式机部件类,类 Whole 表示台式机整体类,通过类的组合机制来模拟部件与整体的组装关系,并测试在构造一个组合类的对象时,构造、析构函数的调用顺序。

程序代码如下：

```
#include <iostream.h>
```

```cpp
class Part                          //部件类定义
{
private：
    int    length；
public：
    Part()
    {
        length = 5；
        cout<<"调用 Part 类的默认构造函数"<<endl；
    }
    Part(int k):length(k)
    {
        cout<<"调用 Part 类的带参数构造函数"<<endl；
    }
    ～Part()
    {
        cout<<"调用 Part 类的析构函数"<<endl；
    }
}；
class    Whole                      //整体类定义
{
private：
    int weight；
    Part    p1,p2；
public：
    Whole()
    {
        weight = 0；
        cout<<"调用 Whole 类的默认构造函数"<<endl；
    }
    Whole(int a,int b,int c)：p1(b),p2(c)，weight(a)
    {
        cout<<"调用 Whole 类的带参数构造函数"<<endl；
    }
    ～Whole()
    {
        cout<<"调用 Whole 类的析构函数"<<endl；
    }
}；
void main()
```

```
{
    Whole   w1；
    Whole   w2(5,10,15)；
}
```

运行结果为：

调用 Part 类的默认构造函数

调用 Part 类的默认构造函数

调用 Whole 类的默认构造函数

调用 Part 类的带参数构造函数

调用 Part 类的带参数构造函数

调用 Whole 类的带参数构造函数

调用 Whole 类的析构函数

调用 Part 类的析构函数

调用 Part 类的析构函数

调用 Whole 类的析构函数

调用 Part 类的析构函数

调用 Part 类的析构函数

分析：

主程序执行时，第一步：生成整体类 Whole 的无参对象 w1。在调用整体类 Whole 的默认构造函数之前，先调用部件类 Part 的默认构造函数两次，分别初始化 w1 中的对象成员 p1 和 p2，然后执行类 Whole 默认构造函数的函数体。

第二步：生成一个整体类 Whole 的带参数对象 w2。首先调用类 Part 的带参数构造函数两次，分别初始化 w2 的对象成员 p1 和 p2，然后初始化 w2 的基本类型数据成员 weight，最后执行类 Whole 带参数构造函数的函数体。

析构函数的调用顺序和构造函数相反，程序运行结果验证了上述调用规则。

5.4.2 前向引用声明

【例 5-24】 前向引用实例。

程序代码如下：

```
#include <iostream.h>
class First  //First 类的定义
{
public：
    void   fun1(Second   a)；  //以 Second 类对象 a 为形参的成员函数声明
}；
class Second  //Second 类的定义
{
public：
```

```
        void   fun2(First  f);     //以 First 类对象 f 为形参的成员函数声明
};
void main()
{
        First   frt;
        Second  scd;
}
```

编译程序会发现错误。syntax error：identifier 'Second'

分析其原因在于，在 C++中，类应该先定义，后使用。上例中在定义 Second 类前就被 First 类所引用。上述错误说明，函数 fun1 声明中出现的形参类型 Second 是未定义的。即使把程序中这两个类的定义交换顺序，也无法解决上述问题，仍会引起编译错误。解决上述问题的方法，就是使用前向引用声明。

前向引用声明，是在引用未定义的类之前，将该类的名字告诉编译器，使编译器知道那是个类名；前向引用声明仅仅是为程序引入一个标识符来声明该类，而类的完整定义可以放在程序的其他地方。

上述程序只要加入前向引用声明，问题就解决了，**代码如下：**

```
#include <iostream.h>
class Second;
class First  //First 类的定义
{
public：
        void   fun1(Second   a)；        //以 Second 类对象 a 为形参的成员函数声明
};
class Second                             //Second 类的定义
{
public：
        void   fun2(First   f)；         //以 First 类对象 f 为形参的成员函数声明
};
void main()
{
        First   frt；
        Second   scd；
}
```

注意：

使用前向引用声明并不是万能的，它只能使用被声明的符号，而不能涉及类的任何细节，即在提供完整的类定义之前不能定义该类的对象，也不能在内联的成员函数中使用该类的对象，但可以定义指向该类对象的指针。请看下面的程序：

```
class Second；
class First
```

```
{
public：
    void fun1(Second  a)；           //正确
private：
    Second  z；  //错误，类 Second 定义不完善，编译器不知道为对象 z 分配多大空间
}；
class Second
{
public：
    void fun2(First  f)；           //正确
private：
    First  * y；  //正确，对象指针占用空间都一样，编译器可以为指针 y 分配空间
}；
void main()
{   First  frt；
    Second  scd；
}
```

5.4.3 综合实例分析

【例 5-25】 在例 5-22 角色扮演游戏 Role－playing game 的基础上，给游戏人物增加一个随身药品包 Drug 类的对象 drug，药品包 drug 里放着能量恢复药和提升攻击力的药剂。

问题分析：

每个游戏人物不论是攻击方还是抵抗方，都拥有的共同属性，包括人物名称 name、生命能量值 energy、攻击力 ap、抵抗力 dp、等级 level、是否死亡 death 和药品包 drug。药品包类 Drug 的定义如下：

```
class Drug
{
protected：
    int  numenergy；                    //能量恢复药剂的数量
    int  numapup；                      //提升攻击力的药剂数量
public：
    bool Isenergy()
    {   return numenergy==0? true：false；}   //是否还有能量恢复药剂
    bool Isapup()
    {   return numapup==0? true：false；}     //是否还有提升攻击力量的药剂
    void display()                           //显示剩余药剂数量
{cout<<"能量恢复药剂(能量值 energy+150)还有 "<<numenergy<<"盒"<<endl；
 cout<<"提升攻击力量药剂(攻击力 ap+50)"<<numapup<<"盒"<<endl；
```

```
    }
};
```

用面向对象方法描述游戏人物类和药品包类 Drug 的 UML 图如图 5.4 所示：

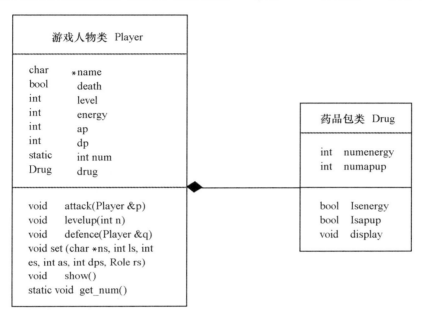

图 5.4　类 Player 和类 Drug 的 UML 图表示

程序代码如下：

```
#include <iostream.h>
#include <string.h>
class Drug                          //药品包类的定义
{
protected：
    int    numenergy；                //能量恢复药剂的数量
    int    numapup；                  //提升攻击力的药剂数量
public：
    Drug(int ne = 2,int nap = 2)     //药品包类的构造函数定义
    {
        numenergy = ne；
        numapup = nap；
        cout<<"构造了药品包！"<<endl；
    }
    bool Isenergy()                  //是否还有能量恢复药剂
    {   return numenergy == 0? true:false；   }
    bool Isapup()                    //是否还有提升攻击力量的药剂
    {   return numapup == 0? true:false；     }
```

```
    void display()                           //显示剩余药剂数量
    {cout<<"能量恢复药剂(能量值 energy+150)有"<<numenergy<<"盒"<<endl;
     cout<<"提升攻击力量药剂(攻击力 ap+50)有"<<numapup<<"盒"<<endl;
    }
};
class Player                                 //Player 类的定义
{
private:
    char * name;                             //人物名称
    bool death;                              //是否死亡
    int   level;                             //等级
    int energy;                              //能量值
    int ap;                                  //攻击能力
    int dp;                                  //抵抗能力
    static int   num;                        //游戏人物总数
    Drug drug;                               //药品包
public:
    Player(char *  ns = "winner",int ls = 1,int es = 100,int as = 10,int dps = 10,int nee
= 2,int napp = 2):drug(nee,napp)             //带参数的构造函数
    {
        cout <<"构造了玩家" <<ns <<endl;
        name = new char[strlen(ns) + 1];     //动态申请内存空间
        if(name! = 0)
            strcpy(name,ns);
        level = ls;
        energy = es;
        ap = as;
        dp = dps;
        death = (energy<= 0? true:false);
        num++ ;
    }
    Player(Player &tmp):drug(tmp.drug)       //拷贝构造函数
    {
        cout<<"拷贝构造函数被调用"<<endl;
        name = new char[strlen(tmp.name) + 1];   //动态申请内存空间
        if(name! = 0)
            strcpy(name,tmp.name);
        cout <<"深拷贝构造了玩家 " <<name <<endl;
        death = tmp.death;
```

```
        level = tmp.level;
        energy = tmp.energy;
        ap = tmp.ap;
        dp = tmp.dp;
        num++;
    }
    ~Player()                                        //析构函数
    {
        cout <<"析构玩家" <<name <<endl;
        name[0] = '\0';
        delete []name;           //释放动态申请的内存空间
        num--;
    }
    void   attack(Player &p)          //发起攻击
    {
        if(drug.Isenergy())
        {
            cout<<"玩家奋起一跃,发起攻击吧!"<<endl;
            p.energy = p.energy - ap + p.dp;
        }
    }
    void   levelup(int n)                                    //升级
    {
        if(drug.Isapup())
            level = level + n;
    }
    void   defence(Player &q)                                //抵抗
    {
        cout<<"玩家休息一下,开始抵抗!"<<endl;
        q.energy = q.energy - dp + q.ap;
    }
    void   set(char * ns = "kitty",int ls = 3 ,int es = 200 ,int as = 30 ,int dps = 40)
    //设置玩家属性
    {
        name = new char[strlen(ns) + 1];       //动态申请内存空间
        if(name! = 0)
            strcpy(name,ns);
        level = ls;
```

```
            energy = es；
            ap = as；
            dp = dps；
            death = (energy<= 0?  true：false)；
        }
    void   show()        //显示玩家属性
    {
        cout<<"\n"<<"玩家姓名为："<<name<<"\n"
            <<"当前能量值为："<<energy
            <<"\n"<<"当前等级为："<<level<<"\n"<<"当前攻击力为："<<ap
            <<"\n"<<"当前抵抗力为："<<dp<<endl；
        cout<<(death?"该玩家已经死亡！"："该玩家还未死亡呢！")<<endl；
        drug. display()；
    }
    static void   get_num() //输出游戏人物数量的信息
    {
        cout<<"目前游戏中的人物总数为："<<num；
    }
};
int Player∷ num = 0；
void main()
{    Player player1("marry")；
     cout<<"玩家 player1 的基本信息是："<<endl；
     player1.show()；
}
```

运行结果为：
构造了药品包！
构造了玩家 marry
玩家 player1 的基本信息是：

玩家姓名为：marry
当前能量值为：100
当前等级为：1
当前攻击力为：10
当前抵抗力为：10
该玩家还未死亡呢！
能量恢复药剂(能量值 energy + 150)有 2 盒
提升攻击力量药剂(攻击力 ap + 50)有 2 盒
析构玩家 marry

分析：

主程序在执行时，首先生成类 Drug 的对象 drug，然后构造组合类 Player 的对象 player1，输出对象 player1 的信息，最后执行析构函数。

对象 player1 的构造过程分三步进行：

第一步：主程序中的对象 player1 与类 Player 构造函数中的参数进行形实结合，这时会首先调用 Drug 类的构造函数。

第二步：调用 Drug 类的有参构造函数初始化 Player 类的对象成员 drug。

第三步：执行 Player 类构造函数的函数体完成对基本类型数据成员 name、death、level、energy、ap、dp 的初始化。

5.5　友元

【例 5-26】　计算平面上两点间距离。

问题分析：

平面上两点间距离，即两点横坐标之差平方与两点纵坐标之差平方相加后开方。

编写求平面上两点间距离的函数如下：

```
double Distance(Point& a，Point& b)
{    double dx = a. X − b. X；
     double dy = a. Y − b. Y；
     return sqrt(dx ∗ dx + dy ∗ dy)；
}
```

为此需要定义一个 Point 类，如下：

```
class Point
{ public：   Point(int xx = 0, int yy = 0)   {   X = xx；Y = yy；   }
             int GetX() {return X；}
             int GetY() {return Y；}
  private：    int X，Y；
};
```

可以发现，在 Distance 函数中需要通过对象名访问类的私有成员 X 和 Y，而在前面的学习过程中，已经知道，在类外，通过对象名，只能访问类的公有成员，是不允许访问私有成员的。所以这种用法是不允许的，那么问题来了，如果程序员希望 Distance 函数和 Point 类的定义不变，而程序还是正确的，该如何实现呢？

这个问题的实质就是有些普通函数能够访问类中保护或私有的成员，以提高效率，方便编程。为此 C++ 中引入了友元的概念来解决这类问题。友元提供了不同类或对象的成员函数间、类的成员函数与一般函数间进行数据共享的机制。

友元包括友元函数和友元类。

5.5.1　友元函数

在 C++ 程序中，当一个普通函数需要频繁地访问某个类的私有、保护数据成员时，可将该普通函数声明为某个类的友元函数,在操作类的私有、保护成员的同时最大程度的保护成员的安全性,避免了类成员函数的频繁调用,节省了内存开销,提高了程序的执行效率。

　　友元函数是一种可以访问类的私有、保护数据成员的非成员函数。友元函数定义在欲访问类的外部,但在类的内部需增加友元函数的声明。友元函数声明可以放在类的任何位置,但是需要在函数返回类型前加关键字 friend,声明格式如下:

friend　类型说明符　函数名(形参表);

注意:

友元函数访问类的私有、保护权限的数据成员时必须通过对象名访问。

【例 5-27】 计算平面上两点间距离。

完整程序如下:

```cpp
#include <iostream.h>
#include <math.h>
class Point
{
public:
    Point(double xx = 0, double yy = 0)
    {
        X = xx;
        Y = yy;    }
    double GetX()
    {
        return X;
    }
    double GetY()
    {
        return Y;
    }
    friend double Distance(Point &a, Point &b);
private: double X, Y;
};
double Distance(Point& a, Point& b)
{    double dx = a.X - b.X;
    double dy = a.Y - b.Y;
    return sqrt(dx * dx + dy * dy);
}
void main()
{
    Point p1(3.0, 5.0), p2(4.0, 6.0);
```

```
    double d = Distance(p1, p2);
    cout<<"The distance is "<<d<<endl;
}
```

运行结果为:

The distance is 1.41421

分析:

主函数中构造了两个 Point 类的对象 p1 和 p2,通过友元函数 Distance()计算两点间距离,并输出其结果。

注意:

也可以声明一个类的成员函数为另一个类的友元函数,声明格式为:

friend 类型说明符 类名∷函数名(形参表);

5.5.2 友元类

当一个类欲存取另一个类的私有、保护成员时,可以将该类声明为另一类的友元类。声明友元类的语句格式为:

friend class 类名;

此时,友元类的所有成员函数都是另一个类的友元函数,均可以访问另一个类隐藏封装的信息(私有成员和保护成员)。使用友元类时应注意以下几点:

(1)友元关系不能被继承。

(2)友元关系是单向的。若类 B 是类 A 的友元,类 A 不一定是类 B 的友元,而是需要看在类中是否有相应的声明。

(3)友元关系不具有传递性。若类 B 是类 A 的友元,类 C 是 B 的友元,类 C 不一定是类 A 的友元,同样要看类中是否有相应的声明。

5.6 应用实例

【例 5-28】 用面向对象的方法实现游戏人物的对抗程序。

问题分析:

综合本章节的上述知识点,在程序中需要设计游戏人物类 Player 和药品包类 Drug,两个类之间为组合关系,类 UML 图如图 5.5 所示。

其中 Player 类应具有构造函数、析构函数、拷贝构造函数、攻击函数 attack、升级函数 level-up、抵抗函数 defence、设置函数 set、同时显示两个游戏人物属性的函数 show(声明为友元函数)、输出游戏人物数量函数 get_num(声明为静态成员函数);Player 类具有游戏人物名称 name、是否死亡 death、等级 level、能量值 energy、攻击能力 ap、抵抗能力 dp、游戏人物总数 num(静态)、药品包 drug 等属性;其中药品包 drug 为自定义类 Drug 类型的对象。

药品包类 Drug 应具有能量恢复药剂的数量 numenergy、提升攻击力的药剂数量 numapup 等属性,还应该具有判断是否还有能量恢复药剂函数 Isenergy、是否还有提升攻击力的药剂函数 Isapup、显示函数 display 等成员函数。

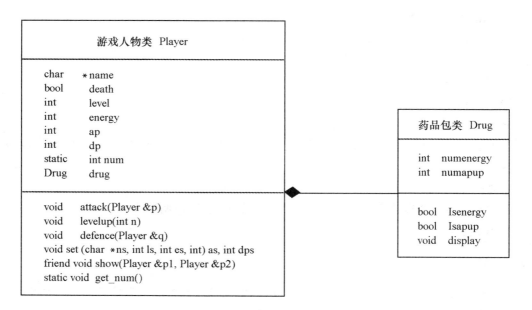

图 5.5　类 Player 和类 Drug 的 UML 图表示

程序源代码如下：
```cpp
# include <iostream.h>
# include <string.h>
class Drug                          //药品包类的定义
{
    friend class Player;    //使用药品后会对药品包内的物品数进行修改，因此为友元类
protected：
    int    numenergy;               //能量恢复药剂的数量
    int    numapup;                 //提升攻击力的药剂数量
public：
    Drug(int ne = 2,int nap = 2)    //药品包类的构造函数定义
    {
        numenergy = ne；
        numapup = nap；
        cout<<"构造了药品包！"<<endl；
    }
    bool Isenergy()                 //是否还有能量恢复药剂
    {   return numenergy == 0? true:false；   }
    bool Isapup()                   //是否还有提升攻击力量的药剂
    {   return numapup == 0? true:false；   }
    void display()                  //显示剩余药剂数量
    {
```

```
        cout<<"能量恢复药剂(能量值 energy + 150)有"<<numenergy<<"盒"<<endl;
        cout<<"提升攻击力量药剂(攻击力 ap + 50)有"<<numapup<<"盒"<<endl;
    }
};
class Player                                    //Player 类的定义
{
private：
    char ∗ name；                              //人物名称
    bool death；                                //是否死亡
    int    level；                              //等级
    int energy；                                //能量值
    int ap；                                    //攻击能力
    int dp；                                    //抵抗能力
    static int    num；                         //游戏人物总数
    Drug drug；                                 //药品包
public：
    Player(char ∗  ns = "winner",int ls = 1,int es = 100,int as = 10,int dps = 10,
int nee = 2,int napp = 2)：drug(nee,napp)        //带参数的构造函数
    {
        cout <<"构造了玩家" <<ns <<endl；
        name = new char[strlen(ns) + 1]；        //动态申请内存空间
        if(name! = 0)
            strcpy(name,ns)；
        level = ls；
        energy = es；
        ap = as；
        dp = dps；
        death = (energy<= 0? true：false)；
        num + + ；
    }
    Player(Player &tmp)：drug(tmp.drug)          //拷贝构造函数
    {
        cout<<"拷贝构造函数被调用"<<endl；
        name = new char[strlen(tmp.name) + 1]；   //动态申请内存空间
        if(name! = 0)
            strcpy(name,tmp.name)；
        cout <<"深拷贝构造了玩家 " <<name <<endl；
        death = tmp.death；
```

```cpp
                level = tmp.level;
                energy = tmp.energy;
                ap = tmp.ap;
                dp = tmp.dp;
                num++;
            }
        void  set(char * ns = "kitty",int ls = 3 ,int es = 200 ,int as = 30 ,int dps = 40)
                //设置玩家属性
        {
            name = new char[strlen(ns) + 1];                    //动态申请内存空间
            if(name! = 0)
                strcpy(name,ns);
            level = ls;
            energy = es;
            ap = as;
            dp = dps;
            death = (energy<= 0?  true:false);
            drug.numenergy = level * 2;//通过对象 drug 设置类 Drug 的保护成员 numenergy
            drug.numapup = level * 2;//通过对象 drug 设置类 Drug 的保护成员 numapup
        }
        friend void show(Player &p1,Player &p2);
};
void   show(Player &p1,Player &p2)                              //显示两个玩家的属性
{
        cout<<"玩家 1 的基本信息是:"<<endl;
        cout<<"姓名:"<<p1.name<<"/"<<"能量:"<<p1.energy<<"/"
            <<"等级:"<<p1.level<<"/" <<"攻击力:"<<p1.ap<<"/"
            <<"抵抗力:"<<p1.dp<<endl;
        cout<<(p1.death?"该玩家已经死亡!":"该玩家还未死亡呢!")<<endl;
        p1.drug.display();
        cout<<"玩家 2 的基本信息是:"<<endl;
        cout<<"姓名:"<<p2.name<<"/"<<"能量:"<<p2.energy<<"/"
            <<"等级:"<<p2.level<<"/" <<"攻击力:"<<p2.ap<<"/"
            <<"抵抗力:"<<p2.dp<<endl;
        cout<<(p2.death?"该玩家已经死亡!":"该玩家还未死亡呢!")<<endl;
        p2.drug.display();
}
int Player:: num = 0;
```

```
void main()
{
        Player player1("marry"),player2;
        show(player1,player2);
}
```

运行结果为：

构造了药品包！

构造了玩家 marry

构造了药品包！

构造了玩家 winner

玩家 1 的基本信息是：

姓名：marry/能量：100/等级：1/攻击力：10/抵抗力：10

该玩家还未死亡呢！

能量恢复药剂（能量值 energy＋150）有 2 盒

提升攻击力量药剂（攻击力 ap＋50）有 2 盒

玩家 2 的基本信息是：

姓名：winner/能量：100/等级：1/攻击力：10/抵抗力：10

该玩家还未死亡呢！

能量恢复药剂（能量值 energy＋150）有 2 盒

提升攻击力量药剂（攻击力 ap＋50）有 2 盒

5.7　小结

　　类与对象是面向对象程序设计的核心概念，类是对同一类事物共性的抽象描述，是在结构体基础上进行了扩充的自定义数据类型，实现了对同类事物的属性和功能的封装，即一组变量及其操作函数的组合。类中的变量称为类的数据成员，函数称为类的成员函数。类成员按访问控制权限可分为 3 类：公有成员（public）、保护成员（protected）、私有成员（private），实现了数据隐藏。

　　类的成员函数可以是内联函数、无参函数、重载函数、带默认形参值的函数。类的数据成员可定义为常数据成员和静态数据成员，类的成员函数同样也可以定义为常成员函数和静态成员函数。类的常成员可实现类成员的保护属性设置，静态成员可实现同一个类的不同对象之间数据和操作的共享。

　　对象是类的实例，对象定义时系统分配内存空间，一个对象所占的内存空间是其数据成员所占内存空间的总和。对象可以是常对象，也可构成对象数组、对象指针等。

　　构造函数和析构函数可以完成定义时的初始化工作与消亡时的内存清理工作。一个类可以有多个构造函数，构造函数可重载；一个类只有一个析构函数，不能重载。拷贝构造函数可实现用已有对象来初始化新对象。

　　组合类描述了类之间的整体与部分的关系。类的数据成员如果是某个类的对象，则该类称为组合类。组合类对象的构造函数采用带初始化参数列表的形式，先按内嵌对象成员在类中的声明顺序调用其构造函数，最后调用该组合类的构造函数。析构的顺序与构造顺序相反。

友元实现了不同类的成员函数之间、类成员函数与普通函数之间的数据共享。友元可以是友元函数，也可以是友元类。

⑦ 习题

一、改错题（下面程序各有一处错误，请找出并改正）

1. 指出下面代码中的错误，并改正。

```
class   Fun
｛ public：
        Fun(int   k)：value(k) ｛ ｝
        ～Fun() ｛ ｝
    private：
        int   value＝0；
｝；
```

错误语句是：＿＿＿＿＿＿＿＿＿＿＿＿＿＿＿＿＿＿＿＿＿＿＿＿＿

改正为：＿＿＿＿＿＿＿＿＿＿＿＿＿＿＿＿＿＿＿＿＿＿＿＿＿＿＿＿

2. 指出下面代码中的错误，并改正。

```
class   Test
｛    private：
        int i；
        int j；
｝
Test.j＝0；
```

错误语句是：＿＿＿＿＿＿＿＿＿＿＿＿＿＿＿＿＿＿＿＿＿＿＿＿＿

改正为：＿＿＿＿＿＿＿＿＿＿＿＿＿＿＿＿＿＿＿＿＿＿＿＿＿＿＿＿

3. 指出下面代码中的错误，并改正。

```
class Myclass
｛    private：
    int   member；
public：
    Myclass()
    ｛member＝1； ｝
    Myclass(int i＝1)
    ｛member＝i;｝
｝；
void main()
```

```
{    Myclass a(20);
     Myclass b;
}
```

错误语句是：_____

改正为：_____

4．指出下面代码中的错误，并改正。

```
# include <iostream.h>
class A
{    private：  int x;
public：  static void f(A a);
};
void A::f(A a)
{    cout<<x;   }
```

错误语句是：_____

改正为：_____

5．指出下面代码中的错误，并改正。

```
# include <iostream.h>
class Point
{    private：
         int x,y;
     public：
         Point(int xp＝0,int yp＝0)
         {  x＝xp;
            y＝yp;    }
};
class Line
{    private：
         Point p1,p2;
     public：
         Line(Point xp1,Point xp2):Point(xp1),Point(xp2) {   }
};
void main()
{    Point t1(3,6),t2(5,9);
     Line   tmpline(t1,t2); }
```

错误语句是：_____

改正为：_____

二、填空题

1．若需要把一个函数 void　F()；定义为一个类 AB 的友元函数,则应在类 AB 的定义中加入一条语句_____。

2. 假定类 Test 为一个类, int fun() 为该类的一个成员函数, 若该成员函数在类定义体外定义, 则该函数头应写为_____。

3. 如下类定义中包含了构造函数和拷贝构造函数的原型声明, 请在横向处填写正确的内容, 使拷贝构造函数的声明完整。

```
class myclass
{
private：int data;
public：  myclass(int value);              //构造函数
    myclass(_____);        //拷贝构造函数
};
```

4. 程序中定义了两个类 AA 和 BB, 其中函数 print 是类 AA 的成员函数, 是类 BB 的友元函数, 通过对象 print 函数可以访问类 BB 的私有数据 s。

```
#include <iostream>
using namespace std;
class BB;
class AA
{private：
      int   t;
public：
      AA(int x)   { t = x; }
      void print(BB &b);
};
class BB
{private：
      int s;
public：
      BB(int y)   { s = y; }

_____
};
void AA∷print(BB &b)
{cout<<"AA： "<<t<<"; BB： "<<b.s<<endl;}
int main()
{    AA m(6);
     BB n(8);
     m.print(n);
}
```

程序的运行结果为:

　　AA:6;BB:8
　5.有如下程序:
　　＃include ＜iostream.h＞
　　class A
　　{public:A(){cout＜＜"A";}
　　~A(){cout＜＜"A";}
　　};
　　class B
　　{A a;
　　public:
　　　　B(){cout＜＜"B";}
　　　　~B(){cout＜＜"B";}
　　};
　　void main()
　　{　B b;　}
　　程序的输出结果是＿＿＿＿＿＿＿＿＿＿＿＿＿＿＿＿＿＿＿＿＿＿＿＿＿＿。

三、程序设计题

　1.声明一个名为 Triangle 的三角形类,类的属性为三个顶点的坐标,并有成员函数可以计算三角形的周长。

　2.声明圆形 Circle 类和矩形 Rect 类,两个类内都有 area 属性,定义一个友元函数 Totalarea()计算两个图形的面积总和。

　3.统计平面上已创建点的个数,并进行测试。

　4.声明一个 employee 类,其中包含姓名、街道地址、城市和邮编等属性,以及 change_name()和 display()等函数。display()显示姓名、街道地址、城市和邮编等属性,change_name()改变对象的姓名属性,实现并测试这个类。在 main 函数中声明包含 5 个元素的对象数组,每个元素都是 employee 类型的对象。

二维码 5-1　习题参考答案

第 6 章 继承与派生

6.1 基本概念

继承是面向对象程序设计语言的一种重要机制,目的在于解决代码的重用问题,该机制为一个类提供自动拥有来自另一个类的数据结构和操作。

6.1.1 继承的概念

在自然界中,事物间往往不是独立的,而是存在着复杂的联系,继承就是许许多多不同联系中的一种形式。面向对象中"继承"的概念与日常所说的"继承"类似,即继续前人的工作。以前人所做工作为基础,当前人的工作不完善或不能适应新的需要;为了更好地工作必须增加新的内容。继承的层次关系是一个由一般到特殊的过程;下层具有了上层的特性和功能,是在吸取了上层的特性和功能基础上,增加、改造后得到的,即下层是对上层的继承。

例如,图 6.1 表示学生类的层次关系。学生是一个通用的概念,而小学生、中学生、大学生和研究生都属于特殊的学生,不但拥有学生的共性,也具有自己的个性。

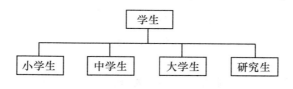

图 6.1 学生类的层次图

又如图 6.2 所示的交通工具间层次关系。

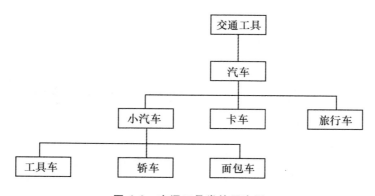

图 6.2 交通工具类的层次图

在继承关系中,分为上层和下层,称上层的类为基类(或父类),下层的类为派生类(或子类)。基类用来描述一般、共同的特性和功能,派生类则描述特定、特有的特性和功能。

因此,继承给出了面向对象程序设计两个思路:一个是从抽象概念出发,抓住问题核心功能,然后进一步得到具体特性和功能,即特殊化设计思路;另一个思路是将已存在类的共同特性和功能进行抽象和提取,形成一般共同的基类,即一般化设计思路。

类的继承与派生机制,允许在保持已有类的属性与行为特征基础上,根据具体问题,通过修改、扩展所需要的特性和功能特征,从而快速构建新问题实现的代码。其中,修改和扩展都是为了解决新问题。派生类(子类)也可以作为基类,进一步派生新的类,从而形成类的多层次结构。

6.1.2　派生类的定义

一个基类可以被一个或多个派生类继承,一个派生类也可以同时有多个基类。一个派生类有一个直接基类称为单继承,有多个直接基类称为多继承,关于多继承的派生类将在 6.4 节详细讨论。

在 C++中,派生类的一般语法形式为:

class 派生类名:继承方式 基类名

{

　　　　派生类成员声明;

};

其中:

(1)派生类名即要构建的新类名称。

(2)继承方式:是指基类对派生类的对象访问基类成员的授权,即派生类对象访问基类成员的控制。继承方式有三种方式:public(公有继承)、protected(保护继承)和 private(私有继承)。缺省的继承方式为私有继承。

(3)派生类中只需要声明新增加的成员和基类成员中需要修改的成员。

【例 6-1】　派生类的定义。

学生类的层次关系如图 6.1 所示。用 UML 图可以表示如图 6.3 所示。

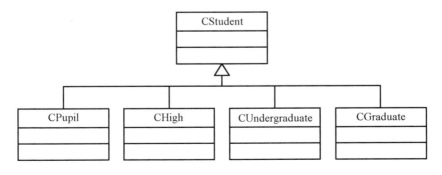

图 6.3　学生类的 UML 图

图 6.3 中 CStudent 类定义如下:

class CStudent

```
{    public：
        char  * getName ();          //获取姓名
        int    getAge();             //获取年龄
        char getSex();               //获取性别
        float getScore ();           //获取学习成绩
     private：
        char  * chName;              //姓名
        char chSex;                  //性别
        int nAge;                    //年龄
        float fScore;                //学习成绩
};
```

派生类 CUndergraduate 定义如下：

```
class CUndergraduate：public CStudent
{    public：
        float getScore ();    //获取学习成绩,是需要修改功能,用于计算本科生成绩
        int getThesis();      //获得论文数,用于对学生论文数量的考察
     private：
        int nThesis;          //论文数量
};
```

下面将通过派生类的生成过程介绍例 6-1 派生类的定义。

6.1.3　派生类的生成过程

在派生类声明后,给出派生类成员函数的实现,类的定义就完成了。从整个过程看来,派生类的生成过程包括:吸收基类成员、改造基类成员和增加新成员。

1.吸收基类成员

C++继承过程中,首先吸收基类的所有成员,即派生类自动拥有基类的除构造函数和析构函数外的全部数据和函数。在例 6-1 中,CUndergraduate 继承了基类 CStudent 除了构造函数和析构函数外全部数据成员和成员函数。

基类成员被派生类继承后,其成员访问控制权限将会由其自身的访问控制权限和继承方式决定,发生相应变化,具体情况请参见 6.2 节继承方式。

2.改造基类成员

基类的成员(包括数据成员和成员函数)在派生类中重新声明后,将会覆盖基类对应的成员。重新声明的基类成员,将使派生类更适应新问题。比如在例 6-1 中,基类 CStudent 中成员函数 getScore 在派生类 CUndergraduate 中重新声明,来适应类CUndergraduate中成绩计算方式的变化。

3.增加新成员

当基类的成员吸收和改造后还不能有效解决新问题时,就要增加新数据成员和成员函数,即扩展新功能。如在例 6-1 中,在派生类 CUndergraduate 中新增了数据成员 nThesis 和成员

函数 getThesis()，用来描述派生类 CUndergraduate 对于本科生的论文情况的记录和展示。

6.2　继承方式

派生类继承了基类中除了构造函数和析构函数外的全部成员，那么派生类的成员是否可以像访问自身的数据成员和成员函数一样访问基类的成员呢？

基类成员被派生类继承后，其访问控制权限将由继承方式与其本身在基类中的访问控制权限共同决定的，具体详见表 6-1。

继承方式有 3 种方式：public、protected 和 private，缺省为 private 继承方式。

表 6-1　基类成员在派生类中访问控制权限变化

继承方式	基类中访问控制权限		
	public	protected	private
public	public	protected	不可直接访问
protected	protected	protected	不可直接访问
private	private	private	不可直接访问

6.2.1　公有继承

继承方式为 public 时，基类中 private 成员变为不可直接访问，public 和 protected 成员访问控制权限不变。

即：派生类中的成员可以直接访问基类中的 public 和 protected 成员，不能直接访问基类的 private 成员；派生类的对象可以访问基类的 public（公有）成员，不能访问基类的 protected 和 private 成员。

【例 6-2】　类的公有继承。

本例中 Base 是基类，Sub 是派生类，请分析程序中的错误之处，并改正。

```
#include <iostream.h>
class Base
{ private：
    int   x;
  protected：
    int   y;
  public：
    int   z;
    void   SetX(int x1)
    {   x = x1；  }
    int   GetX()
    { return   x；  }
};
class   Sub：public   Base        //继承方式为公有方式
```

```
{ private：
    int  m；
  protected：
    int  n；
  public：
    int  p；
    void  SetValue (int a,int b,int c,int d,int e,int f)
    { x = a；       //错误,派生类不能访问基类的 private 成员。这里可以改为 SetX(a)
      y = b；
      z = c；       //正确,y,z 是基类 Base 中的 protected 和 public 成员
                    //在派生类 Sub 中可以直接访问。
      m = d； n = e； p = f；
    }
};
void main()
{  Sub  sub1；            //定义派生类对象 sub1
   sub1.SetValue(1,2,3,4,5,6)；
   cout<<"x = "<<sub1.x；  //错误,因为派生类对象试图访问基类 private 数据成员
                          //此处可以改为 sub1.GetX()
   cout<<",y = "<<sub1.y；  //错误,y 是基类中的 protected 成员,派生类对象不能访问
                          //应在基类 Base 中增设 public 属性的成员函数
                          //int GetY() { return y；},此处改为 sub1.GetY()
   cout<<",z = "<<sub1.z；  //正确
   cout<<",m = "<<sub1.m；  //错误,对象 sub1 在 Sub 类外访问 private 成员
                          //可以在 Sub 类中增设 public 类型的 GetM 函数
                          //int GetM() {return m；},此处改为
                          //cout<<",m = "<<sub1.GetM()；用以显示 m
   cout<<",n = "<<sub1.n；  //错误。对象 sub1 在 Sub 类外访问 protected 成员
                          //可以在 Sub 类中增设 public 类型的 GetN 函数
                          //int GetN() {return n；},此处改为
                          //cout<<",n = "<<sub1.GetN()；用以显示 n
   cout<<",p = "<<sub1.p<<endl；        //正确
}
```
依照注释情况修改后运行结果：
x = 1,y = 2,z = 3,m = 4,n = 5,p = 6
请思考基于以上的输出结果,有没有其他修改方式?

6.2.2　私有继承

继承方式为 private 时,基类中的 private 成员变为不可直接访问,public 和 protected 成

员访问控制权限均为 private。

即：派生类中的成员可以直接访问基类中的 public 和 protected 成员，不能访问基类的 private 成员；派生类的对象不能访问基类的任何成员。

【例 6-3】 类的私有继承。

把例 6-2 中的继承方式改为 private，请分析程序中的错误之处，并改正。

```
＃include ＜iostream.h＞
class Base
{ private：
    int   x；
  protected：
    int   y；
  public：
    int   z；
    void   SetX(int x1)
    {   x = x1；   }
    int   GetX()
    { return   x；   }
};
class   Sub：private   Base
{ private：
    int   m；
  protected：
    int   n；
  public：
    int   p；
    void SetValue(int a,int b,int c,int d,int e,int f)
    { SetX(a)；       // 正确
      y = b；
      z = c；
      m = d；       // 正确
      n = e；       // 正确
      p = f；       // 正确
    }
    void   DisplayBase()
    { cout＜＜"x = "＜＜x；// 错误,x 为基类 private 成员,改为 cout＜＜"x = "＜＜GetX()；
      cout＜＜",y = "＜＜y＜＜",z = "＜＜z；// 正确
    }
    void DisplaySub()
    { cout＜＜",m = "＜＜m＜＜",n = "＜＜n；
```

```
    }
};
void main()
{    Sub    sub1；
     sub1.SetValue(1,2,3,4,5,6)；    //正确
     cout<<",y = "<<y<<",z = "<<sub1.z<<sub1.GetX()；
     //错误,private 继承方式下,派生类的对象不能访问基类的任何成员
     //可以把输出 x,y,z 的任务放到 DisplayBase()函数中,此处改为 sub1.DisplayBase()
     sub1.DisplaySub()；
     cout<<",p = "<<sub1.p<<",p = "<<endl；//正确
}
```

依照注释情况修改后的运行结果同例 6-2。

请尝试其他方式进行修改,得到同样的输出结果。

6.2.3 保护继承

继承方式为 protected 时,基类中的 private 成员变为不可直接访问,public 和 protected 成员访问控制权限均变为 protected。

即:派生类中成员可以直接访问基类中的 public 和 protected 成员,不能直接访问基类的 private 成员;派生类的对象不可以访问基类的任何成员。

【例 6-4】 类的保护继承。

把例 6-2 中的继承方式改为 protected,请分析程序中的错误之处,并改正。

```
#include <iostream.h>
class Base
{ private：
    int   x；
  protected：
    int   y；
  public：
    int   z；
    void   SetX(int x1)
    {   x = x1；  }
    int   GetX()
    { return   x；  }
};
class  Sub：protected   Base
{ private：
    int   m；
  protected：
    int   n；
```

```
public:
    int    p;
    void SetValue(int a,int b,int c,int d,int e,int f)
      { SetX(a);        // 正确,可以访问基类的公有成员函数 SetX()
        y = b;
        z = c;     // 正确,可以访问基类的保护成员 y 和公有成员 z
        m = d;
        n = e;
        p = f;
      }
    void    Display()
      { cout<<"x = "<<GetX(); // 正确
        cout<<",y = "<<y<<",z = "<<z<<",m = "<<m<<",n = "<<n; // 正确
      }
};
void main()
{
    Sub    sub1;
    sub1.SetValue(1,2,3,4,5,6);   // 正确
    cout<< "y = "<<y<< "z = "<<sub1.z<<sub1.GetX();
        // 错误,protected 继承方式下,派生类的对象不能访问基类的任何成员
        // 可以把输出 x、y、z 的任务放到 Display 函数中
    sub1.Display();  // 正确
    cout<<",p = "<<sub1.p; // 正确
}
```

依照注释情况修改后的运行结果同例 6-2。

结果分析:与例 6-3 不同的是,此处修改时只在派生类 Sub 中涉及 Display()函数,基类 Base 中并没有新增函数。因为派生方式是 protected,对于派生类 Sub 来说,基类 Base 中的 protected 和 public 成员 y、z 都是可以直接访问的,只有 private 数据成员 x 不能直接访问,就通过基类的 public 函数接口 GetX()访问 x,所以这个 Display()函数就可以完成输出 x、y、z、m、n 的工作。

6.2.4　综合实例分析

【例 6-5】　多层继承例。

这是一个多层继承的例子,由派生类继续派生新的类称为多层继承。类的层次结构如图 6.4。类 CPoint 以 protected 继承方式派生出类 CCircle(圆),圆有圆心和半径,圆心可以继承 CPoint 的全部特征,另外再给圆类增加新的数据成员和成员函数来描述圆的半径。类 CCircle 又以 public 继承方式派生出类 CPie(扇形)。扇形继承圆的圆心和半径,另外再增加新的数据成员和成员函数来描述圆心角。

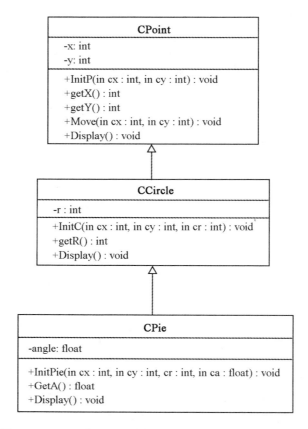

图 6.4 CPoint 类、CCircle 类和 CPie 类的继承关系 UML 图

程序代码如下：

```cpp
#include <iostream.h>
class CPoint                            //定义基类
{
public：
    void InitP(int cx,int cy)           //初始化点的坐标
    {
        x = cx;
        y = cy;   }
    int getX()                          //获取点的x坐标
    {   return x;   }
    int getY()                          //获取点的y坐标
    {   return y;   }
    void Move(int cx, int cy)           //移动点到(cx,cy)
    {
        x = cx;
```

```
            y = cy；   }
        void Display()                    //输出点的坐标
        {   cout<<"点的坐标为："；
            cout<<"x = "<<x；
            cout<<"，y = "<<y<<endl；    }
private：
    int x；                                //点的 x 坐标
    int y；                                //点的 y 坐标
};
class CCircle：protected CPoint            //派生类定义，继承方式为保护继承
{
public：
        void InitC(int cx，int cy，int cr)   //新增成员函数，初始化圆心和半径
        {   InitP(cx，cy)；                 //直接调用基类成员函数
            r = cr；   }
        void Display()                    //优化基类成员函数，输出圆的圆心和半径
        {   cout<<"圆心是："；
            cout<<getX()；
            cout<<"，"；
            cout<<getY()<<endl；
            cout<<"半径是："；
            cout<<r<<endl；   }
    int getR()   //新增成员函数，获取圆的半径
    {   return r；   }
        void Move(int cx，int cy)           //新增成员函数，实现移动点圆心到(cx,cy)
        {   CPoint：：Move(cx，cy)；   }
private：
    int r；                                //新增数据成员，圆的半径
};
class CPie：public CCircle                 //派生类定义，继承方式为公有继承
{
public：
        void InitPie(int cx，int cy，int cr, float ca)  //新增成员函数，初始化圆心、半径和圆心角
        {   InitC(cx，cy，cr)；             //直接调用基类成员函数
            angle = ca；}
        void Display()                    //优化基类成员函数，输出圆的圆心和半径
        {   cout<<"圆心是："；
            cout<<getX()；
            cout<<"，"；
```

```
            cout<<getY()<<endl;
            cout<<"半径是:";
            cout<<getR()<<endl;
            cout<<"圆心角是:";
            cout<<angle<<endl;   }
        float GetA()                      //新增成员函数,获取扇形的圆心角
        {   return angle;   }
    private:
        float angle;                      //新增数据成员,扇形的圆心角
    };
    void main()
    {
        cout<<"(1)圆形:"<<endl;
        CCircle circle;                   //定义圆对象
        circle.InitC(200,100,50);         //初始化圆
        circle.Display();                 //显示圆现在的圆心坐标和半径
        circle.Move(300,200);     //调用从基类 CPoint 继承的 Move 函数,实现圆的移动
        cout<<"移动后"<<endl;
        circle.Display();                 //显示移动后圆的圆心坐标和半径
        cout<<"(2)扇形:"<<endl;
        CPie pie;
        pie.InitPie(200,100,50,0.6);      //初始化扇形
        pie.Display();                    //显示扇形现在的圆心坐标、半径和圆心角
        pie.Move(400,300);                //调用 CCircle 类的 Move 函数,实现圆的移动
        cout<<"移动后"<<endl;
        pie.Display();                    //显示移动后扇形的圆心坐标、半径和圆心角
    }
```

运行结果:

(1)圆形:

圆心是:200,100

半径是:50

移动后

圆心是:300,200

半径是:50

(2)扇形:

圆心是:200,100

半径是:50

圆心角是:0.6

移动后

圆心是：400,300

半径是：50

圆心角是：0.6

分析：

类 CCircle 从类 CPoint 的继承方式是 protected（保护继承），在主函数中就不能利用对象 circle 访问基类的成员函数 Move 来移动圆的位置了。为达到移动圆的目的需要在 CCircle 类中增加自己的 Move 成员函数。

派生类中对基类的成员函数 Move 改造，代码如例中所写：

```
void Move(int cx,int cy)      //新增成员函数,实现移动点圆心到(cx,cy)
{
    CPoint∷Move(cx,cy);
}
```

如果 CCircle 的继承方式为 private，也是一样的。但如果继承方式为 public，就不需要在 CCircle 中新增 Move 函数，在主函数中可直接通过对象 circle 调用基类 CPoint 中的 Move 函数即可。

在单层派生中，私有继承和保护继承没有明显的区别，通过派生类对象调用基类成员是一样的。但像本例中多层继承的情况就不同了。本例中类 CPoint 以保护方式派生了 CCircle 类，CCircle 作为基类又以公有方式派生了新类 CPie（扇形），CPie 的函数成员可以访问 CPoint 中的 public 和 protected 成员，在 Display() 中访问 getX() 和 getY() 函数。但如果 CPoint 以私有方式派生了 CCircle 类，CPie 的成员就不可以访问 CPoint 中的 public 和 protected 成员。

请思考和讨论多层继承中，各层继承方式的不同组合情况下，例 6-5 需要做哪些调整？

6.3　派生类的构造与析构

基类的构造函数和析构函数不能被派生类继承，因此派生类要定义自己的构造函数与析构函数，来实现对象的初始化和销毁对象。

6.3.1　派生类构造函数及执行顺序

请分析下面程序。

【例 6-6】 **派生类构造顺序。**

程序源代码如下：

```
#include <iostream.h>
class Human
{ public：
    Human()
    {cout<<"a person is constructed!!!! \n";}
};
class Student:public Human
```

```
{public：
    Student()
    {cout<<"a student is constructed!！！！\n";}
};
void main()
{
    Student jessic；
    cout<<"this is main function\n";
}
```

运行结果：

a person is constructed!！！！

a student is constructed!！！！

this is main function

分析：

本程序有两个类 Human 和 Student，Student 类是 Human 类的公有派生类。在 main 函数中生成了一个 Student 类的对象 jessic。

从结果可以看出，在生成派生类对象时，首先调用其基类构造函数，然后再调用派生类构造函数。

修改例 6-6 程序如下。

```
＃include <iostream.h>
class Human
{ public：
    Human()
    {cout<<"a person is constructed!！！！\n";}
};
class Student：public Human
{
private：
    int id；//增加代码
public：
    Student(int i)//修改代码
    {   id=i；//增加代码
        cout<<id<<"  student is constructed!！！！\n";//修改代码
    }
};
void main()
{   Student jessic(1234)；//修改代码
    cout<<"this is main function\n";
}
```

本次修改是将 Student 类中增加了一个数据成员,用于表示学生的 id。修改 Student 类的构造函数为带参数,则在 main 函数中生成 Student 类的对象 jessic 时,必须带参数。

继续修改程序中 Human 类如下:

```
class Human
{
    int age; //增加代码
public:
    Human(int a) //修改代码
    {   age = a; //增加代码
        cout<<age<<"a person is constructed!!!! \n";}
};
```

编译程序,会出现如下错误:

error C2512:'Human':no appropriate default constructor available

分析其原因在于,在生成派生类对象的时候,会调用基类构造函数,由于基类构造函数是带参数的,而在程序中并未给其传递相应参数。

修改程序为:

```
#include <iostream.h>
class Human
{
    int age;
public:
    Human(int a)
    {   age = a;
        cout<<age<<"a person is constructed!!!! \n";}
};
class Student:public Human
{
private:
    int id;
public:
    Student(int a,int i):Human(a)    //修改代码
    {   id = i;
        cout<<id<<"a student is constructed!!!! \n";
    }
};
void main()
{   Student jessic(12,1234);//修改代码
    cout<<"this is main function\n";
```

```
    }
```

运行结果：

12a person is constructed!!!!

1234a student is constructed!!!!

this is main function

通过这个程序的运行,可以发现:

派生类的构造函数作用只是用来初始化派生类新增加的成员,而继承来自基类的成员的初始化是由基类的构造函数完成。当基类的构造函数带有形式参数时,派生类构造函数要为基类构造函数传递参数。派生类构造函数语法可以为:

派生类名::派生类名(基类所需的形参,本类所需的形参):基类名(参数表)
　　　　{本类成员初始化赋值语句;};

如:

Student(int a,int i):Human(a)

继续修改程序:

```cpp
#include "iostream.h"
class Human
{
    int age;
public:
    Human(int a)
    {
        age = a;
        cout<<age<<"a person is constructed!!!! \n";
    }
};
class Score//增加代码
{
public:
    Score()
    {   cout<<"a score is constructed!!!! \n";   }
};
class Student:public Human
{
private:
    int id;
    Score s;//增加代码
public:Student(int a,int i):Human(a)
    {
```

```
            id = i;
            cout<<id<<"    student is constructed!!!! \n";
        }
};
void main()
{
        Student jessic(12,1234);
        cout<<"this is main function\n";
}
```

运行结果：

12a person is constructed!!!!

a score is constructed!!!!

1234   student is constructed!!!!

this is main function

因此,派生类对象的构建顺序为:首先调用基类的构造函数;再调用内嵌对象的构造函数构建内嵌对象;最后才执行派生类自己的构造函数。

继续修改程序中的 Score 类为：

```
class Score
{
        int s;//增加代码
public：
        Score(int i)//修改代码
        {
            s = i;    //增加代码
            cout<<s<<" score is constructed!!!! \n";
        }
};
```

程序编译会出现如下错误：

error C2512：'Score'：no appropriate default constructor available

分析其原因,由于在生成派生类对象的时候,首先调用基类构造函数,并由派生类 Student 构造函数为基类构造函数传递参数 a,然后调用 Score 的构造函数生成对象成员 s,但是由于 Score 构造函数是带参数的,而程序中并未给其传递相应参数,所以程序编译会出错。

因此,必须在派生类构造函数中为对象成员的构造函数传递参数。

派生类构造函数的一般语法形式为：

派生类名::派生类名(基类所需形参,对象成员所需形参,本类成员所需形参):基类名(参数),对象成员(参数)

```
        {
            新增成员初始化赋值语句;
```

```
};
```
则将 main 函数修改为：
```
void main()
{
    Student jessic(12,200,1234);//修改程序
    cout<<"this is main function\n";
}
```
运行结果：

12a person is constructed!！！！

200 score is constructed!！！！

1234   student is constructed!！！！

this is main function

总结如下：

（1）基类的构造函数带有参数或派生类内嵌的对象构建时需要参数，派生类就一定要声明构造函数，提供将参数传递给基类构造函数或对象成员的类函数的通道。

（2）当基类的构造函数带有形式参数时，派生类构造函数要为基类构造函数传递参数；如果基类构造函数不带有参数时，则冒号（:）后面的基类名可以省略。

（3）当派生类中内嵌有对象时，且内嵌对象所在类的构造函数是带参的，则派生类构造函数需要为内嵌对象传递相应参数；如果内嵌对象的构建不需要参数时，则派生类构造函数中的内嵌对象名可以省略。

6.3.2 派生类析构函数及执行顺序

派生类的析构函数与普通类的析构函数定义相同。派生类的析构函数只是完成派生类对象的清理工作，基类的无名对象的清理工作由基类的析构函数自动完成，对象成员的清理工作由对象成员的析构函数完成清理。

析构函数的执行顺序与构造过程相反：

（1）派生类新增成员清理。

（2）派生类新增对象成员清理，执行对象成员的析构函数完成。

（3）基类继承来的成员清理，执行基类的析构函数完成。

【例 6-7】 析构函数调用顺序举例说明。

在这个例题中主要观察派生类析构函数的定义，派生类析构函数执行顺序。

程序代码如下：
```
#include "iostream.h"
class Human
{
    int age;
public:
    Human(int a)
```

```
        {
            age = a;
            cout<<age<<"a person is constructed!!!! \n";
        }
        ~Human()//增加代码
        {
            cout<<age<<"a person is deconstructed!!!! \n";
        }
};
class Score
{
        int s;
public:
        Score(int i)
        {
            s = i;
            cout<<s<<" score is constructed!!!! \n";
        }
        ~Score()//增加代码
        {   cout<<s<<"score is deconstructed!!!! \n";   }
};
class Student:public Human
{
private:
        int id;
        Score s;
public:Student(int a,int b,int i):Human(a),s(b)
        {
            id = i;
            cout<<id<<"   student is constructed!!!! \n";
        }
        ~Student()//增加代码
        { cout<<id<<" student is deconstructed!!!! \n";}
};
void main()
{
        Student jessic(12,200,1234);
        cout<<"this is main function\n";
}
```

运行结果：

12a person is constructed！！！！

200 score is constructed！！！！

1234　student is constructed！！！！

this is main function

1234 student is deconstructed！！！！

200score is deconstructed！！！！

12a person is deconstructed！！！！

分析：

销毁派生类对象时，则是先调用派生类析构函数，然后再调用基类析构函数。

6.4　多继承

6.4.1　多继承概念

在前面讨论的是单继承，即一个派生类只有一个直接的基类。有时可以为一个派生类指定两个或两个以上的直接基类，一个派生类有多个直接基类的继承称为多继承或称为多重继承。

例如，在学校中有各种人员，比如老师、学生、行政人员。其中辅导员是当老师的学生，他们相互之间的关系如图 6.5 所示。

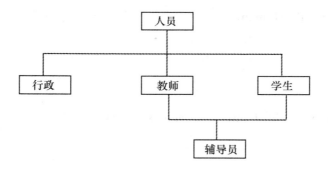

图 6.5　学校人员继承关系图

如果用继承关系来描述上述学校人员的关系，其中辅导员就是有两个基类教师类和学生类。

在程序中如何描述这种多继承呢？

多继承一般定义语法形式为：

class 派生类名:继承方式 1　基类名 1,继承方式 2　基类名 2,...,继承方式 n 基类名 n

{

　　　　成员定义；

};

注意：

每一个"继承方式"，只用于限制对紧随其后的基类继承方式，缺省的继承方式为 private。

在多继承情况下，派生类将继承它的所有基类的除了构造函数与析构函数外的全部成员，并且也可以在派生类中通过成员声明来添加新的成员。多继承中的每一个基类与派生类之间的继承关系就是一个单继承，完全遵守单继承的规则，多继承可以理解为是单继承的叠加。

【例 6-8】　多继承实例。

```cpp
#include "iostream.h"
class Student
{
public：
    void study()
    {
    cout << "Studying ...\n";
    }
};
class Teacher
{
public：
    void teach()
    {
        cout << "Teaching...\n";
    }
};
class Counsellor：public Student，public Teacher
{
public：
    void work()
    {    cout << "Working...\n";    }
};
void main()
{
    Counsellor ss;
    ss.study();
    ss.teach();
    ss.work();
}
```

运行结果：

Studying ...

Teaching...

Working...

分析：

在 main 函数中，生成 Counsellor 类对象 ss，辅导员 ss 继承了学生类和教师类的所有成员，因此 ss 可以学习、教学和工作。

6.4.2　多继承的构造与析构

多继承情况下，其构造和析构与单继承基本类似。

【例 6-9】　多继承构造与析构实例 1。

```cpp
#include "iostream.h"
class Student
{
public：
    Student()
    {
        cout << "Student is constructed ...\n";
    }
    void study()
    {
        cout << "Studying ...\n";
    }
    ~Student()
    {
        cout << "Student is deconstructed ...\n";
    }
};
class Teacher
{
protected：
    int id；
public：
    Teacher()
    {
        cout << "Teacher is constructed ...\n";
    }
    void teach()
    {
        cout << "Teaching...\n";
    }
    ~Teacher()
```

```
        {
            cout << "Teacher is deconstructed ...\n";
        }
};
class Counsellor:public Student，public Teacher
{
public：
    Counsellor()
    {
        cout << "Counsellor is constructed ...\n";
    }
    void work()
    {    cout << "Working...\n";   }
    ~Counsellor()
    {
        cout << "Counsellor is deconstructed ...\n";
    }
};
void main()
{
    Counsellor ss；
    ss.study()；
    ss.teach()；
    ss.work()；
}
```

运行结果：

Student is constructed ...

Teacher is constructed ...

Counsellor is constructed ...

Studying ...

Teaching...

Working...

Counsellor is deconstructed ...

Teacher is deconstructed ...

Student is deconstructed ...

分析：

多继承的派生类对象构造顺序与单继承类似，也是先基类然后派生类，而多个基类的构造顺序与其继承顺序一致。析构顺序依然与构造顺序相反。

【例 6-10】 多继承派生类构造与析构实例 2。

修改例 6-9 程序如下：

```cpp
#include "iostream.h"
class Student
{
protected:
    int id;
public:
    Student()
    {
        id = 0;
        cout << "Student is constructed ... \n";
    }
    void study()
    {
        cout << "Studying ... \n";
    }
    void setId(int i)
    {
        id = i;
    }
    ~Student()
    {
        cout << "Student is deconstructed ... \n";
    }
};
class Teacher
{
protected:
    int id;
public:
    Teacher()
    {
        id = 0;
        cout << "Teacher is constructed ... \n";
    }
    ~Teacher()
    {
        cout << "Teacher is deconstructed ... \n";
```

```
    }
    void teach()
    {
        cout << "Teaching...\n";
    }
    void setId(int i)
    {
        id = i;
    }
};
class Counsellor:public Student,public Teacher
{
public:
    Counsellor()
    {
        cout << "Counsellor is constructed ...\n";
    }
    void work()
    {   cout << "Working...\n";   }
    ~Counsellor()
    {
        cout << "Counsellor is deconstructed ...\n";
    }
};
void main()
{
    Counsellor ss;
    ss.study();
    ss.teach();
    ss.work();
}
```

多继承派生类构造函数的一般语法形式为：

**派生类名∷派生类名(基类所需形参,对象成员所需形参,本类成员所需形参):基类名
1(参数),基类名 2(参数),…基类名 n(参数),对象成员 1(参数),…,对象成员(参数)**

```
{
        新增成员初始化赋值语句；
};
```

说明：

(1)基类的构造函数间用“,”隔开,基类构造函数的先后顺序可以任意排列。

(2)当基类仅有带参数构造函数时,派生类构造函数必须带参数,用于相应的基类构造函

数传递参数;如果基类构造函数不带有参数时,派生类构造函数中的基类名可以省略。

（3）当派生类中有对象成员时,且该对象成员所在类仅有带参数的构造函数时,派生类构造函数还需要为该对象传递参数。

基类的构造函数带有参数或派生类的对象成员构建时需要参数,派生类就一定要声明构造函数,提供将参数传递给基类构造函数或对象成员的类构造函数的通道。

6.4.3 综合实例分析

【例6-11】 编写程序实现子女随父亲（或母亲）姓,要求显示子女的姓名和年龄及其父母亲的姓名和年龄。

分析:

定义 father、mother、child 共 3 个类,father 和 mother 共同派生出 child 类,是多继承关系。由 child 类的构造函数指明是随父姓还是母姓。

程序代码如下:

```cpp
# include <iostream.h>
# include <string.h>
class father
{
    protected:
        char * fname;            //姓氏
        char * sname;            //名字
        int age;                 //年龄
    public:
        father()                 //father 类的默认构造函数
        {   cout<<"父亲的默认构造函数被调用!"<<endl;
            fname = NULL;
            sname = NULL;
        }
        father(char * fn, char * sn, int a)     //带参构造函数,给 father 类的数据成员赋值
        {   cout<<"父亲的构造函数被调用!"<<endl;
            fname = new char[strlen(fn) + 1];   //动态分配内存空间
            strcpy(fname,fn);                    //字符串拷贝函数
            sname = new char[strlen(sn) + 1];   //动态分配内存空间
            strcpy(sname,sn);                    //字符串拷贝函数
            age = a;
        }
        ~father()
        {   cout<<"父亲的析构函数被调用!"<<endl;
            delete fname;        //释放内存空间
```

```
        delete sname;        //释放内存空间
    }
    char * getfname()        //返回名字
    {   return fname;   }
    void show()              //输出显示姓氏、名字和年龄
    {   cout<<"姓名:"<<fname<<sname;
        cout<<"  年龄:"<<age<<"岁"<<endl;
    }
};
class mother                 //mother 类的定义与 father 类的定义类似
{
protected:
    char * fname;
    char * sname;
    int age;
public:
    mother()
    {   cout<<"母亲的默认构造函数被调用!"<<endl;
        fname = NULL;
        sname = NULL;
    }
    mother(char * fn,char * sn,int a)
    {   cout<<"母亲的构造函数被调用!"<<endl;
        fname = new char[strlen(fn) + 1];
        strcpy(fname,fn);
        sname = new char[strlen(sn) + 1];
        strcpy(sname,sn);
        age = a;
    }
    ~mother()
    {   cout<<"母亲的析构函数被调用!"<<endl;
        delete fname;
        delete sname;
    }
    char * getfname()
    {   return fname;   }
    void show()
    {   cout<<"姓名:"<<fname<<sname;
```

```cpp
        cout<<"年龄:"<<age<<"岁"<<endl;
     }
};
class child:public mother,public father    //多继承
{
   private:
        father * myfather;   //内嵌对象
        mother * mymother;   //内嵌对象
   public:
     child()
     {   cout<<"孩子的构造函数被调用!"<<endl; }
     child(father& fa,mother &mo,char * na,int a):myfather(&fa),mymother(&mo)
           //传递数据给内嵌对象
     {   cout<<"孩子的构造函数被调用!"<<endl;
        mother::fname = new char[strlen(fa.getfname()) + 1];
           //不能省略 mother::否则出现二义性
        strcpy(mother::fname,fa.getfname());
           //如孩子随母姓,则改为 strcpy(mother::fname,mo.getfname());
        mother::sname = new char[strlen(na) + 1];
        strcpy(mother::sname, na);
        mother::age = a;        //不能写成 age = a;
     }
     ~child()
     {   cout<<"孩子的析构函数被调用!"<<endl;   }
     void show()
     {   cout<<"孩子";
        mother::show();          //此处为显示孩子的姓名和年龄
        cout<<"父亲";
        myfather->show();    //显示父亲的姓名和年龄
        cout<<"母亲";
        mymother->show();    //显示母亲的姓名和年龄
     }
};
void main()
{
        father dad1("李","小明",50), dad2("刘","长生",40);
        mother mom1("张","丽",47), mom2("韩","英",35);
        child kid1(dad1,mom1,"睿智",13), kid2(dad2,mom2,"丰",8);
```

```
        cout<<"第1家人:"<<endl;
        kid1.show();
        cout<<"第2家人:"<<endl;
        kid2.show();
}
```

运行结果:

父亲的构造函数被调用!

父亲的构造函数被调用!

母亲的构造函数被调用!

母亲的构造函数被调用!

母亲的默认构造函数被调用!

父亲的默认构造函数被调用!

孩子的构造函数被调用!

母亲的默认构造函数被调用!

父亲的默认构造函数被调用!

孩子的构造函数被调用!

第1家人:

孩子姓名:李睿智　　年龄:13岁

父亲姓名:李小明　　年龄:50岁

母亲姓名:张丽　　年龄:47岁

第2家人:

孩子姓名:刘丰　　年龄:8岁

父亲姓名:刘长生　　年龄:40岁

母亲姓名:韩英　　年龄:35岁

孩子的析构函数被调用!

父亲的析构函数被调用!

母亲的析构函数被调用!

孩子的析构函数被调用!

父亲的析构函数被调用!

母亲的析构函数被调用!

母亲的析构函数被调用!

母亲的析构函数被调用!

父亲的析构函数被调用!

父亲的析构函数被调用!

分析:

child 类里面没有再定义 show 函数,用以显示孩子的姓名和年龄。而是巧妙地利用了 mother 类中的 show 函数。

6.5　派生类成员的标识与访问

6.5.1　同名隐藏规则和作用域分辨

1.同名隐藏规则

如果在派生类中新定义的成员与基类的某个成员同名,则基类同名成员在派生类中将不起作用。

例如:

```
class Person
{  public:
      void Display();
      void GetName();
   private:
      char name[8];
}
class Student:public Person
{  public:
      void Display();
   private:
      char id[9];      //新成员
      float score;     //新成员
};
void main()
{
   Student b;
   b.Display();      //Student 类中的 Display
   b.GetName();      //Person 类中的 GetName
}
```

2.作用域运算符

如果派生类中定义了与基类同名的成员,则基类的成员名在派生类的作用域内不直接可见。如果希望访问基类同名成员时要用作用域运算符来进行基类名限定。

"::"称为作用域运算符,用来限定要访问成员所在类的,一般形式为:

类名::数据成员;

类名::成员函数(实参);

将上例中主函数改写为:

```
void main()
{
```

```
        Student b;
        b.Display();              //Student 类中的 Display
        b.Person::Display ();     //Person 类中的 Display
    }
```

综上所述,派生类中声明了与基类(包括多个基类中)同名的成员时,派生类成员将覆盖基类的同名成员。当派生类的对象调用成员函数时,首先在派生类中查找此成员函数;在没有找到时,才到它的基类中进行查找。增加作用于运算符后,就可以限定访问的是哪个类的成员了。

6.5.2　多继承二义性问题

多继承时,不同的基类可能会有相同的成员函数及数据成员,派生类继承了这些基类的成员,就会导致派生类的对象在操作这些成员时出现二义性的问题。

在例 6-9 中,如果将 main 函数改为如下:

```
void main()
{
        Counsellor ss;
        ss.setId(23);
        ss.study();
        ss.teach();
        ss.work();
}
```

就会出现编译错误:error C2385:'Counsellor::setId' is ambiguous

分析其原因在于,Student 类和 Teacher 类有共性的部分,比如都有数据成员 id 和成员函数 setId(),而派生类 Counsellor 以公有方式继承了 Student 类和 Teacher 类的全部成员,即在派生类 Counsellor 中将会有两个数据成员 id 和两个成员函数 setId()。而两个基类 Student 和 Teacher 中都是公有成员,都可以通过派生类 Counsellor 对象来访问。而当访问的时候,不知道应该会访问哪个 setId 函数,即出现了二义性问题。

对于二义性问题的解决,可以用作用域限定符来解决。比如,可以将例 6-9 的 main 函数中"ss.setId(23);"改为"ss.Teacher::setId(23);"或者"ss.Student::setId(23);"。

但是请思考,这种解决方案是否很合理,符合客观实际?

6.6　虚拟继承

当派生类从多个基类派生,而这些基类中有共性成员时,从不同的基类继承过来的同名成员在派生类中仅保存一个,即对基类中共性成员进行合并应该是最符合实际要求的。

为了达到这个目的,可以考虑将所有基类中的共性成员抽象出来形成一个顶层的基类,比如在例 6-9 中可以增加一个基类 Human,用于描述 Student 类和 Teacher 类的共性成员,则可以将类的定义改为如下:

```cpp
class   Human
{protected:
    int id;
public:
    void setId(int i)
    {
        id = i;
    }
};
class Student:public Human
{
public:
    Student()
    {
        id = 0;
        cout << "Student is constructed ...\n";
    }
    void study()
    {
        cout << "Studying ...\n";
    }
    ~Student()
    {
        cout << "Student is deconstructed ...\n";
    }
};
class Teacher:public Human
{
public:
    Teacher()
    {
        id = 0;
        cout << "Teacher is constructed ...\n";
    }
    ~Teacher()
    {
        cout << "Teacher is deconstructed ...\n";
    }
    void teach()
```

```
        {
            cout << "Teaching...\n";
        }
};
class Counsellor：public Student，public Teacher
{
public：
        Counsellor()
        {
            cout << "Counsellor is constructed ...\n";
        }
        void work()
        { cout << "Working...\n"; }
        ~Counsellor()
        {
            cout << "Counsellor is deconstructed ...\n";
        }
};
```

此时,编译程序,依然会出现与 6.5.2 节同样的错误。分析发现,即使这样修改,从不同的基类继承过来的同名成员在派生类中依然是多个,那么如何解决呢?

在 C++ 提出了虚基类的概念来加以解决。从不同的路径继承过来的同名数据成员在派生类中仅有一份拷贝,同名函数名也仅有一个映射。

6.6.1　虚拟继承的声明

虚拟继承声明的形式:

class 派生类名:virtual 继承方式 基类名

```
{
        派生类新增成员;
};
```

与一般的派生类的声明类似,只是在继承方式前增加了关键字 virtual,这时称这个基类为虚基类。虚基类的引入主要用来解决多继承时可能发生的对同一基类继承多次而产生的二义性问题。为最远的派生类提供唯一的基类成员,而不重复产生多次拷贝。

【例 6-12】　虚拟继承实例。

Student 类和 Teacher 类均以虚拟方式继承 Human 类,Student 类和 Teacher 类又以多继承的方式共同派生出 Counsellor 类。

程序代码如下:

```
#include "iostream.h"
class   Human
{ protected：
```

```
        int id;
public:
    void setId(int i)
    {
        id = i;
    }
};
class Student: virtual public Human
{
public:
    Student()
    {
        id = 0;
        cout << "Student is constructed ...\n";
    }
    void study()
    {
        cout << "Studying ...\n";
    }
    ~Student()
    {
        cout << "Student is deconstructed ...\n";
    }
};
class Teacher: virtual public Human
{
public:
    Teacher()
    {
        id = 0;
        cout << "Teacher is constructed ...\n";
    }
    ~Teacher()
    {
        cout << "Teacher is deconstructed ...\n";
    }
    void teach()
    {
        cout << "Teaching...\n";
```

```
        }
};
class Counsellor：public Student，public Teacher
{
public：
    Counsellor()
    {
        cout << "Counsellor is constructed ...\n";
    }
    void work()
    { cout << "Working...\n"; }
    ~Counsellor()
    {
        cout << "Counsellor is deconstructed ...\n";
    }
};
void main()
{
    Counsellor ss；
    ss.setId(23)；
    ss.study()；
    ss.teach()；
    ss.work()；
}
```

运行结果：

```
Student is constructed ...
Teacher is constructed ...
Counsellor is constructed ...
Studying ...
Teaching...
Working...
Counsellor is deconstructed ...
Teacher is deconstructed ...
Student is deconstructed ...
```

分析：

从例 6-12 可以看到：在第一级继承时就要将共同基类设计为虚基类，派生类 Counsellor 就获得了来自基类 Human 的一份成员，解决了派生类的对象在操作基类的成员时的二义性问题。

请思考例题中关键字 virtual 删除后，编译过程会在什么地方出错？

6.6.2　虚基类初始化

虚基类的初始化与一般多继承的初始化在语法上是一样的,但构造函数的调用次序不同。派生类构造函数的执行顺序有三个原则:

(1)当在多个基类中有虚基类也有非虚基类时,虚基类的构造函数在非虚基类之前执行。

(2)当在多个基类中包含多个虚基类时,这些虚基类的构造函数按声明的次序调用。

【例 6-13】　在多个基类中包含多个虚基类时,基类构造函数执行顺序举例。

程序代码如下:

```
#include <iostream.h>
class OBJ1
{ public:
    OBJ1(){ cout <<"OBJ1 构造函数执行\n"; }
};
class OBJ2
{ public:
    OBJ2(){ cout <<"OBJ2 构造函数执行\n"; }
};
class Base1
{ public:
    Base1(){ cout <<"Base1 构造函数执行\n"; }
};
class Base2
{ public:
    Base2(){ cout <<"Base2 构造函数执行\n"; }
};
class Base3
{ public:
    Base3(){ cout <<"Base3 构造函数执行\n"; }
};
class Base4
{ public:
    Base4(){ cout <<"Base4 构造函数执行\n"; }
};
class Derived:public Base1, virtual public Base2,public Base3, virtual public Base4
{ public:
    Derived():Base4(), Base3(), Base2(), Base1(), obj2(), obj1()
    {   cout <<"Derived 构造函数执行.\n";   }
protected:
    OBJ1 obj1;
```

```
        OBJ2 obj2;
};
void main()
{
        Derived aa;
        cout << "This is main().\n";
}
```

运行结果：

Base2 构造函数执行

Base4 构造函数执行

Base1 构造函数执行

Base3 构造函数执行

OBJ1 构造函数执行

OBJ2 构造函数执行

Derived 构造函数执行.

This is main().

(3)若虚基类由非虚基类派生而来,则仍先调用基类构造函数,再调用派生类的构造函数。

在虚基类中定义带有形参的构造函数,并且没有定义默认形式的构造函数时,所有直接和间接的派生类都必须在构造函数的初始化表中列出对于虚基类的构造函数的调用,以初始化在虚基类中定义的数据成员。

【例 6-14】 在虚基类构造函数带有形参时,派生类构造函数定义。

程序代码如下：

```
#include <iostream.h>
class base
{
        int a;
public:
        base(int sa)
        { a = sa;
          cout << "base 构造函数执行\n"; }
        void Display()
        { cout << "This is Base" << endl; }
};
class base1:virtual public base
{
        int b;
 public:
        base1(int sa,int sb):base(sa)
        {    b = sb;
```

```
        cout <<"base1 构造函数执行\n";
    }
};
class base2:virtual public base
{
    int c;
public:
    base2(int sa,int sc):base(sa)
    {   c = sc;
        cout <<"base2 构造函数执行\n"; }
};
class derived:public base1 , public base2
{
    int d;
public:
    derived(int sa,int sb,int sc,int sd):base(sa),base1(sa,sb),base2(sa,sc)
    {   d = sd;
        cout <<"derived 构造函数执行\n"; }
};
void main()
{
    derived obj(2,4,6,8);
    obj.Display();
    cout <<"This is main().\n";
    return;
}
```

运行结果：

base 构造函数执行

base1 构造函数执行

base2 构造函数执行

derived 构造函数执行

This is Base

This is main().

分析：

例 6-14 中，派生类的构造函数定义形式如下：

derived(int sa,int sb,int sc,int sd):base(sa),base1(sa,sb),base2(sa,sc)

强调：虚基类的成员是由最远派生类的构造函数通过调用虚基类的构造函数进行初始化的。

在整个继承结构中，直接或间接继承虚基类的所有派生类，都必须在构造函数的成员初始化表中给出对虚基类的构造函数的调用。如果未列出,则表示调用该虚基类的默认构造函数。

在建立对象时,只有最远派生类的构造函数调用虚基类的构造函数,该派生类的其他基类对虚基类构造函数的调用被忽略。

6.6.3　综合实例分析

家里有一个家具——沙发床,既有沙发的功能也有床的功能。下面程序将描述沙发床。其中基类 Furniture 描述所有家具的共性,这里仅说明重量这个属性和相应成员函数。Bed 类描述床的功能,比如睡觉等,而 Sofa 类则描述沙发的功能,比如看电视等。Bed 类和 Sofa 类以公有方式虚拟继承 Furniture,而 Sleepersofa 类则以公有方式继承 Bed 类和 Sofa 类,并具有新功能,比如折叠等。

程序代码如下:

```cpp
# include <iostream. h>
class Furniture
{
protected:
    int weight;
public:
    Furniture()
    {weight = 0;}
    void setweight(int i)
    {   weight = i;  }
    int getweight()
    { return weight;   }
};
class Bed:virtual public Furniture
{
public:
    void sleep()
    { cout<<"sleeping......\n";   }
};
class Sofa:virtual public Furniture
{
public:
    void watchtv()
    { cout<<"watching tv \n"; }
};
class Sleepsofa: public Bed,public Sofa
{
public:
```

```
        void foldout()
        { cout << "fold out the sofa.\n"; }
    };
    void main()
    {
        Sleepsofa ss;
        ss.setweight(19);
        ss.sleep();
        ss.foldout();
        ss.watchtv();
    }
```

运行结果:
sleeping……
fold out the sofa.
watching tv

6.7　小结

　　继承是 C++ 语言的实现代码重用的机制之一,也是本书的核心内容之一。类的继承就是新的类从已有类那里获得已有的属性和行为特征。也可以看作从已有类产生新类的过程,即类的派生。类的继承与派生机制,即允许在保持已有类的属性与行为特征基础上,根据具体的问题,通过优化、扩展所需要的特性和功能特征快速构建新问题实现的代码。

　　只有一个直接基类的继承为单继承,派生类又派生出子类的叫多层继承。而有两个或两个以上的直接基类的继承为多继承。

　　继承方式与基类成员的访问控制权限共同决定派生类对象对继承基类的成员的访问控制。

　　派生类构造和析构的执行顺序:

　　(1)首先调用基类构造函数。当多个基类中有虚基类也有非虚基类时,虚基类的构造函数先被调用,再调用非虚基类的构造函数;调用顺序与继承顺序一致。

　　(2)然后调用对象成员的构造函数,调用顺序与对象成员在类中定义的顺序一致。

　　(3)最后执行派生类自身的构造函数。

　　析构函数的执行顺序与构造函数的执行顺序相反。

　　在多继承时可能会出现二义性问题,解决的途径有三种:利用作用域运算符;在派生类中对基类同名的成员进行重新声明和定义,覆盖基类的同名成员;采用虚拟继承来消除二义性。

❓ 习题

一、改错题(下面程序各有一处错误,请找出并改正)

　　1.程序如下,运行结果为 10。

```
    #include <iostream.h>
```

```
class base
{
    int x;
public:
    void setx(int n)
    {x = n;}
    void showx()
    {cout<<x<<endl;}
};
class derived: private base
{
    int y;
public:
    void setxy(int n,int m)
    {
        setx(n);
        y = m; }
    void showxy()
    {
        showx();
        cout<<y<<endl;
    }
};
void main()
{ derived obj;
  obj.setx(10);
  obj.showx();
}
```

错误语句是：_____

改正为：_____

2.程序如下：

```
#include <iostream.h>
class A
{   int x;
public:
    A(int a)
    {
        x = a;
        cout<<"constructing A"<<endl;}
```

```
    };
    class B:public A
    {
    public:
        B()
        { cout<<"constructing B"<<endl;}
    };
    void main()
    {
        B b;
    }
```

错误语句是:_____

改正为:_____

3. 程序如下,程序运行结果为:

A.x = 10

```
    #include <iostream.h>
    class A
    {
    public:
        int x;
        A(int a = 0)
        {x = a;}
        void display()
        { cout<<"A.x = "<<x<<endl; }
    };
    class B
    { public:
        int x;
        B(int a = 0)
        {x = a;}
        void display()
        {cout<<"B.x = "<<x<<endl; }
    };
    class C:public A,public B
    {
        int y;
    public:
        C(int a,int b,int c):A(a),B(b)
        {    y = c;   }
```

```
        int gety()
        { return y; }
    };
    void main()
    {
        C myc(1,2,3);
        myc.x = 10;
        myc.A::display();
    }
```

错误语句是：_____

改正为：_____

二、程序填空题

1. 请补充完整下面程序,程序运行结果为：

调用了基类 1 的构造函数!

调用了基类 2 的构造函数!

调用了派生类的构造函数!

调用了派生类的析造函数!

调用了基类 2 的析构函数!

调用了基类 1 的析构函数!

程序代码如下：

```
# include<iostream.h>
class CBase1
{
    int x;
public:
    CBase1(int a)
    {
        x = a;
        cout<<"调用了基类 1 的构造函数! \n";
    }
    ~CBase1()
    { cout<<"调用了基类 1 的析构函数! \n";}
};
class CBase2
{
    int y;
public:
    CBase2 (int a)
    {
```

```
            y＝a；
            cout<<"调用了基类 2 的构造函数！\n"；
        }
        ～CBase2（）
        {
            cout<<"调用了基类 2 的析构函数！\n"；
        }
    }；
    class CDerived：public CBase1 ，public CBase2 //此处基类顺序影响构造函数的调用顺序
    {
        int z；
    public：
        CDerived（int a ，int b ，int c）：【　　　】        //初始化基类成员
        {
            z＝c；
            cout<<"调用了派生类的构造函数！\n"；
        }
        ～ CDerived()
        {
        cout<<"调用了派生类的析造函数！\n"；
        }
    }；
    void main（）
    {
        CDerived d（2，4 ，6）；
    }
```

2. 请补充完整下面程序,程序运行结果如下：

    12,2

    程序代码如下：

```
# include <iostream.h>
class A
{ public：
    A（int i）
    { x＝i；}
    void dispa（）
    { cout <<x <<"，"；}
  private：
        int x；
}；
```

```
class B：public A
{ public：
    B(int i)：A(i + 10) { x = i; }
    void dispb()
      { dispa()；
        cout <<x <<endl; }
  private：
    int x；
};
void main()
{   B b(【              】)；
    b.dispb()；
}
```

3. 请补充完整下面程序,程序运行结果如下：

```
base a = 5
base1 a = 15
base2 a = 35
derived a = 35
```

程序代码如下：

```
#include <iostream.h>
class base
{
protected：
    int a；
public：
    base()
    {a = 5；
    cout<< "base a = "<<a<<endl;}
};
class base1：virtual public base
{
public：
    base1()
    { a = a + 10；
    cout<< "base1 a = "<<a<<endl;}
};
class base2：【              】base
{
public：
```

```
base2()
{
a = a + 20;
cout<<"base2 a = "<<a<<endl;
}
};
class derived:public base1,public base2
{
public:
    derived()
    {cout<<"derived a = "<<a<<endl;}
};
void main()
{ derived obj;}
```

三、程序设计题

1. 声明一个哺乳动物类(Mammal),再由此派生出狗类(Dog),声明一个 Dog 类的对象,观察基类与派生类的构造函数与析构函数的调用顺序。

运行结果:

call Mammal

call Dog

Delete Dog class

Delete base class

main 函数如下:

void main()

{　　Dog b;　　}

请编写程序。

2. 声明一个 shape 基类,在此基础上派生出 Rectangle 和 Circle 类,二者都有 GetArea() 函数计算对象的面积。使用 Rectangle 类创建一个派生类 Square。

运行结果:

the area = 12

the area = 28.2743

the area = 9

部分程序代码如下,请补充完整。

```
#include <iostream.h>
#define PI 3.1415926
class shape
{
protected:
```

```
        double s；
public：
        void show()
        {cout<<"the area = "<<s<<endl；   }
};
【              】
void main()
{
        Rectangle r(3,4)；
        r.GetArea()；
        r.show()；
        Circle c(3)；
        c.GetArea()；
        c.show()；
        Square ss(3)；
        ss.GetArea()；
        ss.show()；
}
```

3. 定义圆类 CCircle，定义矩形类 Crectangle，多继承派生出圆柱类 CColumn，求圆柱的体积。

运行结果：

Volumn = 94.2478

部分程序代码如下，请补充完整。

```
# define PI 3.1415926
# include <iostream.h>
class CCircle
{
        float r；
public：
        CCircle (float R)
        { r = R；}
        float Getr ()
        {return   r；}
};
【              】
void main ()
{
        CColumn col (7.5,4)；
        col.Volumn()；
```

```
        col. ShowVolumn();
    }
```

4. 建立一个基类 Building,用来存储一座楼房的层数、房间数以及它的总平方英尺数。建立派生类 Housing,继承 Building,并存储下面的内容:卧室和浴室的数量,另外,建立派生类 Office,继承 Building,并存储电话和灭火器的数目。然后编制应用程序,建立住宅楼对象和办公楼对象,并输出它们的有关数据。

程序代码如下,请补充完整。

```
#include <iostream.h>
class Building
{public:
    Building(int f,int r,double ft)
    {floors = f;
    rooms = r;
    footage = ft;
    }
    void show()
    {   cout<<" floors:"<<floors<<endl;
        cout<<" rooms:"<<rooms<<endl;
        cout<<" total area:"<<footage<<endl;
    }
protected:
    int floors;
    int rooms;
    double footage;
};
【          】
void main()
{ Housing hob(5,7,140,2,2);
  Office oob(8,12,500,12,2);
  hob.show();
  oob.show();
}
```

运行结果:

```
HOUSING:
floors:5
rooms:7
total area:140
bedrooms:2
bathrooms:2
```

OFFICE：

floors：8

rooms：12

total area：500

phones：12

extinguishers：2

二维码 6-1　习题参考答案

第7章 多态性

面向对象程序设计的重要特征之一多态性,是指发出同样的消息被不同类型的对象接收时有可能导致完全不同的行为。

多态性分为静态和动态两种。本章包括两部分内容:一是静态多态性,主要介绍运算符的重载;二是动态多态性,主要介绍虚函数。

7.1 多态的类型和实现

【例7-1】 引入实例。计算学生成绩总分,对于小学生来说,可能就是需要将数学、语文相加即可;对中学生则是语文、数学、英语、物理、化学等课程相加;对于大学生则有可能是高等数学、大学物理、英语、计算机程序设计等相加。这里一个计算学生成绩总分,对于不同对象,其计算方法就截然不同。

多态性是指同一个消息被不同类型的对象接收时导致不同的行为方式,这里的消息是指对类的成员函数调用,不同行为方式指的是不同函数实现,即调用了不同成员函数。即"一个对外接口,多个内在实现方法"。

例如,对于计算面积(即消息),可以是计算三角形面积、可以是计算矩形面积、也可以是计算圆的面积,不同的形状对象接收到计算面积消息后,将采用不同的计算方法计算相应形状的面积。

7.1.1 多态的类型

为了更好地解决实际问题中所涉及的各类多态情况,在面向对象程序设计中采用四种形式实现多态:即重载多态、强制多态、包含多态和参数多态。

(1)重载多态:包含函数重载和运算符重载。函数重载是具有不同形式参数列表(即形参个数或类型不同)的多个同名函数,在调用函数时可以传递不同的实参,以实现不同的功能。运算符重载属于一种特殊的函数重载,本章将主要介绍运算符重载。

(2)强制多态:是指在运算过程中,根据需要主动或被动转换变量的类型。分为显式转化和隐式转化。如在浮点数与整数运算时自动将浮点数和整数转化成双精度的浮点数后运算,即隐式转化;而显式转化则是在程序中必须明确指出的,比如:

int a = 66;

cout<<(char)a<<endl;

此时将输出大写字母 B。因为(char)a 将变量 a 的值强制类型转换为 char,而 66 是 B 的 ASCII 码,所以输出 B,这就是显式转化。

(3)包含多态:是指类的继承关系中,定义于基类成员函数与派生类的同名成员函数之间的关系,通过虚函数来实现。这部分将在 7.3 节说明。

(4)参数多态:与函数模板、类模板相关联,通过赋予参数实际类型实例化为模板函数或模板类,使其具有多态的特征。这部分将在第 8 章说明。

7.1.2　多态的实现

程序绑定(binding)是指计算机程序彼此关联的过程,也就是把一个函数名与程序存储的某个地址联系在一起的过程。在面向对象程序设计中调用的函数与此函数执行代码的存储地址绑定可以在编译时完成,也可在运行时完成。依据绑定完成的阶段不同将绑定分为:静态绑定和动态绑定。

静态绑定是指在程序编译阶段就完成函数名与函数执行代码存储地址关联,即在程序编译的过程中就已经完全确定的调用函数的具体对象,例如重载函数、重载运算符等都是在编译阶段确定某一个标识符与某一段具体代码的关联。

动态绑定是指程序在执行的过程中完成的绑定,即在编译时无法确定,只有程序在执行的过程中才能够确定函数标识符所关联代码的存储地址。

多态从实现的角度可以划分为两类:编译时的多态和运行时的多态。编译时的多态是在编译的过程中即明确了操作的具体对象;运行时的多态是在程序运行过程中根据运行情况确定操作所针对的对象。

7.2　运算符重载

在 C++中,所提供的运算符的操作数是预先定义好的,不能改变的。

例如,程序中有如下语句:

int a = 2,b = 3,sum;

sum = a + b;

这是正确的。

实际上,对于用户自定义的数据类型(如类),也有类似的运算需求,要实现这些运算就必须针对相应的类重新定义操作,即把 C++中已定义好的运算符扩展到用户自定义类中。

【例 7-2】　运算符重载引入实例。

有程序源代码如下:

```
#include <iostream.h>
class Complex                    //复数类声明
{
public:                          //外部接口
    Complex(double r = 0.0,double i = 0.0)
    {
        real = r;
        imag = i;
    }                            //构造函数
    void display();              //输出复数
```

```
    private：                        //私有数据成员
        double real；                //复数实部
        double imag；                //复数虚部
        }；
    void Complex∷display()
    {
        cout<<"实部为:"<<real<<",虚部为:"<<imag<<endl；    }
    void main()                      //主函数
    {    Complex com1(5.1,6.2),com2(3.1,4.1),com3；    //定义复数类的对象
        cout<<"复数 com1 的";
        com1.display();
        cout<<"复数 com2 的";
        com2.display();
        com3 = com1 + com2；
        cout<<"复数 com3 = com1 + com2 的";
        com3.display();
    }
```

编译程序,会出现错误:

error C2676：binary '+'：'class Complex' does not define this operator or a conversion to a type acceptable to the predefined operator

即语句"com3 = com1 + com2；"是不允许的。原因在于"+"运算符只能用于基本数据类型,而不能用于用户自定义的类对象。

为了实现上述的要求,就需要编写代码来实现"+"作用于类 Complex 的对象时如何进行加法运算,即将"+"功能扩展到 Complex 类的对象的加法运算,即实现"+"运算符重载。

运算符重载是对已有的运算符赋予多重含义,使同一运算符作用于不同类型的数据类型时产生不同的运算。运算符重载实质就是函数的重载,参加运算的运算数作为函数的参数,运算符作为函数名,根据实参的类型确定调用的运算符函数。

运算符重载的语法形式如下:

返回类型 operator 运算符符号（参数说明）

```
{
        //函数体
}
```

运算符重载可以以友元函数和成员函数两种形式出现。

7.2.1　运算符重载为友元函数

运算符分为单目、双目和三目运算符,不同的运算符重载,其形式有所不同。

1.双目运算符重载为类的友元函数

对于双目运算符而言,双目运算符重载为类的友元函数,运算符函数的形参个数为 2。当通过调用这种运算符函数时,操作数通过参数传递来获得。

【例 7-3】　以友元函数实现复数类的"＋"运算符重载。

修改例 7-2,程序代码如下:

```
# include <iostream.h>
class Complex
{
public:
    Complex(double r = 0.0,double i = 0.0)
    {
        real = r;
        imag = i;
    } //构造函数
    friend Complex  operator +(Complex c1,Complex c2);//增加代码
    void display();
private:
    double real;
    double imag;
};
//增加代码:重载运算符" + "函数的实现
Complex  operator +(Complex c1,Complex c2)
{
    Complex c;
    c.real = c1.real + c2.real;
    c.imag = c1.imag + c2.imag;
    return c;
}
void Complex::display()
{   cout<<"实部为:"<<real<<",虚部为:"<<imag<<endl;   }
void main()
{   Complex com1(5.1,6.2),com2(3.1,4.1),com3;
    cout<<"复数 com1 的";
    com1.display();
    cout<<"复数 com2 的";
    com2.display();
    com3 = com1 + com2;
    cout<<"复数 com3 = com1 + com2 的";
    com3.display();
}
```

运行结果:

复数 com1 的实部为:5.1,虚部为:6.2

复数 com2 的实部为:3.1,虚部为:4.1

复数 com3 = com1 + com2 的实部为:8.2,虚部为:10.3

分析:

双目运算符 OP 重载为类的友元函数后,能够实现类似数学习惯的 oprd1 OP oprd2 的表达式形式。双目运算符 OP 重载为类的友元函数后,表达式 oprd1 OP oprd2 相当于调用函数 operator OP(oprd1,oprd2)。本程序中的 main 函数中的语句"com3 = com1 + com2;",等价于"com3 = operator + (com1,com2);"。

2.单目运算符重载为类的友元函数

对于单目运算符而言,单目运算符重载为类的友元函数,运算符函数的形参数个数为 1。但是当单目运算符可以位于操作数前后不同位置时,应该加以区分。

【例 7-4】 将单目运算符"--"重载为类的友元函数,实现"--"运算。

程序代码如下:

```cpp
#include <iostream.h>
class Complex
{
public:
        Complex(double r = 0,double i = 0)
        {
          real = r;
          imag = i;
        }
        friend Complex& operator --(Complex& com);      //前置单目运算符重载
        friend Complex operator --(Complex& com,int);   //后置单目运算符重载
        void display();
private:
        double real;
        double imag;
};
//前置单目运算符重载函数
Complex& operator --(Complex& com)
{
        com.real -- ;
        com.imag -- ;
        return com;
}
//后置单目运算符重载
Complex operator --(Complex& com,int)
{       Complex temp(com);
        com.real -- ;
```

```
                com.imag-- ;
                return temp;
        }
        void Complex∷display()
        {
                cout<<"实部为:"<<real<<",虚部为:"<<imag<<endl;
        }
        void main()
        {
                Complex com1(7.7,8.8);
                Complex com2(1.1,5.5);
                Complex com3;
                cout<<"前置 -- 运算前 com1 的";
                com1.display();
                com3 = -- com1;    //使用重载运算符完成复数前置 --
                cout<<"前置 -- 运算后 com1 的";
                com1.display();
                cout<<"前置 -- 运算后 com3 的";
                com3.display();
                cout<<"后置 -- 运算前 com2 的";
                com2.display();
                com3 = com2 -- ;    //使用重载运算符完成复数后置 --
                cout<<"后置 -- 运算后 com3 的";
                com3.display();
                cout<<"后置 -- 运算后 com2 的";
                com2.display();
        }
```

运行结果:

前置 -- 运算前 com1 的实部为:7.7,虚部为:8.8

前置 -- 运算后 com1 的实部为:6.7,虚部为:7.8

前置 -- 运算后 com3 的实部为:6.7,虚部为:7.8

后置 -- 运算前 com2 的实部为:1.1,虚部为:5.5

后置 -- 运算后 com3 的实部为:1.1,虚部为:5.5

后置 -- 运算后 com2 的实部为:0.1,虚部为:4.5

分析:

单目运算符"--"可以前置也可以后置,其重载方法有所不同。

当前置时,重载为类友元函数,使之能够实现表达式 -- oprd,其中 oprd 为 A 类对象, "--"被重载为 A 类的友元函数时,形参为操作数。

经重载后,表达式 -- oprd 相当于 operator --(oprd)。

　　单目运算符"－－"后置,重载为类友元函数,使之能够实现表达式 oprd－－,其中 oprd 为 A 类对象,"－－"被重载为 A 类的友元函数时,应该具有 2 个形式参数,一个为操作数,另一个为 int 类型形参,这个形式参数只是一个标记,目的是为了区分运算符"－－"前置和后置函数重载。表达式 oprd－－ 相当于 operator－－(oprd,0)。

　　本程序中 main 函数中的"com3＝－－com1;",等价于"com3＝operator－－(com);",同样"com3＝com2－－;",也可以写成函数调用的形式"com3＝operator－－(com1,0);"。

7.2.2　运算符重载为成员函数

1.双目运算符重载为类的成员函数

重载双目运算符,其运算符重载函数的形式参数个数为 1。

【例 7-5】　修改例 7-3 实现复数类的"＋"运算。

程序代码如下:

```cpp
#include <iostream.h>
class Complex
{
public:
    Complex(double r = 0.0, double i = 0.0)
    {
        real = r;
        imag = i;
    } //构造函数
    Complex   operator +(Complex c);//修改代码
    void display();
private:
    double real;
    double imag;
};
//修改代码:重载运算符" + "函数的实现
Complex   Complex::operator +(Complex c1)
{
    Complex c;
    c. real = real + c1. real;//修改代码
    c. imag = imag + c1. imag;//修改代码
    return c;
}
void Complex::display()
{   cout<<"实部为:"<<real<<",虚部为:"<<imag<<endl;}
void main()
```

```
{   Complex com1(5.1,6.2),com2(3.1,4.1),com3;
    cout<<"复数 com1 的";
    com1.display();
    cout<<"复数 com2 的";
    com2.display();
    com3 = com1 + com2;
    cout<<"复数 com3 = com1 + com2 的";
    com3.display();
}
```

运行结果不变。

分析：

双目运算符 OP 重载为类的成员函数后,能够实现类似数学习惯的 oprd1 OP oprd2 的表达式形式。表达式 oprd1 OP oprd2 相当于调用成员函数 oprd1.operator OP(oprd2)。例如上例程序中语句"com3 = com1 + com2;"相当于"com3 = com1.operator + (com2);"。

请读者自行编写以成员函数方式的复数类减法运算符(−)、乘法运算符(∗)和除法运算符(/)的运算符重载函数。

2. 单目运算符重载为类的成员函数

【例 7-6】 将单目运算符"−−"重载为类的成员函数,实现"−−"运算。

```
#include <iostream.h>
class Complex
{
public:
        Complex(double r = 0,double i = 0)
        {
           real = r;
           imag = i;
        }
        Complex& operator −−();          //修改代码
        Complex operator −−(int);         //修改代码
        void display();
private:
        double real;
        double imag;
};
//修改代码
Complex& Complex::operator −−()
{
```

```
        real-- ;
        imag-- ;
        return  * this；
}
//修改代码
Complex Complex∷operator--(int)
{
        Complex temp( * this)；
        real-- ；
        imag-- ；
        return temp；
}
void Complex∷display()
{
        cout<<"实部为:"<<real<<",虚部为:"<<imag<<endl；
}
void main()
{
        Complex com1(7.7,8.8)；
        Complex com2(1.1,5.5)；
        Complex com3；
        cout<<"前置--运算前 com1 的"；
        com1.display()；
        com3=--com1；   //使用重载运算符完成复数前置--
        cout<<"前置--运算后 com1 的"；
        com1.display()；
        cout<<"前置--运算后 com3 的"；
        com3.display()；
        cout<<"后置--运算前 com2 的"；
        com2.display()；
        com3=com2-- ；   //使用重载运算符完成复数后置--
        cout<<"后置--运算后 com3 的"；
        com3.display()；
        cout<<"后置--运算后 com2 的"；
        com2.display()；
}
```

运行结果：
前置--运算前 com1 的实部为:7.7,虚部为:8.8
前置--运算后 com1 的实部为:6.7,虚部为:7.8

前置 -- 运算后 com3 的实部为:6.7,虚部为:7.8

后置 -- 运算前 com2 的实部为:1.1,虚部为:5.5

后置 -- 运算后 com3 的实部为:1.1,虚部为:5.5

后置 -- 运算后 com2 的实部为:0.1,虚部为:4.5

分析:

前置单目运算符"--",重载为类成员函数,使之能够实现表达式 -- oprd,其中 oprd 为 A 类对象,"--"应被重载为 A 类的成员函数时,无形参。

经重载后,表达式 -- oprd 相当于 oprd.operator -- ()。

后置单目运算符"--",重载为类成员函数,使之能够实现表达式 oprd -- ,其中 oprd 为 A 类对象,"--"被重载为 A 类的成员函数时,具有一个 int 类型形参,这个形式参数只是一个标记,目的是为了与前置和后置 ++ 、-- 相同函数名进行重载的区分。

经重载后,表达式 oprd -- 相当于 oprd.operator -- (0)。

本程序中的 main 函数中的 com3 = -- com1,等价于:com3 = com1.operator -- ()。

同样 com3 = com2 -- ,也可以写成函数调用的形式:com3 = com1.operator -- (0)。

7.2.3　运算符重载的规则

运算符重载的规则如下:

(1)C++中的运算符除了类属运算符".",指针运算符"*",作用域运算符"::",sizeof 运算符,条件运算符"?:"(三目运算符)外,其他 C++中已有运算符全部都能重载。

(2)重载后运算符的优先级和结合性不会改变。

(3)运算符重载是对新数据类型的实际需要,对原有功能的改造,重载后的功能与原有功能相似,不能改变原有操作数的个数,同时至少有一个操作数是自定义数据类型。

运算符重载形式有两种:重载为类的成员函数和重载为友元函数。

读者可以思考一下,为什么运算符重载是成员函数和友元函数两种形式?

7.2.4　综合实例分析

【例 7-7】 将双目运算符"=="重载为类的成员函数,实现比较两个复数的相等。

问题分析:

两个复数只有当实部和虚部分别相等时,才被认为相等;重载比较运算符"==",用以比较两个复数是否相等。

程序代码如下:

```
#include <iostream.h>
class Complex
{
    double   real,imag;
public:
    Complex(double r,double i)
    {
```

```
            real = r；
            imag = i；
        }
        bool operator == （Complex    com）；
    }；
    bool Complex∷ operator == （Complex    com）    // 比较运算符"=="的重载函数
    {
        return （（real == com. real）&&（imag == com. imag））？ true：false；
    }
    void main（）
    {
        Complex c1（12.3，32.5），c2（21.7，18.6）；
        if（c1 == c2）
            cout<< "true\n"；
        else
            cout<< "false\n"；
    }
```

运行结果：

false

分析：

主函数中定义了两个复数对象 c1（12.3，32.5）和 c2（21.7，18.6），比较运算符"=="经过重载，用于比较两个复数的实部和虚部是否完全相等，显然 c1 和 c2 不相等，所以结果为 false。

7.3　虚函数

虚函数属于一种动态多态。虚函数允许函数调用与函数体之间的联系在运行时才建立。运行时的多态性通过虚函数实现，是程序在运行过程中动态绑定函数名应该关联的程序代码。

【例 7-8】　虚函数应用。

问题分析：

定义基类 Base，包括成员函数 f（）和 g（）；由 Derived 类公有派生出类 Base，在 Base 类中定义成员函数 f（）和 g（），在主程序中分别定义 Derived 类的对象 d 和指向 Derived 类对象的 Base 类型指针 p。将 Base 类中的成员函数 f（）、g（）定义成非虚函数和虚函数 virtual，并对最终的运行结果进行对比分析。

对比分析上述两个程序运行结果，可发现，基类 Base 中成员函数 f（）和 g（）的声明前增加了一个关键字 virtual，则 Base 类中的成员函数 f（）和 g（）被定义为虚函数了，同时派生类 Derived 的成员函数 f（）和 g（）继承为虚函数。仔细分析运行结果，可以发现 Base 类的指针 p 指向派生类 Derived 对象时，用派生类的对象替换基类的对象后，只能访问基类的成员，而使用虚函数函数后实现了替换后访问的是派生类的成员函数。

``
#include <iostream.h>
class Base
{ public:
    void f() { cout << "f0 + "; }
    void g() { cout << "g0 + "; }
};
class Derived: public Base
{ public:
    void f() { cout << "f + "; }
    void g() { cout << "g + "; }
};
void main()
{ Derived d;
  d.f();
  d.g();
  Base * p = &d;
  p->f();
  p->g();
}
``
	``
	#include <iostream.h>
	class Base
	{ public:
	    virtual void f() { cout << "f0 + "; }
	    virtual void g() { cout << "g0 + "; }
	};
	class Derived: public Base
	{ public:
	    void f() { cout << "f + "; }
	    void g() { cout << "g + "; }
	};
	void main()
	{ Derived d;
	  d.f();
	  d.g();
	  Base * p = &d;
	  p->f();
	  p->g();
	}
	``

运行结果: f + g + f0 + g0 +	运行结果: f + g + f + g +

因此要实现基类的替换为不同对象后执行不同的操作,就必须将基类相应中的成员函数定义为虚函数,在派生类重载此虚函数。从这里可以看出:函数中调用的 f() 和 g() 究竟应该执行哪一个 f() 和 g() 函数,在编译时是无法确定的,只有在程序执行过程中根据传递的参数动态绑定。

7.3.1 虚函数的定义和使用

虚函数用来表现基类和派生类的成员函数之间的一种关系。虚函数的声明在基类中进行,在需要定义为虚函数的成员函数的声明前冠以关键字 virtual。

一般语法形式为:

virtual 函数返回值类型 函数名(形参表);

【例 7-9】 虚函数定义。

```
#include  <iostream.h>
class CBase{
  public:  virtual void show()
          {cout << "This is the base class! \n";}
};
class CPart1: public CBase
{      public:
```

```
          virtual void show()
          {cout<<"This is the first derived   class! \n";}
};
class CPart2：public CBase
{
     public：
          virtual void show()
          {cout<<"This is the second derived   class! \n";}
};
void main()
{   CBase base，* p；
    CPart1 part1；
    CPart2 part2；
    p=&base；
    p->show()；
    p=&part1；
    p->show()；
    p=&part2；
    p->show()；
    part1.show()；
    part2.show()；
}
```

运行结果：

This is the base class!

This is the first derived   class!

This is the second derived   class!

This is the first derived   class!

This is the second derived   class!

关于虚函数的声明和定义需要注意以下几点：

(1)虚函数只能在类声明时声明，不能在成员函数实现时添加关键字"virtual"声明虚函数。

(2)基类中的某个成员函数被声明为虚函数后，此虚函数就可以在一个或多个派生类中被重新声明和定义，重新声明和定义时，此函数仍然为虚函数，可以添加关键字"virtual"，也可以省略。

(3)基类中定义的虚函数在派生类中重新定义时，其函数原型，包括返回类型、函数名、参数个数、参数类型及参数的先后顺序，都必须与基类中的原型完全相同，否则就失去了虚函数的特征。

(4)构造函数不能是虚函数；析构函数通常声明为虚函数。

(5)虚函数实现运行时的多态应符合3个条件：

- 符合赋值兼容原则。
- 要声明虚函数。
- 通过指针、引用的方式来访问虚函数。重载虚函数时,若与基类中的函数原型出现不同,系统将根据不同情况分别处理。

7.3.2 虚析构函数

在 C++中,不能定义虚拟构造函数,可以定义虚拟析构函数,虚拟析构函数声明的语法形式为:

virtual ～类名( );

如果一个类的析构函数是虚析构函数,则其派生类的析构函数也是虚析构函数。析构函数为虚析构函数时,利用基类的指针、引用就能够自动调用适当的析构函数,例如基类为 Base,派生类为 Derive,有如下程序段:

Base ＊p;

Derive ＊d = new Derive();

p = d;

delete p;

在执行"delete p;"语句时,系统会自动执行 Derive 的析构函数。

7.4 抽象类

当基类只表示一种抽象的概念,其成员函数也并无具有实际意义的操作时,这种类被认为是一种抽象的类。

7.4.1 纯虚函数

纯虚函数是在基类声明的一个虚函数,该虚函数没有定义函数体,没有具体的操作内容,要求它的派生类根据实际需要定义自己的函数体,实现自身需要的功能。虚函数的声明形式为:

virtual 函数返回值类型 函数名(形参表) = 0;

如:

class CShape

｛

  public:

    virtual void display() = 0;

｝;

display()就是一个纯虚函数,虚函数被声明成纯虚函数,就不必进行函数体定义。纯虚函数的作用是利用其虚函数的传递特性,达到实现动态多态性的目的。

7.4.2 抽象类

至少包含一个纯虚函数的类称为抽象类。抽象类不能创建对象,只是为它的派生类提供共同的数据结构和操作。当抽象类的派生类给出了抽象类的全部纯虚函数的实现，这个派生类就不再是抽象类，就可以定义自己的对象；当派生类没有给出纯虚函数的实现时，这个派生类仍然是抽象类。

抽象类不能实例化，即不能定义抽象类的对象，可以有指向抽象类的指针和引用，但它只能指向或引用其派生类具体对象，通过指针和引用就可以访问派生类的对象，访问派生类的重载的虚函数。

【例 7-10】 纯虚函数和抽象类的定义。

```cpp
#include <iostream.h>
class CBase
{
    public：  virtual void show()=0;//纯虚函数的定义
};
class CPart1：public CBase
{
    public：
        virtual void show()
        {cout<<"This is the first derived   class! \n";}
};
class CPart2：public CBase
{
    public：
        virtual void show()
        {cout<<"This is the second derived   class! \n";}
};
void main()
{   CBase base,* p；  //不能定义抽象类的对象
    CPart1 part1；
    CPart2 part2；
    p=&base；
    p->show()；
    p=&part1；
    p->show()；
    p=&part2；
    p->show()；
    part1.show()；
    part2.show()；
}
```

运行时出现以下错误：

error C2259：'CBase'：cannot instantiate abstract class due to following members

　　运行结果分析,基类 CBase 的 show()成员定义成为一个纯虚函数,它没有函数体,派生类 CPart1 和 CPart2 中对函数 show()进行了声明并定义了函数体,主函数中分别让基类的指针 p 指向 CPart1 和 CPart2 的对象,分别执行了派生类自己的 show()函数,实现了动态的多态性。

　　抽象类不能定义对象,但可以定义指向抽象类的指针,抽象类的纯虚函数为它的派生类定义了统一的对外接口,通过统一的对外接口可以降低程序员的劳动强度。

7.4.3　综合实例分析

【**例 7-11**】　**基于虚函数实现汽车类的多态性。**

问题分析:

　　定义汽车类 vehicle,包含数据成员有车名、车主名、购买日期,包含成员函数 show()为虚函数,可以显示汽车的属性信息。以汽车类为基类,派生出小汽车类和货车类,其中小汽车类需新增座位数、显示小汽车属性的成员函数;货车类需新增吨位、显示货车属性的成员函数。

程序代码如下:

```cpp
#include <iostream.h>
#include <string.h>
class vehicle                          //汽车类的定义
{ protected:
    char    carname[20];               //车名
    char    name[20];                  //车主名
    char    date[20];                  //购买日期
public:
    vehicle(char cn[20],char na[20],char d[20])     //汽车的构造函数
    {  strcpy(carname,cn);
       strcpy(name,na);
       strcpy(date,d);
    }
    virtual void show()                //显示基本信息
    {  cout<<name<<"的"<<carname<<"汽车,购买于"<<date<<endl; }
};
class car:public vehicle               //派生类小汽车的定义
{protected:
    int zws;                           //座位数
public:
    car(char cn[20],char na[20],char d[20],int zw):vehicle(cn,na,d)
    {  zws = zw;  }
    void show()
    {  cout <<name<<"的"<<carname<<"小汽车,购买于"<<date
          <<",座位数为"<<zws<<endl;
```

```
        }
    };
class truck:public vehicle                //派生类货车的定义
{protected:
    double dw;                             //吨位
public:
    truck(char cn[20],char na[20],char d[20],double z):vehicle(cn,na,d)
    {   dw=z;   }
    void show()
    {   cout<<name<<"的"<<carname<<"货车,购买于"<<date
        <<",吨位为"<<dw<<endl;
    }
};
void main()
{   car A("Benz","Kaka","2016-5-5",5);
    truck B("Dongfeng","Yua","2015-1-20",5.5);
    vehicle *p;
    p=&A;
    p->show();
    p=&B;
    p->show();
}
```

运行结果:
Kaka 的 Benz 小汽车,购买于 2016-5-5,座位数为 5
Yua 的 Dongfeng 货车,购买于 2015-1-20,吨位为 5.5

7.5　小结

多态性是面向对象程序设计的重要特征之一,多态性是指同一个消息被不同类型的对象接收时导致不同的行为方式。

面向对象的多态性分为四类:重载多态、强制多态、包含多态和参数多态。从实现的角度,多态可以分为两类:编译时的多态和运行时的多态。编译时的多态是在编译的过程中确定了同名操作的具体操作对象;运行时的多态是在程序运行过程中才动态确定操作所针对的具体操作对象。

运算符重载属于编译时的多态,是对 C++ 中已有的运算符(除了少数以外)的功能进行扩展,使用已有的运算符对用户自定义类型(如类)进行操作。运算符重载可以重载为类的成员函数,也可以重载为类的友元函数。

虚函数属于运行时的多态,是在基类的成员函数的前面添加关键字"virtual",在派生类中重载此函数,此函数在派生类中仍然为虚函数。用派生类的对象替换基类的对象后,被替换的基类对象就可以访问派生类的重载虚函数,实现动态的多态。

至少包含一个纯虚函数的类称为抽象类。抽象类不能创建对象,是为它的派生类提供共同的数据结构和操作。抽象类不能实例化,即不能定义抽象类的对象,可以有指向抽象类的指针和引用,但它只能指向或引用其派生类具体对象,通过指针和引用就可以访问派生类的对象,访问派生类的重载的虚函数,这种形式就是动态多态的实现。

习题

一、改错题

1. 抽象类的作用就是为解决多继承时二义性。

2. 类构造函数可以是虚函数。

3. 类的析构函数不可以虚函数。

4. 虚析构函数与其他虚函数的特性相同,在派生类中必须定义基类的虚析构函数。

5. 运算符重载可以改变运算符意义,也可以改变运算符的结合顺序、优先级。

二、程序设计题

1. 下列 shape 类是一个表示形状的抽象类,area()为求图形面积的函数,total()则是一个通用的用以求不同形状的图形面积总和的函数. 请从 shape 类派生三角形类(triangle),矩形类(rectangle),并给出具体的求面积函数,并写出 main 函数。

```cpp
class shape
{
public:
    virtual float area() = 0;
};
float total(shape * s[ ],int n)
{
    float sum = 0.0;
    for(int i = 0;i<n;i++);
        sum = sum + s[i]->area();
    return sum;
}
```

2. 分析下列两段程序,给出运行结果,比较其不同,并分析原因。

程序 1:

```cpp
#include <iostream.h>
class B0
{public:
    void  display()
    {cout<<"B0::display()"<<endl;}
};
class B1:public B0
```

```
{public:
    void display()
    {cout<<"B1::display()"<<endl;}
};
class D1:public B1
{public:
    void display()
    {cout<<"D1::display()"<<endl;}
};
void main()
{    B0 b0,* p;
     B1 b1;
     D1 d1;
     p=&b0;
     p->display();
     p=&b1;
     p->display();
     p=&d1;
     p->display();
}
```

程序 2： 将 B0 类修改如下，

```
class B0
{public:
 void  virtual  display()
{   cout<<"B0::display()"<<endl;   }
};
```

二维码 7-1　习题参考答案

第8章 模板

C++ 语言的核心优势之一就是代码重用。模板作为 C++ 中的一个重要概念,可以高效地实现代码重用。模板分为函数模板和类模板两种。

8.1 函数模板

分析一下前面所学的重载函数。例如 max 函数,该函数能够返回两个参数中的较大者。

```
double max(double t1, double t2);        //返回两个 double 型数据的较大者
int max(int t1, int t2);                 //返回两个 int 型数据的较大者
char max(char t1, char t2);              //返回两个 char 型数据的较大者
```

尽管函数 max 针对不同的数据类型其实现过程都是一样的,但必须为每一种数据类型定义一个单独的函数:

```
double max(double t1, double t2)
{    return t1>t2? t1：t2；}
int max(int t1, int t2)
{    return t1>t2? t1：t2；}
char max(char t1, char t2)
{    return t1>t2? t1：t2；}
```

这样不但重复劳动,容易出错,而且还带来很大的维护和调试工作量。

当程序逻辑和操作对于每种数据类型是相同时,可以利用本章介绍的函数模板来实现。

8.1.1 函数模板的定义

函数模板实际上是一个通用数据类型的函数,是对于一组函数的描述。编写一个函数模板定义,在给出这个函数调用中提供的参数类型情况下,C++ 将会自动产生不同的模板函数来正确处理每种类型的调用。所以,定义一个函数模板就相当于定义了整个解决方案。

1.函数模板的定义

定义格式如下:

```
template <class（或 typename）模板参数表>
函数返回值类型    函数名(函数参数表)
{
函数体语句；
}
```

上例中,max 函数可以定义为函数模板:

```
template <class T>
T max(T t1, T t2)
{
    return (t1> t2) ? t1: t2;
}
```

说明:

(1)template 是定义函数模板的关键字,所有函数模板定义都以 template 开始。

(2)T 是程序员自己声明的一个通用数据类型名称,当然也可以使用其他的名称。

(3)<class T> 定义 T 作为模板参数,如果函数模板中有两个以上模板参数,可以定义为:template <class T1,classT2…>。

(4)当实例化 max 函数时,T 将替换为具体的模板实参的数据类型。如:

```
int a,b;
char c,d;
max(a,b);                    //T 对应 int
max(c,d);                    //T 对应 char
```

(5)max 是函数名,t1 和 t2 是其参数,返回值的类型为 T。可以像使用普通的函数那样使用这个 max 函数。编译器按照所使用的数据类型自动产生相应的模板实例。

在函数模板中,处理不同个数的形参需要不同的函数模板。如求两个数的和与求三个数的和,需要定义两个模板分别实现。如下:

```
template <class T>           //求两个数的和
T sum(T x, T y)
{return x + y;}
template <class T, classT1>//求三个数的和
T sum(T x, T1 y, T1 z)
{return x + y + z;}
```

以上两个模板的名称相同,都叫作 sum,此为函数模板的重载。第二个 template 定义了一个处理不同数据类型的函数模板。在实际调用时,形参数据类型会被实参数据类型所取代。"T sum(T x, T1 y, T1 z)"函数的返回值类型与第一个实参的类型相同,因此以下函数调用时,返回的结果将不一样:

```
sum(5,'A','!');              //返回结果为 103
sum('A',33,5);              //返回结果为 g
```

需要注意的是,一般的模板的声明和定义通常都放在头文件中。

2.函数模板与模板函数

函数模板只是说明,不能直接被执行,需要实例化为模板函数后才能被执行。

在上例 max 函数中,当编译系统发现有一个对应的 max 函数调用时,将根据实参类型来确认是否匹配函数模板中对应的形参,然后生成一个模板函数。比如用 int 代替模板参数 T,将生成如下的模板函数:

```
int max(int t1, int t2)
{   return (t1> t2) ? t1: t2;   }
```

8.1.2　函数模板的使用

【例 8-1】　利用函数模板求两个数和三个数的和。

程序代码如下：

```
#include <iostream.h>
template <class T>                      //求和函数模板
T sum(T x, T y)
  {return x+y;}
template <class T,class T1>              //求和函数模板
T sum(T x, T1 y, T1 z)
  {return x+y+z;}
void main()
{
    int a1=5,a2=18;
    double d1=2.2,d2=8.5;
    char c1='A', c2='!';
    cout<<sum(a1,a2)<<"\t"<<sum(d1,d2)<<"\t"<<sum(c1,c2)<<endl;
    cout<<sum(a1,c1,c2)<<"\t"<<sum(c1,a1,a2)<<endl;
}
```

运行结果：

```
23        10.7       b
103       X
```

程序中定义了两个函数模板 sum，第一个 sum 函数求两个相同类型的参数之和；第二个 sum 函数求三个不同类型的参数之和。主函数中多次调用 sum 函数，每次调用时都对函数模板进行一次实例化，用实参的类型代替模板函数中形参的类型，完成各自的求和功能。

需要强调的是，在特定模板定义的形参列表中，类型参数的名称必须唯一。如，在例 8-1 的三个数求和 sum 模板中，定义了两个模板形参 T 和 T1，就不能再定义与其同名的另一个模板形参（如 template <class T,class T1,class T>），否则将导致运行错误。

8.1.3　综合实例分析

在模板中还可以定义非类型参数，一个非类型参数表示模板参数是一个具体的类型值而非一个类型参数。通过一个特定的类型名而不是用关键字 class 或 typename 来指定非类型参数。

【例 8-2】　利用函数模板编写一个对具有 n 个元素的数组 a 求最小值的程序。

程序代码如下：

```
#include <iostream.h>
template <class T>
```

```
    T min(T a[], int n)        // 定义函数模板,其中 int n 为非类型参数
    {
        int i;
        T mini = a[0];
        for(i = 1;i < n; i++)
            if(mini>a[i])
                mini = a[i];
        return mini;
    }
    void main()
    {
        int a[] = {5,3,9,1,7,8,4,3,2};
        double b[] = {0.9, -5.6,2.3,8.0,7};
        cout<< "The minimum of a is:" <<min(a,9)<<endl;
        // 传递实参 int 和 9 分别赋给 T 和 n 进行模板函数实例化
        cout<< "The minimum of b is:" <<min(b,4)<<endl;
    }
```

运行结果:

The minimum of a is:1

The minimum of b is:-5.6

本例中定义了一个对数组元素求最小值的模板函数 min,模板形参定义了一个通用的数组数据类型参数 T,以及一个非类型参数 n。主函数中通过对函数模板分别进行实例化,计算了具有 9 个元素的整型数组 a 和具有 4 个元素的双精度浮点型数组 b 的最小值。函数模板的使用使得程序更加精简。

函数模板有其显著的优势,即克服了 C++语言中函数重载时必须用相同函数名重写几个函数的缺点。函数模板的弱势是其调试比较困难,一般过程是先写一个特殊版本的函数(模板函数),运行正确后,再将其修改成函数模板。

8.2 类模板

有了函数模板的知识,就不难理解类模板。程序中会遇到由于类型不一样而需要重写多个形式相近的类的情况,比如:

```
class A              // 边长为整数的立方体
{
public:
    A(int y):x(y){}
    int cube(){return x * x * x;}
private:
    int x;
```

```
};
class B                //边长为小数的立方体
{
public：
    B(double y):x(y){}
    double cube(){return x * x * x;}
private：
    double x;
};
```

类 A 和类 B 除了数据类型不同外,类中的数据成员、成员函数及各函数的功能均一致。这种情形可以使用类模板来避免重复编码。

8.2.1 类模板的定义

1.类模板的定义

定义格式如下：

template ＜class（或 typename）模板参数表＞

class 类名

{

　类成员定义;

};

上面的类 A 和类 B 可以定义成类模板：

```
template ＜class T＞
class A
{
    public：
        A(T y):x(y){}                //T 的具体类型在使用类模板时指定
        T cube(){return x * x * x;}
    private：
        T x;
};
```

与函数模板的定义一样,template 是定义类模板的关键字。＜class T＞ 定义 T 作为模板类型参数,如果类模板中有两个以上类型参数,可以定义为：

template ＜class T1,class T2…＞

类模板的成员函数都是函数模板。成员函数可以在类内定义,也可以在类外定义。在类外定义时函数模板原型为：

template ＜模板参数表＞

函数返回类型　类名＜模板参数名,…＞::函数名(形参表);

如上例中构造函数 A 和 cube 函数如果在类外定义,则可以写成：

template ＜class T＞

A<T>∷ A(T y):x(y){}
template<class T>
T A<T>∷cube()
{ return x * x * x; }

2.模板类与对象

类模板必须实例化成模板类之后,才能定义对象。格式为:

类模板名 <类型实参表> 对象名 (对象实参表);

在上面定义类模板 A 的基础上,执行下列语句:

A <int> one(2);   //编译时生成一个把 T 转换成 int 的模板类,并创建对象 one

A <double> two(6.8);
                    //编译时生成一个把 T 转换成 double 的模板类,并创建对象 two

8.2.2 类模板的使用

定义好类模板之后,程序需要通过创建对象来使用它。此时,编译系统会将类模板中的类型参数使用具体的数据类型实参代替,即将类模板实例化成模板类,然后再使用该模板类来定义对象并使用。

【例 8-3】 利用类模板改写例 8-1。

程序代码如下:

```
#include <iostream.h>
template <class T, class T1>       //定义类模板
class sumclass
{
 public:
     sumclass() { }
     ~ sumclass() { }
     T sum(T x, T y)    //类内定义成员函数
     {return x + y;}
     T sum(T x, T1 y, T1 z);
};
template <class T, class T1>                //类外定义成员函数
T sumclass<T, T1>∷ sum(T x, T1 y, T1 z)
   {return x + y + z;}
void main()
{
   sumclass <int, char> one;
   sumclass <double, double> two;
   cout<<one.sum(5, 18)<<endl;
   cout<<two.sum(2.2, 8.5) <<endl;
   cout<<one.sum('A', 'B')<<endl;
```

```
        cout<<one.sum(5，'A','B') <<endl;
}
```

运行结果：

23

10.7

131

136

本例首先定义了一个类模板 sumclass,其中包括两个 sum 成员函数分别实现两个数和三个数的求和,这两个函数都是函数模板。第一个函数 sum 有两个参数,参数与函数返回值的数据类型相同。第二个函数 sum 有三个参数,分别属于两种数据类型,函数的返回值与第一个参数的数据类型一致。主函数中创建对象 one 和 two 前,都需要首先对类模板实例化,用具体数据类型代替类模板中的类型参数,然后再由该模板类创建和使用对象。

同函数模板一样,类模板的模板参数也可以是固定类型,见例 8-4。

【例 8-4】 利用类模板(包括非类型模板参数)改写例 8-2。

程序代码如下：

```
#include <iostream.h>
template <class T，int m>     //类模板包含类型参数 T 和非类型参数 int m
class array_min    //定义求数组最小值的类模板 array_min
{
  private：
     T a[m]；
  public：
     array_min(){ }    //构造函数
     void add(int i)；   //输入数组元素的成员函数
     T min(T b[]，int n)   //求数组最小值的成员函数
     {
        int i；
        T mini = b[0]；
        for(i = 1；i < n；i++)
          if(mini > b[i])
               mini = b[i]；
        return mini；
     }
     void print_min()    //输出数组最小值的成员函数
     { cout<<min(a，m)；}
};
template <class T，int m>
void array_min<T，m>:: add(int i)
{    cin>>a[i]；  }
```

```
void main()
{
        int i;
        array_min <int，9>   array1；//实例化为 int 数据类型的模板类,并创建对象 array1
        array_min <double，5>   array2；
                        //实例化为 double 数据类型的模板类,并创建对象 array2
        cout<<"Input array1（9 numbers）：";
        for(i＝0；i<9；i++)
        { array1.add(i)；}
        cout<<"Input array2（5 numbers）：";
        for(i＝0；i<5；i++)
        { array2.add(i)；}
        cout<<"The minimum of array1 is：";
        array1.print_min()；
        cout<<endl<<"The minimum of array2 is：";
        array2.print_min()；
        cout<<endl；
}
```

运行结果：

Input array1（9 numbers）：5　3　9　1　7　8　4　3　2(回车)

Input array2（5 numbers）：0.9　－5.6　2.3　8.0　7(回车)

The minimum of array1 is：1

The minimum of array2 is：－5.6

本例中首先定义了类模板 array_min,模板参数包括一个类型参数 T 和一个非类型参数 m。主函数 main 中"array_min <int,9> array1；"语句将类模板实例化为处理 int 类型数组的模板类,其中固定类型参数 m＝9,并定义对象 array1。"array_min <double,5> array2；"语句将类模板实例化为处理 double 类型数组的模板类,其中固定类型参数 m＝5,并定义对象 array2。

8.2.3　C++标准模板库

1.STL 简介

STL（Standard Template Library,标准模板库）就是一些常用数据结构和算法的模板的集合。主要由 Alex Stepanov 先生开发,于 1998 年被添加进 C++标准,被内建在 C++编译器之内,因此无须单独安装。有了 STL,就不必再从头写大多数的标准数据结构和算法,并且可获得非常高的性能。

STL 的一个重要特点是数据结构和算法的分离。这种分离使 STL 变得非常通用。所有的 STL 的算法都是完全通用的,而且不依赖于任何特定的数据类型。例如,STL 的 sort 函数可以用来操作几乎任何数据集合,包括链表、容器和数组等。STL 的另一个特点是它不是面向对象的,因此它具有足够通用性,可以在面向对象编程和常规编程中使用。STL 主要依赖于模板而不是封装,在 STL 中找不到任何明显的类继承关系。这好像是一种倒退,但这正好是使得 STL 的组件具有广泛通用性的底层特征。

STL 有三个基本组件:

(1)容器,是一种数据结构,如 vector(向量)、list(列表)等,以模板类的方法提供。为了访问容器中的数据,可以使用由容器类输出的迭代器。

(2)迭代器,提供了访问容器中对象的方法。迭代器就如同一个指针。事实上,C++ 的指针也是一种迭代器。迭代器可以访问容器中指定位置的元素,而无须关心元素的具体类型。

(3)算法是用来操作容器中的数据的模板函数。例如,STL 用 sort 函数来对一个 vector 中的数据进行排序,用 find 函数来搜索一个 list 中的对象。函数本身与它们操作的数据的结构和类型无关。

例如,数组 int array[100]就是一个容器,而 int * 类型的指针变量就可以作为迭代器,可以为这个容器编写排序、求和等算法。

2.STL 头文件

为了避免和其他头文件冲突,STL 的头文件不使用常规的.h 扩展名。表 8-1 列出了最常用的各种容器类的头文件。

表 8-1　STL 头文件和容器类

# include	Container Class	中文名称
<deque>	Deque	双端队列
<list>	List	列表
<map>	map, multimap	映射,多重映射
<queue>	queue, priority_queue	队列,优先队列
<set>	set, multiset	集合,多重集合
<stack>	Stack	栈
<vector>	Vector	向量

3.容器及其使用

容器主要分为顺序容器和关联容器两类:顺序容器包括 vector(向量)、list(列表)和 deque(双端队列);关联容器包括 set(集合)、multiset(多重集合)、map(映射)和 multimap(多重映射)。容器适配器用来扩展以上 7 种基本容器,是修改和调整其他类接口的类,它们和顺序容器相结合构成 stack(栈容器)、queue(队列容器)和 priority_queue(优先队列容器)。结合的顺序容器又叫基础容器。容器适配器不提供存放数据的数据结构的实现方法,也不支持迭代器。

不同的容器具有不同的特点,程序员可根据实际需要比较确定使用哪种容器完成数据存储和处理。下面以 vector 和 stack 为例说明容器和容器适配器的使用方法,其他类型容器以及容器适配器的定义及其使用方法请参考相关手册。

(1)vector 的使用。

vector 用于存储不定长线性序列,提供对线性序列的高效的随机访问。vector 实际上是一种动态数组,即向量的大小不固定,在程序运行过程当中可以按需进行增加或减少。vector 类中定义了四种构造函数,函数原型分别为:

```
vector();                                  //默认构造函数,构造一个空向量
vector(size_type n, const T& v = T());
//第一个参数指定向量的大小为 n,第二个参数指定向量的初始值
vector(const vector& x);                   //拷贝构造函数,复制常数向量 x
vector(const_iterator first, const_iterator last);
//从一个已有容器中选取一部分来建立新的向量实例
例如:
vector<char> v1;                           //创建空向量 v1,其对象类型为 char 型
vector<char> v2(10);                       //创建有 10 个 char 型数据的向量 v2
vector<string> v3(5, "hello");             //创建有 5 个值为"hello"的 string 型向量 v3
vector<string> v4(v3.begin(), v3.end());   //v4 是与 v3 相同的向量(完全复制)
```

需要注意的是,vector 容器内存放的所有对象都是经过初始化的。如果没有指定存储对象的初始值,那么对于**内置类型**将用 0 初始化,对于**类类型**将调用其默认构造函数进行初始化(如果没有默认构造函数,那么必须提供元素初始值才能放入向量中)。

vector 容器的主要成员函数见附录 D。

请注意,任何改变容器大小的操作(如插入、删除)都可能造成以前的迭代器失效。

【例 8-5】 输入一系列成绩,直到输入 -1 为止,放入一个 vector 容器中。找出其中的最大值,并在另一个容器中放入所有成绩与最大值之间的差值,输出两个容器的内容。

程序代码如下:

```
#include <iostream>
#include <vector>
using namespace std;
void main()
{
  int n;
  float s, max = 0;
  vector<float> v1;          //创建空向量 v1
  cout << "Input scores,end by -1:";
  cin >> s;
  while(s! = -1)             //输入元素给 v1
  {
      v1.push_back(s);       //向 v1 向量末尾添加元素
      if(s>max)
          max = s;
      cin >> s;
  }
      n = v1.size();         //得到 v1 中元素的数量
      vector<float> v2(n);   //创建空向量 v2,v2 中元素的数量与 v1 相等
  cout<< "The scores in v1 is:";
```

```
        for(int i = 0; i < n; i ++ )          //输出 v1 的元素
            cout << v1[i] << ' ';
        cout << endl;
        cout << "The max in v1 is:" << max << endl;    //输出 v1 元素中的最大值 max
        for(i = 0; i < n; i ++ )             //求得各元素与 max 之间的差值,放入 v2 向量
            v2[i] = max - v1[i];
        cout << "v2 is:";
        for(i = 0; i < n; i ++ )             //输出 v2 中的元素
            cout << v2[i] << ' ';
        cout << endl;
}
```

运行结果:

Input scores,end by - 1:63.7 94 82 65.6 77.9 - 1   (回车)

The scores in v1 is:63.7 94 82 65.6 77.9

The max in v1 is:94

v2 is:30.3 0 12 28.4 16.1

本例中首先使用 vector 默认构造函数创建向量 v1,然后通过 while 语句使用 push_back 函数向 v1 中插入元素,依次插入了 63.7、94、82、65.6 和 77.9 共 5 个元素,插入过程中求得了 v1 中的最大元素 max。接着用 size 函数求得 v1 中元素的数量 n,创建长度为 n 的向量 v2,然后计算 v1 中各元素与 max 的差值并放入 v2 中。

需要说明,针对 vector 对象的比较有六个运算符:operator == 、operator! = 、operator < 、operator <= 、operator > 、operator >= 。其中,对于 operator == 和 operator! = ,如果两个 vector 拥有相同的元素个数,并且对应位置的元素全部相等,则两个 vector 对象相等;否则不等。对于 operator < 、operator <= 、operator > 、operator >= ,采用字典排序策略比较。

(2)stack 的使用。

栈是一种先进后出的数据结构,只能在序列的一端进行插入和删除。可用的基础容器为: vector、list、deque(默认)。基础容器提供栈的存储实现,栈适配器提供栈的操作功能,可以从基础容器的一端插入或删除。其基本操作有:push 在栈顶插入一个元素;pop 从栈顶弹出一个元素;size 取得栈的元素个数;top 取得栈顶元素的引用;empty 确定栈是否为空。

【例 8-6】 stack 的用法。向栈内放 5 个数字,依次弹出并显示。

程序代码如下:

```
#include <iostream>
#include <stack>                           //堆栈适配器头文件
using namespace std;
void main()
{
    stack<int> istack;                      //创建堆栈容器 istack
    cout << "push:" << endl;
    for(int i = 0; i < 5; i ++ )            //用 push()函数从栈顶依次插入 5 个元素
```

```
    {
        cout<<10+i<<"   ";
        istack.push(10+i);
    }
    cout<<endl<<"pop:"<<endl;
    for (i=0;i<5;i++)
    {
        cout<<istack.top()<<"   ";          //输出栈顶元素
        istack.pop();                        //弹出栈顶元素
    }
    cout<<endl;
}
```

运行结果:

push:

10　11　12　13　14

pop:

14　13　12　11　10

本例中使用了 push 和 pop 函数进行堆栈的压入和弹出操作,运行结果充分体现了堆栈先进后出的结构特点。

(3)迭代器的使用。

迭代器提供了一种访问容器内元素并遍历元素的方法。标准库为每一种标准容器定义了迭代器类型。迭代器有 const 和非 const 两种。通过迭代器可以读取它指向的元素,通过非 const 迭代器还能修改其指向的元素。迭代器用法和指针类似。迭代器指向容器中的某个位置,通过迭代器可以访问到这个位置的元素,迭代器通过加减运算可以遍历容器内的所有元素。C++中,容器所支持的迭代器如表 8-2 所示。

表 8-2　容器所支持的迭代器种类

容器	迭代器类别
vector	随机
deque	随机
list	双向
set/multiset	双向
map/multimap	双向
stack	不支持迭代器
queue	不支持迭代器
priority_queue	不支持迭代器

每种容器类型都定义了自己的迭代器类型,定义一个容器类的迭代器的方法是:

　　容器类名::iterator 变量名;

或：

　　　　容器类名∷const_iterator 变量名;

例如：

vector<int>∷iterator iter；　//定义数据类型为 vector<int> 的迭代器变量 iter

访问一个迭代器指向元素的格式是：

　　　　∗ 迭代器变量名

例如：

　　∗ iter = 123；　　//将 iter 指向的对象值设置为 123

需要说明的是,这种赋值对于大多数容器类都是允许的,除了只读变量。

每种容器都定义了一对命名为 begin 和 end 的函数,用于返回迭代器。如果容器中有元素的话,由 begin 返回的迭代器指向第一个元素。例如,对于已经定义好的向量 ivec,可定义以下语句：

vector<int>∷iterator iter = ivec.begin()；

该语句即把迭代器 iter 初始化为指向向量 ivec 的开始位置。假设 vector 不为空,初始化后,iter 就指向 ivec[0]。

由 end 操作返回的迭代器指向 vector 的末端元素的下一个。如果 vector 为空,begin 的返回值与 end 的返回值相同。由 end 操作返回的迭代器并不指向 vector 中任何实际的元素,它只是表示已处理完 vector 中所有元素。

迭代器使用自增操作符向前移动迭代器指向容器中下一个元素。如果 iter 指向第一个元素,则 ++iter 指向第二个元素。如果迭代器到达了容器中的最后一个元素的后面,则迭代器变成 past-the-end 值。使用一个 past-the-end 值的迭代器来访问对象是非法的,就好像使用 NULL 或未初始化的指针一样。

迭代器允许进行的运算如下：

- 所有迭代器：++p,p++
- 输入迭代器：∗ p, p = p1, p == p1 , p!= p1
- 输出迭代器：∗ p, p = p1
- 正向迭代器：上面全部
- 双向迭代器：上面全部,-- p, p--,
- 随机访问迭代器：上面全部及以下运算：
  - ▲ p+ = i, p - = i　　　　//相当于 p = p+i, p = p-i
  - ▲ p + i　　　　　　　//返回指向 p 后面的第 i 个元素的迭代器
  - ▲ p - i　　　　　　　//返回指向 p 前面的第 i 个元素的迭代器
  - ▲ p[i]　　　　　　　//p 后面的第 i 个元素的引用
  - ▲ p <p1, p <= p1, p > p1, p>= p1　　　　//比较运算

4. STL 算法

STL 中提供能在各种容器中通用的算法,比如插入、删除、查找、排序等,适合于很多种数据类型。STL 算法通过重载 operator 函数实现为模板类或模板函数。算法通过迭代器来操纵容器中的元素,这样就可以在任意的数据结构上应用这些算法。有的算法返回一个迭代器。比如 find 函数,在容器中查找一个元素,并返回一个指向该元素的迭代器。读者需要了解的

不是这些算法的具体实现过程,而是如何在自己的程序中应用它们。

(1)算法的调用形式。

STL 算法的调用有两种形式(以排序算法 sort 函数为例):

①只以迭代器为参数的函数。

函数原型为:

template<typename RandomAccessIterator >

void sort(RandomAccessIterator first,RandomAccessIterator last);

假如有:

vector<int> v;

函数调用形式为:

sort(v. begin(), v. end());   //排序默认为升序

②包含函数对象为参数的函数。

有时需要给算法传递一个类对象以便执行更复杂的操作。这样的一个对象就叫作函数对象。函数原型为:

template<typename RandomAccessIterator , typename compare >

void sort(RandomAccessIterator first,RandomAccessIterator last,compare comp);

函数调用形式为:

sort(v. begin(), v. end(), greater<int>);   //等同于第一种形式的效果

需要说明,此处 greater<T>是标准库中的函数对象,其功能是输入两个类型为 T 的操作数 x 和 y,如果 x>y,则返回 true,否则返回 false。

(2)算法的种类。

STL 所有算法的头文件都是<algorithm>。<algorithm>是 STL 中最大的一个文件,它由一大堆模板函数组成,见附录 E。

因篇幅限制,所有算法不能一一介绍,详细说明请参照 MSDN 文档或其他帮助文档。

【例 8-7】 应用 STL 算法处理 vector 容器。

程序代码如下:

```
#include <iostream>
#include <vector>
#include <algorithm>
using namespace std;
void main()
{
    vector<int> v;
    vector<int>::iterator pos;
    v. push_back(3);
    v. push_back(2);
    v. push_back(1);
    v. push_back(4);
    v. push_back(5);
```

```
        pos = min_element(v. begin(), v. end());     //在指定区间内获取最小的元素迭代器
        cout << "min:" << * pos <<endl;
        pos = max_element(v. begin(), v. end());     //在指定区间内获取最大的元素迭代器
        cout << "max:" << * pos <<endl;
        sort(v. begin(), v. end());                  //排序,默认按升序
        pos = find(v. begin(), v. end(), 3);         //在指定区间内,寻找为 3 的元素,返回迭代器
        reverse(pos, v. end());                      //将指定区间内的元素反转
}
```

运行结果:

```
min:1
max:5
```

本例中使用了 min_element、max_element、sort、find 和 reverse 函数算法。

8.2.4　综合实例分析

设计程序时需要注意类模板和模板类之间的区别。打个比方,类模板类似于具有一定形状模板,而模板类即由类模板生成的类,同一模板生成的不同模板类都具有相同的性状,但却可用不同的颜色画出这种性状。

【例 8-8】　使用类模板定义栈容器。

程序代码如下:

```
/ ********头文件 8_8.h *******************/
#ifndef STACKTP_H_
#define STACHTP_H_
template <class T>                //定义类模板 stack
class stack
{
    private:
        enum {MAX = 10};
        T items[MAX];
        int top;
    public:
        stack();
        bool isempty();
        bool isfull();
        bool push(const T &item);
        bool pop(T &item);
};
template <class T>                //定义模板类
stack<T>::stack()
```

```
    {
        top = 0;                        //初始值
    }
    template <class T>
    bool stack<T>::isempty()        //判断堆栈是否为空
    {
        if(top == 0)
        return true;
        else
        return false;
    }
    template <class T>
    bool stack<T>::isfull()    //判断堆栈是否满
    {
        if (top == MAX)
        return true;
        else
        return false;
    }
    template <class T>
    bool stack<T>::push(const T &item)    //判断是否有压入操作
    {
        if(top<MAX)
        {
            items[top++] = item;
            return true;
        }
        else
            return false;
    }
    template <class T>
    bool stack<T>::pop(T &item) //判断是否有弹出操作
    {
        if(top == 0)
            return false;
        else
        {
            item = items[--top];
        }
    }
```

```
#endif
/********头文件8_8.h *********************/
#include <iostream>
#include <string>
#include "8_8.h"
using namespace std;
const int NUM=5;
void main()
{
    stack<int> sint;
    if (sint.isempty() == true)
        cout<<" ---------- Empty Stack ---------- "<<endl;
    else
        cout<<" ---------- NOT Empty Stack ---------- "<<endl;
    for(int i=0;i<5;i++)
        sint.push(i);
    if (sint.isempty() == true)
        cout<<" ---------- Empty Stack ---------- "<<endl;
    else
        cout<<" ---------- NOT Empty Stack ---------- "<<endl;
    int temp;
    for(i=0;i<5;i++)
    {
        sint.pop(temp);
        cout<<"("<<temp<<")"<<endl;
    }
    if (sint.isempty() == true)
        cout<<" ---------- Empty Stack ---------- "<<endl;
    else
        cout<<" ---------- NOT Empty Stack ---------- "<<endl;
}
```

　　该例头文件中定义了 stack 类模板,在整个 stack 类头部和成员函数定义中,这个 stack 中存储的元素类型一般均为 T 类型。主函数中利用类型参数 T 指出要建立的 stack 类的类型。首先驱动程序实例化 stack<int>类(即 int 类型的 stack)并声明对象 sint,sint 对象的初始值通过默认构造函数被赋值为 0。然后,程序调用实例化类中的成员函数,分别执行了 isempty、push、pop 操作。程序最终运行结果为:

　　　　---------- Empty Stack ----------
　　　　---------- NOT Empty Stack ----------

(4)

(3)

(2)

(1)

(0)

—————————— Empty Stack ——————————

8.3　小结

在 C++ 中,模板的使用减少了程序代码的冗余,进一步提高了面向对象程序的可重用性和可维护性,模板分为函数模板和类模板两种类型。

函数模板是具有相同功能,能够处理不同数据类型的一组函数的抽象,函数模板在需要时自动实例化,实例化后成为模板函数。

类模板是具有相同功能的类的抽象,类模板可以实例化通用类的具体类型,从而促进了软件重用性。在编写程序时,每当程序员需要具体类型的新实例时,便使用简明单一的符号实例化类模板,编译程序再按程序员的要求编写模板类源代码,随后即可使用该实例化的模板类定义对象。

C++ 标准模板库 STL 提供了更为安全,更为灵活的数据集处理方式。STL 有三个基本组件:容器、迭代器和算法。STL 有两个主要特点:数据结构和算法的分离、非面向对象。这两个特点使得 STL 非常通用。STL 中容器是向量、链表之类的数据结构,并按模板方式提供,其数据访问是通过像指针一样的迭代器来实现的。算法是函数模板,用于操作容器中的数据。由于 STL 以模板为基础,所以能用于任何数据类型和结构。

❓ 习题

一、改错题

1.下面的程序中定义了求绝对值的模板函数,请找出错误语句并改正。

```
#include <iostream.h>
template<typename T>
T abs(x)
{    return x<0? -x:x;    }
void main()
{
    int n = -5;
    double d = -5.5;
    cout<<abs(n)<<endl;
    cout<<abs(d)<<endl;
```

```
}
```

错误语句为：_____

改正为：_____

2. 下面的程序求两个数中的最大值,请找出错误语句并改正。

```
#include <iostream.h>
template <class Q>
T max(T x,T y)
{
    return (x>y? x:y);
}
void main()
{
    cout<<max(2,5)<<","<<max(3.5,2.8)<<endl;
}
```

错误语句为：_____

改正为：_____

二、程序填空题

1. 以下函数模板 max 的功能是:返回数组 a 中最大元素的值。请将横线处缺失部分补充完整。

```
template <typename T>
T max (T a[], int n)
{
    T m = a[0];
    for (int i=1; i<n; i++)
        if (a[i]>m)
            _____ ;
    return m;
}
```

2. 下列程序的输出结果是_____。

```
#include <iostream.h>
template <typename T>
T fun (T a, T b)
{return (a<=b)? a:b;}
void   main()
{
    cout<<fun(3,6)<<','<<fun(3.14F,6.28F)<<endl;
}
```

三、程序设计题

1. 使用函数模板编写求一个数组最大值的程序。

2. 编写一个函数模板，它返回两个值中的较小者，同时要求能正确处理字符串。

二维码 8-1　习题参考答案

第9章 流类库与输入输出

  C++中数据的输入/输出包括对标准输入/输出设备(如键盘和显示器)、磁盘文件以及字符串存储空间进行的输入/输出操作。对标准输入/输出设备的操作称为标准 I/O,对磁盘文件的输入/输出称为文件 I/O,对字符串存储空间的输入/输出称为串 I/O。

  C++将数据输入/输出操作形象地成为"流",并为实现数据的输入/输出定义了一个庞大的流类库,包括 ios、istream、ostream、iostream、ifstream、ofstream、fstream、istringstream、ostringstream、stringstream、streambuf 等。C++的输入/输出流类库结构如图 9.1 所示。

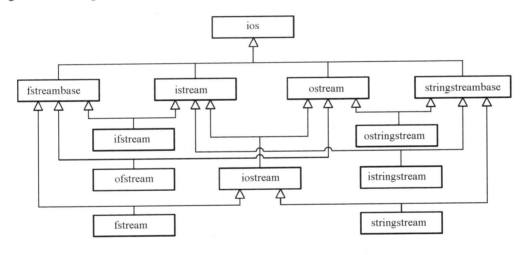

图 9.1 输入/输出流的类层次图

  C++系统中的 I/O 类库,其所有类被包含在<iostream>、<fstream>和<sstream>这三个系统头文件中,各头文件包含的类如下:

  <iostream>中包含有:ios、iostream、istream、ostream、streambuf、iostream_withassign、istream_withassign 以及 ostream_withassign 等。

  <fstream>中包含有:fstream、ifstream、ofstream、filebuf、fstreambase 以及<iostream>中包含的所有类。

  <sstream>中包含有:istringstream、ostringstream、stringstream、strstreambuf、stringstreambase 以及<iostream>中的所有类。

  C++的 I/O 类库提供了几百个输入/输出功能。当需要在程序中进行标准 I/O 操作时,必须包含头文件<iostream>;当需要进行文件 I/O 操作时,必须包含头文件<fstream>;当需要进行字符串 I/O 操作时,则必须包含头文件<sstream>。另外,C++在<iomanip>头

文件中声明了用参数化流操作符来执行格式化输入/输出的服务。

在<iostream>头文件中,定义了 cin、cout、cerr 和 clog 对象,利用这四个全局流对象便可完成人机交互,实现非格式化和格式化输入/输出的功能。

cin 是标准输入流对象,其对应的标准设备通常是键盘;cout 是标准输出流对象,对应的标准设备为显示器;cerr 和 clog 是标准错误输出流,对应的输出设备是显示器。因此,当进行键盘输入时使用 cin 对象;当进行显示器输出时使用 cout 对象;当进行错误信息输出时使用cerr 或 clog 对象。

9.1   控制台输入输出

iostream 类提供了执行格式化和非格式化输入/输出的功能。当然,输入/输出也可使用C++提供的标准 I/O 函数库中的各输入/输出函数来实现。

9.1.1   基于 I/O 类库的输入输出

在<iostream>头文件中,声明了所有基于 I/O 类库的输入/输出流操作。

1.流提取运算符

流输入对象 cin 使用流提取运算符>>来完成输入流的操作。

例如,

cin >> data1;   //输入数据将从键盘流向变量 data1

如果之前已经正确声明了 data1 变量,cin 就会知道 data1 的数据类型,将从键盘输入数据中直接提取出相应数据并赋给 data1。

cin 为缓冲流,键盘输入的数据暂时保存在缓冲区中,当要提取时,再从缓冲区中取出。如果一次输入过多,则会留在缓冲区中等待使用;如果输入错了,必须在回车之前修改,否则回车键按下后就无法挽回了。只有把输入缓冲区中的数据取完后,才要求输入新的数据。由于不能用刷新来清空缓冲区,所以在输入时既不能输错,也不能多输!

根据系统对 cin 对象的默认设置,空格、制表符和回车符都可以作为数据之间的分隔符,所以多个数据可以在一行输入,也可以分行输入。也正因为如此,空格、制表符和回车符均无法使用 cin 提取并赋给字符或字符串变量。需要注意的是,输入的数据类型必须与要提取的数据类型一致,否则会出错。

2.流插入运算符

流输出可以用流插入运算符<<来完成。该运算符可以输出 C++ 内部类型的数据项、字符串和指针值。例如,

cout <<y<<endl;   //从内存向屏幕输出变量 y

同 cin 一样,cout 也知道待输出量的数据类型,因而不需要指定额外的类型信息。

3.级联流插入/提取运算符

插入/提取运算符将返回对操作数对象的引用,因而系统允许插入/提取运算符级联使用,如:

cin >> x>>y；

cout << "How are you!"<<" 你好! \n"<<y<<'+'<<'\t'<<x<<'='<<x + y；

4. 格式化流输入/输出

C++ 在类 ios 中提供了输入/输出格式标记,这些格式对所有文本方式的输入/输出流均适用。不同的格式标记指定了在流输入/输出时所执行的不同格式化操作,使用 flags 成员函数设置,格式标记的定义如下:

```
enum{
    skipws = 0x0001,        //输入时跳过流中的空白字符
    left = 0x0002,          //输出左对齐,在右侧添加填充字符
    right = 0x0004,         //输出右对齐,在左侧添加填充字符
    internal = 0x0008,      //输出时在符号或数制字符后添加填充字符
    dec = 0x0010,           //在输入/输出时将数据按十进制处理
    oct = 0x0020,           //在输入/输出时将数据按八进制处理
    hex = 0x0040,           //在输入/输出时将数据按十六进制处理
    showbase = 0x0080,      //在输出时带有表示数制基的字符
    showpoint = 0x0100,     //输出浮点数时必定带小数点
    uppercase = 0x0200,     //输出十六进制用大写
    showpos = 0x0400,       //输出正数时加"+"号
    scientific = 0x0800,    //科学数方式输出浮点数
    fixed = 0x1000,         //定点数方式输出实数
    unitbuf = 0x2000,       //流插入后立即刷新流
    stdio = 0x4000          //流插入后立即刷新 stdout 和 stderr
};
```

在格式标记枚举量说明中,每一个枚举量实际对应两字节数据(16 位)中的一个位,可以同时采用几个格式控制,只要把对应位重置 1 即可,这样既方便又节约内存。当同时采取多种控制时,用或运算符"|"来将所有设置合成为一个长整型数 flags。以下语句通过例子说明格式标记的用法:

cin.flags (! ios::skipws);　　//设置输入流,使其在输入时不跳过空白字符

cout.width (16);　　　　　　//设置数据输出宽度,该设置只对要输出的下一个数据有效

cout<<k<<'\t'<<m<<endl;　　//根据以上设置,k 均以 16 位输出,m 则正常输出

cout.fill(' * ');　　　　　　//设置填充字符,该设置一直有效,直至程序再次修改填充字符

cout.flags (ios::left);　　　//设置 left 标记

cout<<z<<endl<<k<<endl;　　//z 左对齐,使用 * 填充空白位;k 左对齐,无填充

cout.flags (ios::left|ios::right);　//同时设置 left 标记和 right 标记

cout<<z<<endl<<k<<endl;　　//z 右对齐,使用 * 填充空白位;k 右对齐,无填充

ios 类提供了状态检测和输入/输出格式控制的成员函数,其使用格式见表 9-1。

表 9-1　　ios 类的成员函数

函数声明	函数意义	输入/输出
int bad()	报告流操作是否已经失败	输入、输出
int eof()	测试是否遇到了流中的文件结束指示符	输入、输出
int fail()	报告流操作是否失败	输入、输出
void clear()	清除流的错误状态标记	输入、输出
char fill()	返回当前填充字符	输出
char fill(char c)	设置填充字符	输出
long flags()	返回格式标记的当前设置	输出
long flags(long f)	设置格式标记	输出
int good()	报告流操作正常	输入、输出
int rdstate()	返回流的错误状态	输入、输出
int precision ( )	返回浮点数的当前精度	输出
int precision(int n)	设置浮点数的精度	输出
long setf(long f)	设置格式标记	输出
int width()	返回当前字段宽度	输入、输出
int width(int w)	设置字段宽度	输入、输出
long unsetf(long f)	重置指定的标记	输出

因为所有 I/O 流类都是 ios 的派生类,因此它们的对象都可以调用 ios 类的成员函数、使用格式枚举常量进行输入/输出格式控制。

【例 9-1】　数值数据输出。

程序代码如下:

```
# include <iostream.h>
void main ()
{
int inum = 255;
cout <<"十进制方式" <<inum <<'\t';
cout.flags (ios::oct | ios::showbase);          //八进制、数制基数输出
cout <<"八进制方式" <<inum <<'\t';
cout.flags (ios::hex | ios::showbase);          //十六进制、数制基数输出
cout <<"十六进制方式" <<inum <<endl;
double fnum = 3.1415926535;
cout <<"默认域宽为:" <<cout.width() <<"位" <<'\n';
cout <<"默认精度为:" <<cout.precision () <<"位" <<'\n';
cout <<"默认表达方式:" <<fnum <<'\n';
//按数值大小自动决定是定点还是科学计数方式
cout.setf (ios::scientific|ios::floatfield);
```

```
        cout <<"科学数表达方式:" <<fnum <<'\n';
        cout.setf (ios::fixed|ios::floatfield);           //设为定点格式输出
        cout <<"定点表达方式:" <<fnum<<'\n';
        cout.precision (9);              //指定小数精度为 9 位,即小数点后保留 9 位小数
        cout.setf (ios::scientific|ios::floatfield);
        cout <<" 9 位科学数表达方式" <<fnum <<'\n';
    }
```

运行结果:

十进制方式 255　　八进制方式 0377　　十六进制方式 0xff

默认域宽为:0 位

默认精度为:0x6 位

默认表达方式:3.14159

科学数表达方式:3.14159

定点表达方式:3.14159

9 位科学数表达方式 3.14159265

5.流操作符

使用系统头文件<iomanip>中提供的操作符可以实现更加简便的数据输入/输出格式控制。使用这些操作符不用调用成员函数,只需把它们作为插入操作符<<的输出对象即可(也有个别的操作符作为提取>>的输入对象)。这些操作符及其功能如表 9-2 所示。

表 9-2　　C++中的格式控制操作符

格式控制操作符	含义	输入/输出
Dec	设置流基数为十进制	输入、输出
Oct	设置流基数为八进制	输入、输出
Hex	设置流基数为十六进制	输入、输出
setbase(int c)	修改流基数设置	输入、输出
Ws	设置跳过输入中的前导空白字符	输入
Endl	插入换行符,刷新输出缓冲区	输出
Ends	插入字符串结束符,刷新输出缓冲区	输出
Flush	刷新输出缓冲区	输出
setiosflags(long f)	设置格式标记	输出
resetiosflags(long f)	重置格式标记	输出
setfill(int c)	设置填充字符	输出
setprecision(int n)	设置浮点数精度	输出
setw(int w)	设置字段宽度	输入、输出

在这些操作符中,dec、oct、hex、endl、ends、flush 和 ws 除了在<iomanip>中有定义外,在<iostream>中也有定义。所以当程序或编译单元中只需要使用这些不带参数的操作符时,可以只包含<iostream>文件,而不需要再另外包含<iomanip>文件。

【例 9-2】 **使用流操作符输出整型数。**

程序代码如下：

```cpp
#include <iostream>
#include <iomanip>
using namespace std;
void main (){
    int inum = 255;
    cout <<oct<<inum <<'\t';
    cout <<hex<<inum <<'\t';
    cout<<setiosflags (ios::hex | ios::showbase)<<inum <<endl;
    //设置为十六进制、数制基数输出
}
```

运行结果：

377　　ff　　0xff

可见，使用 ios 的成员函数或流操作符都可以用来设置输入/输出格式。几个常用的格式操作说明如下：

（1）整数的基数及设置（dec、oct、hex、setbase）。

系统输出整数时默认为十进制格式。可使用流操作符 dec、oct 和 hex 修改基数设置，它们分别为十进制、八进制和十六进制基数设置操作符。

流的基数也可以通过流操作符 setbase 来修改，通过传递整数实参 10、8 或 16 来实现，将流基数对应设置为十进制、八进制或十六进制。setbase 带有参数，因此又称为参数化流操作符，使用参数化操作符时需包含<iomanip>头文件。在显式更改流基数之前，流基数将一直保持不变。

（2）浮点精度设置与输出（precision\setprecision）。

通过 setprecision 流操作符或者 precision 成员函数来控制浮点数的精度，即设置小数点后面的小数位数。这两个函数可设置后续浮点数的输出精度，其设置一直有效直至使用函数再次进行精度设置。不带参数的 precision 成员函数还可用于返回当前的精度设置。

例如：

```cpp
int para = 4;
double d = sqrt(2.0);
cout<<setiosflags (ios::fixed)<<cout.precision ()<<endl;
cout.precision (para);
cout<<d<<endl;
cout<<setprecision(6)<<d<<endl;
```

该程序段输出以下结果：

6

1.4142

1.414214

（3）字段宽度及其设置（setw、width）。

流操作符 setw 和 ios 的 width 成员函数都可用于设置字段宽度,即设置输出数据的宽度或应该输入的字符个数,不带参数的 width 函数还可返回当前的字段宽度。如果设置值小于实际字宽,将按实际数据宽度输出;否则将加入填充字符填充至设置字宽。

【例 9-3】 字段宽度设置。

程序代码如下:

```
#include <iostream>
#include <iomanip>
#include <sstream>    //包含字符串流类库
using namespace std;
void main (){
    string str,str1;
    cin.width(2);
    cin>>str>>setw(3)>>str1;
    cout<<str<<endl<<str1<<endl;
    cout.width(10);
    cout<<str<<'\t'<<str1<<setw(20)<<str<<endl;
}
```

运行结果:

```
123456789(回车)
1
23
        1       23                  1
```

可见,宽度设置仅对于下一次插入或者提取操作有效,随后,系统将宽度设置为 0,即输出实际数据宽度。

(4)填充设置(fill、setfill)。

fill 成员函数和 setfill 操作符用于指定填充字符,若未显式指定填充字符,系统将使用空格来填充。不带参数的 fill 函数将返回当前设定的填充字符。例如:

```
cout.fill('*');
cout <<setw(10)<<456<<'\n'<<setfill('#')<<567<<endl;
```

程序段将输出以下结果:

```
*******456
###############567
```

(5)设置和重新设置状态标记(flags、setiosflags、resetiosflags、setf、unsetf)。

不带参数的 flags 成员函数将返回当前的格式标记,其返回值是一个 long 类型的长整数。带参数的 flags 成员函数将按照参数来重新设置格式标记,并返回该标记。需要注意的是,各 C++ 编译系统对格式标记的初始设置可能是不同的。

```
cout.flags(ios::oct|ios::scientific);
cout<<cout.flags()<<'\t'<<45.56<<'\t'<<98<<endl;
```

该程序段将输出下列结果:

12000　　4.556000e＋001　　142

带参的成员函数 setf 通过提供的参数设置格式标记，并返回以前的标记设置，例如：

long preflags ＝ cout.setf（ios∷showpoint ｜ ios∷showpos）；

带参的成员函数 unsetf 可重置指定的标记，并返回重置以前的标记值。例如：

cout.unsetf（ios∷skipws）；　　//把跳过空格控制位重置 0

同样，带参的操作符 setiosflags 用于设置格式标记，resetiosflags 用于重置格式标记，例如：

cout＜＜45.56＜＜'\t'＜＜setiosflags（ios∷showpos｜ios∷scientific）

　　＜＜45.56＜＜endl；

cout＜＜45.56＜＜'\t'＜＜resetiosflags（ios∷showpos｜ios∷scientific）

　　＜＜45.56＜＜endl；

程序段将输出：

45.56　　＋4.556000e＋001

＋4.556000e＋001　　45.56

6.流错误的状态

在 I/O 流的操作过程中可能出现各种错误，出错时会在流的状态字 state（枚举类型 ios_state）的对应位进行置 1 操作，程序继续。状态字 state 定义如下：

```
enum ios_state{
    goodbit = 0x00,        //流正常
    eofbit = 0x01,         //输入流结束,忽略后继提取操作
    failbit = 0x02,        //最近一次 I/O 操作失败,流可恢复
    badbit = 0x04,         //最近一次 I/O 操作非法,流可恢复
    hardfail = 0x08        //I/O 出现致命错误,流不可恢复,VC＋＋6.0 不支持
};
```

ios 类提供了用来检测或设置流的状态的成员函数，如表 9-3 所示。

表 9-3　C＋＋中的流状态函数

处理流状态的成员函数	含义
int good()	若 I/O 流正常则返回非 0 值,否则返回 0
int eof()	输入流状态字的 eofbit 位为 1 则返回非 0 值,否则返回 0
int fail()	流状态字的 failbit、badbit 和 hardfail 位中的任一个置 1,则返回非 0 值,否则返回 0
int bad()	流状态字的 badbit、hardfail 位中任一个置 1 则返回非 0 值,否则返回 0
int rdstate()	返回当前状态字
void clear(int ef = 0)	无参调用可清除全部错误信息；带参则可人工设置错误状态位

如果流输入/输出正常，则为流设置 goodbit，此时 good 成员函数返回真。注意只能在"好"流上进行输入/输出操作。

当遇到文件结束符时，系统将为输入流设置 eofbit 位。程序可以使用 eof 成员函数测试是否遇到了流中的文件结束指示符。其调用格式如下：

cin.eof();

当流上出现格式错误时,系统将设置流的 failbit。例如,当程序正在输入浮点数,而在输入流中却遇到非数字字符时,将出现格式错误。fail 成员函数报告流操作是否失败,通常可以从这样的错误中恢复。当出现导致丢失数据的错误时,将设置 badbit。成员函数 bad 报告流操作是否已经失败,类似这样的严重错误通常是不可修复的。

clear 成员函数通常用于将流的状态恢复到"好"状态,这样可以继续在那个流上进行输入/输出操作。clear 的默认参数是 ios::goodbit,所以语句:

cin.clear();

将清除流 cin 的错误状态位,并为流设置 goodbit。而语句:

cin.clear(ios::failbit);

将为流设置错误状态位 failbit。当使用用户定义类型在 cin 上输入并遇到问题时,这样进行处理应该是用户所希望的。

rdstate 成员函数返回流的错误状态。例如:

cin.rdstate();　　　　　// 返回输入流的状态字

cout.rdstate();　　　　 // 返回输出流的状态字

对流操作的错误进行处理的一般步骤是:首先使用 rdstate 读取流的错误状态字,然后用 switch 语句来测试,以检查 ios::eofbit、ios::badbit、ios::goodbit 等状态位,针对不同的错误状态设计不同的处理程序块。当然,也可使用表 9-3 中的流成员函数来处理,使用这些函数不需要程序员熟悉特定的状态位。

需要说明的是,为提高程序的可靠性,设计时往往需要检测 I/O 流的操作是否正常,当检测到流操作出现错误时,可以通过异常处理来解决问题。

7. 利用流类成员函数进行输入/输出操作

使用流成员函数也能完成与 cin、cout 相似的功能,而且在某些特殊情况下,例如,当需要将空格或回车符输入到变量中时,程序使用流成员函数进行输入/输出会更加便捷。

输入流成员函数包括 get、getline、read 等;输出流成员函数包括 put、write 等。利用流输入/输出函数,再配合使用其他成员函数,可完成较为复杂的输入/输出工作。

(1)get 和 getline 成员函数。

istream 类的 get 成员函数有 3 个版本:

● int istream::get();

从指定的流输入一个字符,包括空格、制表符、backspace 和回车符等,并返回这个字符作为函数调用的值,在遇到流上的文件结束指示符时将返回 EOF。例如:

c = cin.get();　　　　　// 与 cin 不同,函数返回一整型值

● istream& istream::get(char &);

　或

　istream& istream::get(unsigned char &);

该函数从指定的流中输入一个字符(包括空白字符),并将其存储在字符变量中。当遇到文件结束指示符时返回 0;否则返回调用该函数的 istream 对象的引用。例如:

cin.get(&ch);　　　　　// 提取一个字符,放在字符型变量中

● istream& istream::get (char * , int, char = '\n');

或

```
istream& istream∷get (unsigned char * , int, char = '\n');
```

该版本有 3 个参数：字符指针或字符数组用来接收键盘输入的字符串，整数用来指定读取字符的最大个数，分界符用来指定读取截止的字符（系统默认截止符为回车换行符）。最多只能读取比指定的最大字符个数少 1 的字符串，或者在遇到截止符时结束，然后系统在读取的字符串末尾插入字符串结束标志。设置的截止符并没有放置在字符数组内，而是保留在输入流内（截止符是将读取的下一个字符）。例如：

```
char ch[40]; int t = 10;
cin.get (ch,    t,    'Z');
```

该调用将输入的字符串放在以字符指针 ch 为起始地址的存储区，可接收的字符个数为 9，字符串的输入结束符为'Z'。

getline 函数的使用与 get 的第 3 个版本类似，不同的是，getline 函数从流内删除截止符（读取该字符并删除它），并在读取的字符串末尾添加字符串结束标志。函数声明如下：

```
istream& istream∷getline (char * , int, char = '\n');
istream& istream∷getline (unsigned char * , int, char = '\n');
```

例如：

```
char ch[40]; int t = 10;
cin.getline (ch,t,'\n');
```

【例 9-4】 利用 I/O 流进行输入/输出及提高输入的稳健性。

程序代码如下：

```cpp
#include <iostream>
#include <iomanip>
using namespace std;
void main(){
    char str[256];
    int i;
    cout<<"请输入整数 i:"<<endl;
    cin>>i;
    while(cin.fail()){
        cout<<cin.rdstate()<<endl;
        cin.clear(0);    //清状态字
        cin.getline(str,255);    //读空缓冲区
        cout<<"输入错误,请重新输入整数 i:"<<endl;
        cin>>i;
    }
    cin.getline(str,256);    //读空缓冲区
    cout<<"请输入字符串"<<endl;
    cin.getline(str,255);
    cout<<"输入整数为:"<<i<<endl;
```

```
    cout<<"输入字符串为:"<<str<<endl;
}
```

程序运行时可输入非数字字符、字符串加数字串、数字串加字符串等进行测试。注意在处理错误状态的循环中,清空状态字之后,需要读空缓冲区,把错误输入全部读入 str 之后,程序才能正常往下执行。循环后面的 getline 函数是为了处理输入数字串加字符串的情况。

(2)ostream 的成员函数 put。

输出流成员函数 put 可用来输出单个字符,函数声明如下:

```
ostream& ostream::put(char);          //输出参数字符
ostream& ostream::put(unsigned char);
ostream& ostream::put(signed char);
```

使用时可配合使用成员函数 flush 来刷新缓冲区,flush 函数声明如下:

```
ostream& ostream::flush();            //刷新一个输出流,用于 cout 和 clog
```

对 put 的调用可以级联,如:

```
cout.put('A');                        //输出一个字符
cout.put('A').put('\n');              //输出两个字符
```

和<<一样,因为点运算符"."从左向右关联,put 成员函数返回对调用对象本身的引用。

(3)istream 的成员函数 peek、putback、gcount 和 ignore。

ignore 函数跳过指定个数的字符(默认是 1 个字符),或者在遇到指定的截止符时(默认为 EOF),函数执行结束。函数说明如下:

```
istream& istream::ignore(int=1, int=EOF);
```

式中,第一个参数指定提取的字符数量;第二个参数为结束字符,当遇到结束字符时,对所提取的字符不保存不处理,只做空读操作,该字符仍然保留在输入流中。

putback 成员函数将指定字符放入当前输入流中,其原型为:

```
istream& putback(char C);
```

例如:

```
cin.putback('B');    //将字符'B'放入当前输入流
```

peek 函数从当前输入流中获取下一个字符,但并不从流中删除该字符,该字符仍然保留在输入流中。其原型为:

```
int peek();
```

例如:

```
ch=cin.peek();       //读取输入流中的下一个字符并赋给 ch
```

函数 gcount 返回最后一次提取的字符数量,包括回车符。函数原型为:

```
int gcount();
```

例如:

```
k=cin.gcount();
```

【例 9-5】 输入流成员函数的使用。

程序代码如下:

```
#include <iostream>
using namespace std;
```

```
void main (){
    char str[10];
    int i, n;
    cout <<"输入字符" <<endl;
    i = cin.get ();                                //输入字符
    cout <<endl;
    n = cin.rdstate ();                            //读取状态字
    cout <<"状态字为:"<<n<<endl;                    //输出状态字
    if(n != 0)   cin.clear(0);                     //使流恢复正常
    cin.ignore (255, '\n');                        //清除多余的字符和回车符
    cout <<"当输入字符时, 取得的是:"<<i<<endl;
    cout <<"输入字符串 1:"<<endl;
    cin.getline (str, 10);
    cout <<endl;
    cout <<"状态字为:" <<(n = cin.rdstate ()) <<endl;
    i = cin.gcount ();
    if(n != 0)   cin.clear(0);                     //使流恢复正常
    cin.ignore (255, '\n');                        //清除多余的字符和回车符
    cout <<"字符串为:" <<str <<'\t' <<"读入字符数为:" <<i <<'\t';
    cout <<"串长为:" <<strlen (str) <<endl;
    cout <<"输入字符串 2:" <<endl;
    cin.getline (str, 10);
    cout <<endl;
    cout <<"状态字为:" <<(n = cin.rdstate ()) <<endl;
    i = cin.gcount ();
    if(n != 0)   cin.clear(0);                     //使流恢复正常
    cout <<"字符串为:" <<str <<'\t' <<"读入字符数为:" <<i <<'\t';
    cout <<"串长为:" <<strlen (str) <<endl;
}
```

注意:每次输入都要检验是否合法,若返回值不为零,则需要清除输入流的错误标志位,以保障随后的输入工作正常进行。

8.非格式化输入/输出函数 read 和 write

read 是 istream 的成员函数,write 是 ostream 的成员函数,用来完成非格式化输入/输出。read 和 write 的函数原型如下:

istream &read (unsigned char * buf, int num);

ostream &write (const unsigned char * buf, int num);

read 从输入流中读取 num 个字符,保存到字符指针或字符数组 buf 中;write 则从字符指

针或字符数组中取 num 个字符输出到终端。这些字节并不以任何方式格式化,它们仅仅作为原始字节输入或者输出。例如:

　　char buffer[] = "Hello world!";

　　cout. write (buffer, 7);　　　//输出为 buffer 字符串的前 7 个字符"Hellow"

　　cin. read(buffer, 11);　　　//从键盘输入 11 个字符赋给 buffer

【例 9-6】　非格式化输入输出。

程序代码如下:

```
#include <iostream>
using namespace std;
void main (){
    const int SIZE = 80;
    char str[SIZE];
    cout << "输入一个字符串"<<endl;
    cin. read (str, 20);               //读入 20 个字符赋给 str
    cout << "您输入的字符串是:"<<endl;
    cout. write (str, cin. gcount ());//输出字符串
    cout <<endl;
}
```

运行结果:

输入一个字符串

I am a student. I like reading books.(回车)

您输入的字符串是:

I am a student. I li

9.1.2　基于标准 I/O 函数库的输入输出

　　C++标准库<iostream>提供了控制台格式化输入/输出函数以及非格式化输入/输出函数,这些函数均从标准 C 沿袭而来。格式化输入/输出函数原型如下:

　　scanf("格式说明字符串",变量地址表列);

　　printf("格式控制字符串",参数表列);

　　关于函数的具体使用方法、格式控制/说明字符串的详细设置等,请查阅标准 C 中的相关内容。示例如下:

　　scanf ("%d,%d",&i,&j);　　　　//键盘输入整数给 i、j,输入时两个整数之间用","隔开

　　printf ("i is %d, j is %d\n", i, j); //屏幕输出 i、j

　　非格式化输入/输出函数同标准格式化输入/输出函数相比,编译后代码少,相对占用内存也小,速度快,使用方便。常用的几个函数的调用方法如下:

　　puts(s);　　　　　　　//字符串输出函数,s 为字符串常量或字符串变量

　　gets(s);　　　　　　　//字符串输入函数,s 为字符数组或字符指针

　　putchar(ch);　　　　　//字符输出函数,ch 为一个字符变量或常量

　　ch = getchar();　　　　//字符输入函数,从键盘输入一个字符赋给 ch

【例 9-7】 字符和字符串输入输出。

程序代码如下：

```cpp
#include <iostream>
#include <cstring>
using namespace std;
void main (){
    char c, p[20];                        //定义字符变量
    c = 'A';                              //给字符变量赋值
    putchar (c);                          //输出字符变量 c
    putchar ('\x42');                     //输出字符'B'
    putchar ('\n');                       //输出回车符
    puts ("Enter a string:");
    gets(p);                              //键盘读入字符串赋给 p
    puts(p);                              //屏幕输出字符串 p
    puts ("Enter a string:");
    while((c = getchar ())!= '\n') putchar (c);
    //循环读入并输出键盘输入/的一个字符串,直到回车结束
    getchar ();                           //等待按任一键
}
```

运行结果：

AB

Enter a string：

I am a student.（回车）

I am a student.

Enter another string：

You are a student too.（回车）

You are a student too.

基于 I/O 函数库进行控制台输入/输出操作基本能够满足需要,但 C++推荐使用更加方便、功能更加丰富强大的基于 I/O 类库的控制台输入输出操作方法。

9.1.3　重载提取和插入运算符

实际应用中往往需要输入/输出自定义类,此时需要重载插入和提取运算符。C++中,插入/提取运算符的重载只能在用户定义类中进行,将重载运算符的函数说明为该类的友元函数：

friend istream& operator>> (istream&, className&);

friend ostream& operator<<(ostream&, className&);

其中,第一个参数是对输入或输出流的引用,作为>>或<<的左操作数;第二个参数是对用户定义类的引用,作为右操作数,流用作函数参数,必须是引用调用,不能是值调用。函数的返回值是对输入或输出流的引用,这是为了保证在 cin 和 cout 中可以级联使用>>或<<运算符,连续输出类对象。

【例 9-8】 重载插入/提取算符来完成用户定义的复数类型 **Complex** 的输入与输出。

程序代码如下：

```
#include <iostream>
using namespace std;
class Complex;
ostream& operator <<(ostream&s, const   Complex& z);
istream& operator >> (istream&s, Complex& a);
class Complex
{
    double Real，Image；
public：
    Complex(double r=0.0,   double i=0.0);Real(r)，Image(i)
    {}
    friend ostream&operator<<(ostream&s, const Complex&z);
    friend istream&operator>>(istream&s, Complex&a);
};
ostream& operator<<(ostream& s, const Complex & z)    //重载<<函数
{   return s<<'('<<z.Real<<','<<z.Image<<')'; }
istream&operator>> (istream&s, Complex &a) //重载>>函数,格式为 d,(d),(d,d)
{
    double re=0, im=0;
    char c=0;
    s>>c;
    if(c == '('){                            //是否由左括号开始
        s>>re>>c;                            //实部
        if(c ==  ',')
            s >> im >> c;                    //虚部
        if(c! = ')')
            s.clear (ios::failbit); }         //若无右括号,则置操作失败位
    else
    {
        s.putback (c);                       //若无左括号,返回一个字符到输入缓冲区
        s>>re; }                             //实数
    if(s)
        a = Complex (re, im);
    return s;
}                                             //标准设备的输入输出
void main ()
{
    Complex a，b，c；
```

```
        cout <<"输入一个实数:"<<endl;
        cin >> a;                                    //输入对象值赋给 a
        cout <<"输入一个用括号括起来的实数(x):"<<endl;
        cin >> b;                                    //输入对象值赋给 b
        cout <<"输入一个用括号括起来的复数(x,y):"<<endl;
        cin >> c;                                    //输入对象值赋给 c
        cout <<"a = "<<a<<'\t'<<"b = "<<b<<'\t'<<"c = "<<c<<'\n';        //输出
}
```

运行结果:
输入一个实数:
67(回车)
输入一个用括号括起来的实数(x):
(45)(回车)
输入一个用括号括起来的复数(x,y):
(67,23)(回车)
a = (67, 0)   b = (45, 0)   c = (67, 23)

9.1.4 综合实例分析

程序代码如下:

```cpp
#include <iostream>
#include <cstring>
#include <iomanip>
using namespace std;
void addstudent(int b);                     //函数声明,增加学生信息
void display();                             //函数声明,显示某个学生信息
class Student                               //定义学生类
{
private:
    int Num;                               //学号
    char Name[8];                          //姓名
    double Math;                           //数学课成绩
public:
    Student()
    {
        Num = 0;
        strcpy(Name, "");
        Math = 0;
    }                                      //默认构造函数
    void StudentStruct(int num, char name[8], double math)   //重载构造函数
    {
        Num = num;
        strcpy(Name, name);
```

```
            Math = math;
            return;
        }
        int readNum(){ return Num; }          //返回学号
        char * readName(){ return Name; }     //返回姓名
        double readMath(){ return Math; }     //返回数学成绩
    };
    Student stu[80];                          //定义外部对象数组 stu
    void addstudent(int b)                    //添加学生信息
    {
        int number;
        char name[20];
        double math;
        cout <<"请输入学生学号:" <<endl;
        cin >> number;
        cout <<"请输入学生姓名:" <<endl;
        cin >> name;
        cout <<"请输入学生的数学成绩:" <<endl;
        cin >> math;
        stu[b].StudentStruct(number, name, math);
        return;
    }
    void display()                            //学生信息查询
    {
        int n, i, m = 0;
        cout <<"请输入要查询学生的学号:";
        cin >> n;
        for (i = 0; i <80; i ++)
        {
            if (n == stu[i].readNum())         //查询到学生,输出结果
            {
                m = i;
                cout <<" ┌———┬————┬————┬————┐ " <<endl;
                cout <<" | 序列号 | Number | Name  |  Maths  | " <<endl;
                cout <<" ├———┼————┼————┼————┤ " <<endl;
                cout <<" | " <<setw(6) <<(m + 1) <<" | " <<setw(8) <<stu
[m].readNum() <<" | " <<setw(8) <<stu[m].readName() <<" | " <<setprecision
(4) <<setw(8) <<stu[m].readMath() <<" | " <<endl;
                cout <<" └———┴————┴————┴————┘ " <<endl;
                break;
            }
        }
```

```cpp
        if (i>=80) cout <<"该学号学生不存在!" <<endl;
                        //未查询到学生,返回主调程序
    return;
}
void main()              //主函数
{
    int a, b=0;
    char answer;
    while (1)
    {
        cout <<"\t\t\t=*=*=*=*=*=*=*=*=*=*=*=*=*=*=*=*=" <<endl;
        cout <<"\t\t\t\t    系统菜单" <<endl;
        cout <<"\t\t\t=*=*=*=*=*=*=*=*=*=*=*=*=*=*=*=*=" <<endl;
        cout <<"\t\t\t\t  学生信息管理系统总菜单" <<endl;
        cout <<"\t\t\t\t  1 增加学生信息" <<endl;
        cout <<"\t\t\t\t  2 学生信息查询" <<endl;
        cout <<"\t\t\t\t  3 退出..." <<endl;
        cout <<"\t\t\t=*=*=*=*=*=*=*=*=*=*=*=*=*=*=*=*=<<endl";
        cout <<"请选择(1~3)并按回车确定" <<endl;
        cout <<"您的选择:";
        cin >> a;
        cout <<endl;
        switch (a)
        {
        case 1:              //添加学生信息
            {while (1)
                {
                addstudent(b);
                cout <<"继续添加学生(Y/N)" <<endl;
                cin >> answer;
                if (answer == 'Y') b++;
                else break;    //退出 while 循环
                }
            break;          //退出 switch 语句
                }
        case 2:              //查询学生信息
            {while (1)
                {
                display();
```

```
            cout <<"继续查询学生信息（Y，N）" <<endl；
            cin >> answer；
            if（answer == 'N'）break；　//退出 while 循环
            }
            break；　　//退出 switch 语句
            }
    case 3：cout <<"退出……" <<endl；exit(1)；break；
    default：cout <<"输入错误，请重新选择" <<endl；break；
        }
      }
    }
```

运行结果：

```
= * = * = * = * = * = * = * = * = * = * = * = * = * = * = * = * =
                    系统菜单
= * = * = * = * = * = * = * = * = * = * = * = * = * = * = * = * =
        学生信息管理系统总菜单
        1 增加学生信息
        2 学生信息查询
        3 退出...
= * = * = * = * = * = * = * = * = * = * = * = * = * = * = * = * =
请选择(1～3)并按回车确定
您的选择：1

请输入学生学号：
123
请输入学生姓名：
zhangsan
请输入学生的数学成绩：
88
继续添加学生（Y/N）
Y
请输入学生学号：
124
请输入学生姓名：
lisi
请输入学生的数学成绩：
99
继续添加学生（Y/N）
N
```

```
=*=*=*=*=*=*=*=*=*=*=*=*=*=*=*=*=*=*=*=
                系统菜单
=*=*=*=*=*=*=*=*=*=*=*=*=*=*=*=*=*=*=*=
            学生信息管理系统总菜单
            1 增加学生信息
            2 学生信息查询
            3 退出...
=*=*=*=*=*=*=*=*=*=*=*=*=*=*=*=*=*=*=*=
```

请选择(1～3)并按回车确定
您的选择:2

请输入要查询学生的学号:123

```
┌──────┬─────────┬──────────┬─────────┐
│ 序列号 │ Number  │  Name    │  Maths  │
├──────┼─────────┼──────────┼─────────┤
│  1   │  123    │ zhangsan │   88    │
└──────┴─────────┴──────────┴─────────┘
```

继续查询学生信息(Y，N)
N

```
=*=*=*=*=*=*=*=*=*=*=*=*=*=*=*=*=*=*=*=
                系统菜单
=*=*=*=*=*=*=*=*=*=*=*=*=*=*=*=*=*=*=*=
            学生信息管理系统总菜单
            1 增加学生信息
            2 学生信息查询
            3 退出...
=*=*=*=*=*=*=*=*=*=*=*=*=*=*=*=*=*=*=*=
```

请选择(1～3)并按回车确定
您的选择:3

退出……

程序展示了控制台界面的制作方法。main 程序首先输出主界面,在主界面中通过选择"增加学生信息、学生信息查询、退出学生成绩管理系统"三个选项对应的数字来确定下一步执行的函数。"退出学生成绩管理系统"将强制结束并退出程序。"增加学生信息"将调用 addstudent 函数,输入学生类对象数据并保存在外部定义的对象数组中。程序在 main 函数中控制是否继续添加对象数据。"学生信息查询"对应 display 函数,其主要功能是,获取键盘输入的学号,并查询该学号对应的学生及其成绩,如果学生不存在则反馈相应信息后返回主调函数。在该模块中,当输出学生信息时,为了使界面工整清晰,使用了输出格式控制,请读者自行运行程序,并学习相关界面表现方法。

9.2 文件的输入输出

以变量、数组等形式存储的数据是暂时保存在计算机内存空间中,当程序结束时,系统将收回程序运行过程中占据的内存空间,因而其中存放的数据都将丢失。要想永久地保存大量的数据,只能使用文件来实现。文件又称为磁盘文件,一般是指存储在外部介质(如磁盘、光盘等)上的数据的集合。数据以文件的形式存放在外部介质上,操作系统以文件的形式对数据进行管理,因此深入学习和理解文件的概念至关重要。

根据数据格式 C++ 将文件分为两类:文本文件和二进制文件。文本文件由字符序列组成,也称 ASCII 码文件,如 * . txt 文件;二进制文件由无格式的字节序列组成,如 * . exe 文件。文本文件存取的最小信息单位为字符,二进制文件存取的最小信息单位为字节。图 9.2 表示分别使用 ASCII 码(a)和二进制格式(b)存储数据 10000 的组织形式。可以看到,使用文本文件存储时需要将计算机内存中的数据由二进制转换为 ASCII 码,而且会占据较多的存储空间;而使用二进制文件存储就不必进行转换,并且可以节省存储空间。但由于文本文件便于逐个处理字符,因而较多用于保存最终结果数据,二进制文件则多用于保存中间结果。

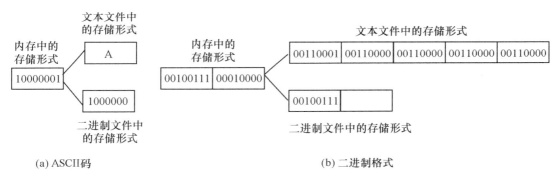

(a) ASCII码   (b) 二进制格式

图 9.2 文本文件和二进制文件

C++ 把每一个文件都看成是一个有序的字节流,每一个文件或者以文件结束符结束,或者在特定的字节号处结束,如图 9.3 所示。

图 9.3 文件流

文件的基本操作包括打开文件、向文件写内容、从文件读内容以及关闭文件。C++ 提供了标准 I/O 函数进行文件打开、文件指针定位、文件读写、出错检测以及文件关闭等操作。同时,C++ 推荐使用其提供的 I/O 类库来操作文件,从而便捷地实现丰富的文件操作功能。

当打开一个文件时,该文件就和某个流关联起来了。对文件进行读写实际上受到一个文件定位指针的控制。输入流的指针也称为读指针,每一次读操作都从读指针当前所指位置开始,读操作后读指针自动向后移动,最终移至文件尾。输出流指针也称写指针,每一次写操作都从写指针当前位置开始,每次写操作后写指针将自动向文件尾方向移动。

9.2.1　基于 I/O 类库的输入输出

　　C++设计了类 ifstream 来执行文件的输入操作,类 ofstream 实现文件的输出操作,类 fstream 实现文件的输入/输出操作。

【例 9-9】 一个最简单的基于 I/O 类库的文件操作。

程序代码如下:

```
# include <fstream>
using namespace std;
void main ()
{ ofstream SaveFile ("cppfile.txt");          //打开文件 ①
  SaveFile <<"Hello World!";                   //写入文件 ②
  SaveFile.close ();                           //关闭文件 ③
}
```

　　程序运行时,在当前目录下新建一个文件 cppfile.txt,并写入"Hello World!"。语句①创建了一个输出文件流对象 SaveFile,SaveFile 随即成为文件操作的句柄。语句②中<<运算符将输入流写入文件句柄所指向的 cppfile.txt。对于待写入的字符串,需要用双引号括起来;对于变量或具体数值,只需像通常使用 cout <<一样将数据传递给句柄对象即可,例如:

　　　　SaveFile <<variable<<3.9;   //向 SaveFile 输入变量 variable 及浮点数 3.9

　　语句③用来关闭已经打开的文件流。该语句执行后,系统将关闭 SaveFile 指向的文件 cppfile.txt。

　　1. 文件的打开

　　文件打开时,首先要说明一个文件流对象:

　　　　　　ifstream ifile;　　　　//只输入用,即默认以输入方式打开文件

　　　　　　ofstream ofile;　　　　//只输出用,即默认以输出方式打开文件

　　　　　　fstream iofile;　　　　//既可输入用又可输出用

　　然后使用该文件流对象的成员函数 open 打开一个磁盘文件。这样就在文件流对象和磁盘文件之间建立了联系。文件流类提供了三个打开文件的成员函数:

　　void ifstream∷open(const char ∗ ,int = ios∷in,int = filebuf∷openprot);

　　void ofstream∷open(const char ∗ ,int = ios∷out,int = filebuf∷opernprot);

　　void fstream∷open(const char ∗ , int, int = filebuf∷openprot);

其中,第一个参数为要打开的磁盘文件名;第二个参数为文件打开方式,具体方式参见表 9.4;第三个参数指定打开文件的访问方式,一般取默认值。例如:

　　　　iofile.open("myfile.txt", ios∷in | ios∷out);

　　对于 ifstream 流,默认打开方式为 ios∷in;对于 ofstream 流,默认值为 ios∷out。C++要求 ate、app 和 trunc 配合 out、in 等一起使用,用"|"把以上属性连接起来,如 ios∷out | ios∷binary。需要注意,只要打开方式中包含 in,若文件不存在就返回失败。使用 out 方式时,

应注意判断文件打开是否失败,失败时不可写入文件。

表 9.4　文件打开方式

打开方式	含义及使用说明
ios∷in	文件以输入方式打开(从文件读取),若文件不存在则返回失败
ios∷out	文件以输出方式打开(写入文件),若文件不存在就建立新文件;若文件存在,且未同时设置 app、in 方式,则文件清空
ios∷ate	文件打开后定位到文件尾,但可移动文件指针,从而将新数据写到任何位置
ios∷app	以追加的方式打开文件
ios∷trunc	打开文件并清空它,文件不存在则建立新文件,与 out 默认操作相同
ios∷binary	以二进制方式打开文件,缺省的方式是文本方式
ios∷nocreate	如果文件不存在则打开失败
ios∷noreplace	如果文件存在则打开失败

文件打开的访问方式取值包括:

0:普通文件,打开访问

1:只读文件

2:隐含文件

4:系统文件

可以用"|"或者"+"把以上属性连接起来,如 3 或 1|2 就是以只读和隐含属性打开文件。例如以二进制输入方式打开文件 c:\config.sys 的 C++语句如下:

　　fstream file1;

　　file1.open ("c:\\config.sys", ios∷binary | ios∷in, 0);

如果 open 函数只有文件名一个参数,且是以普通文件读/写方式打开,如:

　　iofile.open ("myfile.txt");

则该语句相当于:

　　iofile.open ("myfile.txt", ios∷in | ios∷out);

另外,三个文件流类 ifstream、ofstream 和 fstream 都重载了一个带默认参数的构造函数,利用该构造函数可以方便地打开文件。三个构造函数说明如下:

　　ifstream∷ifstream(const char ∗ , int = ios∷in, int = filebuf∷openprot);

　　ofstream∷ofstream(const char ∗ , int = ios∷out, int = filebuf∷openprot);

　　fstream∷fstream(const char ∗ , int,int = filebuf∷operprot);

所以上述打开文件的语句可合并为一条:

　　fstream iofile("myfile.txt", ios∷in | ios∷out);

需要注意的是,系统并不能保证打开文件操作总是正确的,如文件不存在、磁盘损坏等原因可能造成打开文件失败。如果打开文件失败后,程序还继续执行文件的读/写操作,将会产生严重错误。在这种情况下,应使用异常处理以保证程序顺利中止。如果文件失败,流状态标志字中的 failbit、badbit 或 hardbit 将被置为 1,并且使用!运算符测试文件流对象时将返回非 0 值。一般打开一个文件的完整程序段为:

　　fstream iofile ("myfile.txt", ios∷in | ios∷out);

```
    if (! iofile){                          //判断文件流对象值是否为 NULL
        cout <<"不能打开文件：" <<"myfile.txt" <<endl；
        return -1；
    }                                       //打开文件失败,退回操作系统
```

2.文件的读写

(1)文本文件的读写。

C++为文本文件的顺序读写操作提供了插入/提取运算符,插入运算符<<向文件输出(写操作)；提取运算符>>从文件输入(读操作)。

假设 file1 是以输入方式打开,file2 以输出打开。示例如下：

```
file2 <<"Hello world!"；                   //向文件 file2 写入字符串
int i；
file1 >> i；                               //从文件输入一个整数值赋给 i
```

使用这种方式进行文件输入/输出还可进行简单的格式化,具体的格式设置见表 9-2。例如,下述语句可将 123 的十六进制格式输出到 file2 中：

```
file2<<hex<<123；
```

【例 9-10】 使用 I/O 类库复制文件。

程序代码如下：

```
# include <iostream>
# include <fstream>
using namespace std；
void main ()
{
    char ch；
    ifstream sfile ("d:\\chapter9\\ex18.cpp")；    //以输入方式打开 //文件
    ofstream tfile ("e:\\ex18-copy.cpp")；         //以输出方式打开文件
    if (! sfile){
        cout <<"不能打开源文件:" <<" d:\\ chapter9\\ex18.cpp"
            <<endl；
        return -1；}
    if (! tfile){
        cout <<"不能打开目标文件:" <<"e:\\ex18-copy.cpp" <<endl；
        return -1；}
    sfile.unsetf (ios::skipws)；                   //把跳过空格控制位置 0    ①
    while (sfile>> ch)                            //依次从源文件中读出字符存入 ch   ②
        tfile <<ch；                               //将 ch 输出到目标文件中   ③
    sfile.close ()；                               //若无关闭函数,析构函数也可关闭
    tfile.close ()；
}
```

语句①设置关闭跳过空白,因为提取运算符在默认情况下是跳过空白(包括空格,制表符,backspace 和回车符等),这样一来复制的文件会缺少一些字符。语句②在将文件数据逐字节

读到 ch 的同时,还能判断文件是否结束。当文件结束时,文件对象 sfile 将返回 NULL,此时将不再复制,退出循环。需要说明的是,该程序能够正确复制任意类型的文件,不仅是文本文件(看作按字符),二进制文件(看作按字节)也一样可正确完成。对于文本文件,为了提高复制的效率,还可以按行进行复制。

【例 9-11】 按行复制文本文件。

程序代码如下:

```
#include <iostream>
#include <fstream>
using namespace std;
void main ()
{
    char filename[256], buf[100];
    fstream sfile, tfile;
    cout << "输入源文件名:"<<endl;
    cin >> filename;                        //键盘输入源文件路径和名称
    sfile.open (filename, ios::in);         //打开一个已存在的文件
    while(! sfile){
        cout << "源文件找不到,请重新输入文件名:"<<endl;
        sfile.clear (0);                    //清状态字
        cin >> filename;                    //重新输入源文件路径及名称
        sfile.open (filename, ios::in);
    }
    cout << "输入目标文件名:" <<endl;
    cin >> filename;                        //输入目标文件路径及名称
    tfile.open (filename, ios::out);
    if (! tfile){
        cout << "目标文件创建失败" <<endl;
        return -1;}
    while (sfile.getline (buf, 100)){       //按行取出一行保存到 buf 中
        if (sfile.gcount ()<100)
            tfile <<buf <<'\n';             //复制到 tfile 中,回车符需单独输入
        else tfile <<buf; }                 //本行大于 99 个字符,所以不加'\n'
    sfile.close ();
    tfile.close ();
}
```

程序中,语句 sfile.getline（buf，100）从源文件读一行或 99 个字符,效率大大提高。由于 getline 函数读取回车符后并不保留,因此需要由程序自行添加。例中的条件测试语句在 sfile.gcount ()<100 为真时,即可将回车符添加到目标文本文件的相应位置。

在向文件写入数据或从文件读出数据时,典型的应用是把对象存入文件和由文件重构对象。下例对提取和插入运算符进行了重载,使用<<就可将对象写入文件,使用>>即可完成

对象重构。

【例 9-12】 使用文本文件输入/输出对象。

程序代码如下：

```cpp
#include <iostream>
#include <iomanip>
#include <fstream>
#include <sstream>
using namespace std;
class inventory;
ostream& operator<<(ostream&dist，inventory&iv);
istream& operator>> (istream&sour，inventory&iv);
class inventory
{
    string Description；
    string No；
    int Quantity；
    double Cost；
    double Retail；
public：
    inventory(string = "#"，string = "0"，int = 0，double = 0，double = 0);
    friend ostream& operator <<(ostream&dist，inventory&iv)；
    friend istream& operator >> (istream&sour，inventory&iv)；
};
inventory∷inventory(string des，string no，int quan， double cost，double ret){
    Description = des；    No = no；
    Quantity = quan；    Cost = cost；    Retail = ret；}
ostream &operator<<(ostream& dist，inventory& iv){        //重载插入运算符
    dist<<left<<setw(20)<<iv.Description<<setw(10)<<iv.No；
    dist<<right<<setw(10)<<iv.Quantity<<setw(10)<<iv.Cost
        <<setw(10)<<iv.Retail<<endl；
    return dist；}        //写入文件时自动把数转为数字串后写入
istream& operator>>(istream& sour，inventory& iv){        //重载提取运算符
    sour>>iv.Description>>iv.No>>iv.Quantity>>iv.Cost>>iv.Retail；
    return sour；}        //从文件读出时自动把数字串转为数读出，函数体内的功能不变
void main ()
{
    inventory car1("普桑 2000"，"805637928"，156，80000，105000)，car2；
    inventory motor1("金城 125"，"93612575"，302，10000，13000)，motor2；
    ofstream distfile("d:\\object.data")；
    distfile<<car1<<motor1；        //注意 ofstream 是 ostream 的派生类
```

```
        distfile. close ();
        cout <<car1;
        cout <<motor1;
        cout <<car2;
        cout <<motor2;
        ifstream sourfile("d:\\object.data");        //分两次打开可避免读时误写入
        sourfile>>car2>>motor2;
        sourfile.close ();
        cout <<car2;
        cout <<motor2;
    }
```

运行结果：

普桑 2000	805637928	156	80000	105000
金城 125	93612575	302	10000	13000
♯	0	0	0	0
♯	0	0	0	0
普桑 2000	805637928	156	80000	105000
金城 125	93612575	302	10000	13000

（2）二进制文件的读写。

读写二进制文件通常使用流成员函数完成。常用的输出流成员函数有 put 和 write，常用的输入流成员函数包括 get、getline 和 read，辅以其他函数，共同完成复杂的文件流输入和输出。流类成员函数原型的介绍请参考 9.2.1 小节，在本节中，函数使用方法相同，不同的是，这些流成员函数被文件流对象使用，以实现对于文件流的输入/输出操作。例如：

```
file1.put ('c');          //向流 file1 写一个字符'c'
file2.get (x);            //从文件 file2 中读取一个字符,并把读取的字符保存在 x 中
x = file2.get ();         //从文件 file2 读取一个字符,并把读取的字符保存在 x 中
file2.get (str1, 127, 'A'); //当遇到字符'A'或读取了 127 个字符时终止
```

read 和 write 专门用来实现数据块的读写。read 从文件读取指定个数的字节保存到指定缓存，如果在尚未读入指定个数的字节时就已到达文件尾，可以用成员函数 gcount 来取得实际读取的字符数。write 从指定缓存取出指定个数的字符写到文件中。值得注意的是，缓存的类型是 unsigned char＊，所以有时可能需要进行类型转换。例如：

```
unsigned char str1[] = "Hello world!";
int n[5];
ifstream in("fi.dat");
ofstream out("fo.dat");
out.write(str1,strlen(str1));       //把字符串 str1 全部写到 fo.dat 中
in.read((char * )n, sizeof(n));     //从 fi.dat 中读取整数,注意类型转换
in.close();
out.close();
```

【例 9-13】 向例 9-12 建立的类 inventory 中添加成员函数,以实现二进制文件的存取。在例 9-12 程序代码的基础上完成。

程序代码如下:

```cpp
void inventory∷Bdatafromfile(ifstream&sour){
    char k[20];
    sour.read(k, 20);
    Description = k;
    sour.read(k, 10);
    No = k;
    sour.read((char * )&Quantity, sizeof(int));
    sour.read((char * )&Cost, sizeof(double));
    sour.read((char * )&Retail, sizeof(double)); }
void inventory∷Bdatatofile(ofstream&dist){
    dist.write(Description.c_str(), 20);       //使用 c_str 成员转为 char *
    dist.write(No.c_str(), 10);
    dist.write((char * )&Quantity, sizeof(int));
    dist.write((char * )&Cost, sizeof(double));
    dist.write((char * )&Retail, sizeof(double));}
//主程序
void main ()
{
    inventory car1("普桑 2000", "805637928", 156, 80000, 105000), car2;
    inventory motor1("金城 125", "93612575", 302, 10000, 13000), motor2;
    ofstream ddatafile("d:\\object.data ",ios∷out | ios∷binary);
    car1.Bdatatofile(ddatafile);
    motor1.Bdatatofile(ddatafile);
    cout <<"对象 car1:"<<endl;       cout <<car1;
    cout <<"对象 motor1:"<<endl;       cout <<motor1;
    cout <<"对象 car2:"<<endl;       cout <<car2;
    cout <<"对象 motor2:"<<endl;       cout <<motor2;
    ddatafile.close ();
    ifstream sdatafile("d:\\object.data", ios∷in | ios∷binary);
                    //重新打开文件,从头读取数据
    car2.Bdatafromfile(sdatafile);               //从文件读取数据复制到对象 car2
    if(sdatafile.eof() == 0)
            cout <<"读文件成功"<<endl;
    cout <<"对象 car2:"<<endl;
    cout <<car2;
```

```
    motor2.Bdatafromfile(sdatafile);        //从文件读取数据复制到对象 motor2
    if(sdatafile.eof() == 0)
            cout <<"读文件成功"<<endl;
    cout <<"对象 motor2:"<<endl;
    cout <<motor2;
    sdatafile.close();
}
```

运行结果：

对象 car1：

| 普桑 2000 | 805637928 | 156 | 80000 | 105000 |

对象 motor1：

| 金城 125 | 93612575 | 302 | 10000 | 13000 |

对象 car2：

| ♯ | 0 | 0 | 0 | 0 |

对象 motor2：

| ♯ | 0 | 0 | 0 | 0 |

读文件成功

对象 car2：

| 普桑 2000 | 805637928 | 156 | 80000 | 105000 |

读文件成功

对象 motor2：

| 金城 125 | 93612575 | 302 | 10000 | 13000 |

(3)文件的随机读写。

在 C++ 中可以由程序控制文件指针的移动，从而实现对文件的随机访问，即可读写流中任意一段内容。一般文本文件很难准确定位，所以随机访问多用于二进制文件。

C++ 的 I/O 系统管理着两个与同一文件相联系的指针。一个是读指针，它说明输入操作在文件中的位置；另一个是写指针，它说明下次写操作的位置。每次执行输入或输出时，相应的指针自动变化。所以，C++ 的文件定位分为读位置和写位置的定位，对应的成员函数是 tellg、seekg、tellp 和 seekp。tellg 用来返回读指针当前位置，seekg 是设置读指针位置；tellp 用来返回写指针当前位置，seekp 是设置写指针位置。它们函数原型如下：

long istream∷tellg();

long istream∷tellp();

istream &seekg(streamoff offset, seek_dir origin);

ostream &seekp(streamoff offset, seek_dir origin);

streamoff 在<iostream>中定义，确定偏移量 offset 所能取得的最大值。seek_dir 表示文件位置指针移动的基准位置，取值为如下枚举常量：

ios∷beg	//文件开头
ios∷cur	//文件当前位置
ios∷end	//文件结尾

例如：

file1.seekg(1234，ios::cur)；　　　　　　//把读指针从当前位置向后移 1234 个字节

file2.seekg(20L，ios::beg)；　　　　　　//将读指针从文件头向文件尾方向移 20 个字节

注意文件位置指针只有一个，并且不可移动到文件头之前或文件尾之后。一般 tellg 和 seekg 配合使用，tellp 和 seekp 配合使用。

【例 9-14】　使用随机访问对例 9-13 程序进行改造。将 main 函数中的文件改为输入/输出文件，写完后将文件定位指针定位在文件开始处。

首先修改商品类中两相关成员函数的参数类型，如下所示：

void Bdatatofile(fstream&dist)；

void Bdatafromfile(fstream&dist)；

主函数相关部分代码修改如下：

fstream datafile("d:\\object.data",ios::in|ios::out|ios::binary)；　　//打开输入/输出文件

car1.Bdatatofile(datafile)；　　　　　　　　　　　　　　　　//保存对象

motor1.Bdatatofile(datafile)；

datafile.seekg(50，ios::beg)；　　　　　　　　　　　　　　　//一个记录 50 字节

motor2.Bdatafromfile(datafile)；　　　　　　　　　　　　　　//先重写 motor2

datafile.seekg(ios::beg)；　　　　　　　　　　　　　　　　　//指针回到开始

car2.Bdatafromfile(datafile)；　　　　　　　　　　　　　　　//重写 car2

请按照以上提示自行改写例 9-13 程序，并编译运行，分析结果。

（4）文件的结束检测。

读写函数并不知道文件是否结束，须使用 ios 提供的状态函数 eof 来判断。成员函数 eof 用来检测是否到达文件尾，如果到达文件尾返回非 0 值，否则返回 0。C++系统是根据当前操作的实际情况设置状态位的，如果程序需要根据状态位来决定下一步的操作，就必须在一次操作后立即去调取状态位，以判断本次操作是否有效。eof 函数原型如下：

int eof()；

例如：

if(in.eof())　ShowMessage("已经到达文件尾！")；

3.关闭文件

三个文件流类中各有一个关闭文件的成员函数：

void ifstream::close()；

void ofstream::close()；

void fstream::close()；

使用如下：

iofile.close()；

关闭文件时，系统把与该文件相关联的文件缓冲区中的数据写到文件中，保证文件的完整；收回与该文件相关的内存空间以供再分配；把磁盘文件名与文件流对象之间的关联断开，以防止误操作。如果程序后续又要对文件进行操作，则必须重新打开。

关闭文件并没有取消文件流对象，该文件流对象又可与其他磁盘文件建立联系。文件流对象在程序结束，或它的生命期结束时，由析构函数来撤销，此时它将释放内存分配的预留缓冲区。

9.2.2 基于 I/O 函数库的输入输出

C++的 I/O 函数库<iostream>提供了标准文件的输入/输出函数,这些函数由 C 继承而来,主要 I/O 函数及其含义如表 9-5 所示。

表 9-5 基于 I/O 库函数的输入/输出函数

函数原型	含义及使用说明
FILE * fopen(char * filename,* type);	打开文件
int fclose(FILE * stream);	关闭文件
int fprintf(FILE * stream,格式控制字符串,变量列表);	文件的顺序写函数,写入若干变量值
int fputs(char * string,FILE * stream);	文件的顺序写函数,写入一个字符串
int fputc(int ch,FILE * stream);	文件的顺序写函数,写入一个字符
int fscanf(FILE * stream,格式控制字符串,变量地址列表);	文件的顺序读函数,读取若干数据
char fgets(char * string,int n,FILE * stream);	文件的顺序读函数,一次读取 n-1 个字符
int fgetc(FILE * stream);	文件的顺序读函数,一次读取一个字符
int fseek(FILE * stream,long offset,int fromwhere);	将文件的位置指针从 fromwhere 开始移动 offset 字节
int fread(void * buf,int size,int count,FILE * stream);	从文件 stream 中读 count * size 个字节,并把它们存入 buf 中
int fwrite(void * buf,int size,int count,FILE * stream);	把 buf 中 count * size 个字节写到 stream 指向的文件中
long ftell(FILE * stream);	返回从文件头开始算起的字节数
int fflush(FILE * stream);	将输出缓冲区的内容立即写入文件,将输入缓冲区清空
int feof(FILE * stream);	检测文件位置指针是否到达了文件结尾
void rewind(FILE * stream);	把文件位置指针移动到文件的起点处

FILE 是一个包括了文件管理有关信息的结构体,程序中将使用 FILE 指针来指向并操作文件。

【例 9-15】 把浮点数组以二进制方式写入 F 盘 chapter9 文件夹中的文件 test.dat 中,然后从 test.dat 中读取 6 个浮点数,把它们存放到 dat 数组中并输出。

程序代码如下:

```cpp
#include <iostream>
using namespace std;
void main(){
float f[6]={3.1425, -4.364, 25.04, 0.0001, 50.56, 80.5};
FILE * fp;
fp=fopen("f:\\chapter9\\test.dat", "wb");        //创建一个二进制文件只写
if(fp)
{   fwrite(f, sizeof(float), 6, fp);             //将 6 个浮点数写入文件中
```

```
        fclose (fp);                                    // 关闭文件
    }
    float dat[6];
    fp = fopen ("f:\\chapter9\\test.dat",  "rb");       // 打开二进制文件只读
    if(fread (dat,  sizeof (float),  6,  fp)! = 6)       // 判断是否读了 6 个数
    {
        if(feof(fp))
            cout << "End of file" << endl;               // 不到 6 个数文件结束
        else
            cout << "Read error" << endl;                // 读数错误
    }
    fclose(fp);                                          // 关闭文件
    for (int i = 0; i<6; i++)                            // 输出数据
        cout << dat[i] << endl;
}
```

运行结果：

3.1425

－4.364

25.04

0.0001

50.56

80.5

初次运行时，程序将在 F 盘的 chapter9 文件夹下创建二进制文件 test.dat，然后从 f 数组中取出 6×sizeof（float）个字节写入该文件。在关闭文件后，重新打开文件并从中读取并输出 test.dat 中存放的浮点数。

使用上述＜iostream＞函数库提供的文件 I/O 函数进行文件的输入/输出操作相对比较烦琐，C++推荐采用基于 I/O 类库的方法来进行文件的操作。

9.2.3 综合实例分析

【例 9-16】 用类和对象数组编写一个处理学生信息的程序，实现以下功能：

- 按学号由小到大的顺序将 5 个学生的数据（学号、姓名、年龄、分数（计算机程序设计、大学计算机基础、英语、高数））输出到磁盘文件中保存。
- 从键盘输入两个学生（学号大于已有的学号），增加到文件的末尾。
- 将磁盘文件中的数据全部输出到显示器。
- 从键盘输入一个号码，从文件中查找有无此学号，如有则显示此学生的全部数据；如果没有就输出"无此学生"。可以反复多次查询，如果输入查找的学号为 0，就结束查询。

程序分为 3 个文件完成：Student.h 定义了 Student 类，Student.cpp 为类中成员函数的定义，example9_19.cpp 是包含主函数在内的源程序。

程序代码如下：

```cpp
//Student.h 头文件
class Student
{
private：
    int Num；                          //学号
    char Name[30]；                    //姓名
    int Age；                          //年龄
    double Score[4]；                  //四门课成绩
    static double initScore[4]；        //静态数组成员,构造函数用它进行初始化
public：
    Student(int num = 0, char * name = "", int age = 0, double * score = initScore)；
    void Init(int num, char * name, int age, double * score)；
    void Show()；                      //屏幕输出对象
    int GetNum(){return Num;}          //读取学号
    char * GetName(){return Name;}     //读取姓名
    int GetAge(){return Age;}          //读取年龄
    double * GetScore(){return Score;} //读取四门课成绩
    void input()；                     //屏幕输入对象
};
//Student.cpp 源程序文件
#include <iostream>
#include <cstring>
#include "Student.h"
using namespace std；
void Student∷input()               //屏幕输入对象
{   cout<<"请输入学号、姓名、年龄、四门课的成绩:\n"；
    int num = 0；
    char name[30]；
    int age = 0；
    double score[4]；
    cin>>num>>name>>age>>score[0]>>score[1]>>score[2]>>score[3]；
    Init(num,name,age,score)；
}
void Student∷Show()                //屏幕输出对象
{   cout<<"学号:"<<Num<<','<<"姓名:"<<Name<<','<<"年龄:"<<Age<<','；
    cout<<"成绩:"<<Score[0]<<'\t'<<Score[1]<<'\t'<<Score[2]<<'\t'
        <<Score[3]<<endl；
}
```

```cpp
Student::Student(int num, char * name, int age, double * score)
{                                              //带默认参数的构造函数
    Num = num;
    strcpy(Name,name);
    Age = age;
    for(int i = 0;i<5;i++)
        Score[i] = score[i];
}
void Student::Init(int num, char * name, int age, double * score)
{                                              //对象赋值
    Num = num;
    strcpy(Name,name);
    Age = age;
    for(int i = 0;i<5;i++)
        Score[i] = score[i];
}
//example9_19.cpp 主源程序文件
#include <iostream>
#include <fstream>
#include <cstring>
#include "Student.h"
using namespace std;
double Student::initScore[4] = {0};        //静态数组成员定义
Student StudentArray[30];                   //声明外部对象数组保存 Student 对象
int NumofStudent;                           //声明外部整型变量保存学生人数
void ShowStudent(Student &e)                //外部函数,输出对象
{
    e.Show ();
}
void AddNewStudent()                        //外部函数,添加新成员
{
    int num = 0,j;
    char name[30];
    int age = 0;
    double score[4], * p;
    Student  e;   //定义内部对象
    e.input ();                             //调用成员函数输入对象
    num = e.GetNum();
    strcpy(name,e.GetName());
```

```
        age = e. GetAge();
        p = e. GetScore();
        for(j = 0;j<4;j++)
            score[j] = p[j];
        fstream f;                          //定义文件流对象
        f. open("F:\\Student. dat",ios::app|ios::out);  //打开写入数据
        if (! f){                           //判断文件流对象值是否为 NULL
            cout <<"不能打开文件: " <<"F:\\Student. dat" <<endl;
            exit(0);                        //打开文件失败,退回操作系统
        }
        f. write((char * )&num,sizeof(int));
        f. write(name,30);
        f. write((char * )&age,sizeof(int));
        f. write((char * )score,4 * sizeof(double));
        f. close();                         //关闭文件
        cout<<"保存成功\n";
}
void ShowAllStudent()                       //外部函数,显示所有学生
{
        for(int i = 0;i<NumofStudent;i++)
            ShowStudent(StudentArray[i]);   //调用外部函数
}
void ReadData()                             //外部函数,读取文件数据
{
        int num = 0;
        char name[30];
        int age = 0;
        double score[4];
        fstream f;                          //定义文件流对象
        f. open("F://Student. dat",ios::in);  //打开文件读取数据
        if (! f){                           //判断文件流对象值是否为 NULL
            cout <<"不能打开文件: " <<"F:\\Student. dat" <<endl;
            exit(0);                        //打开文件失败,退回操作系统
        }
        int ik = 0;
        while(! f.eof())
        {
            f. read((char * )&num,sizeof(int));
            f. read(name,30);
```

```
        f.read((char *)&age,sizeof(int));
        f.read((char *)score,4 * sizeof(double));
        StudentArray[ik].Init(num,name,age,score);    //调用成员函数给对象赋值
        ik++;
    }
    NumofStudent = ik-1;    //读取结束,记录学生总人数
    cout<<"NumofStudent = "<<NumofStudent<<endl;
    f.close();    //关闭文件
}
void SearchStudent(int num)    //外部函数,查询学生
{
    for(int i=0;i<NumofStudent;i++)
    {
        if(StudentArray[i].GetNum() == num)  //比较学号
        {
            ShowStudent(StudentArray[i]);
            return;
        }
    }
    cout<<"查无此人\n";
}
void main()    //主函数
{
    int num = 0;
    char name[30];
    int age = 0;
    double score[4], * p;
    int i,j;
    for(i=0;i<5;i++)    //输入5位学生的数据
    {
        StudentArray[i].input ();
    }

    fstream f;    //定义文件流对象
    f.open("F:\\Student.dat",ios::out);//打开文件写入数据
    if (! f){        //判断文件流对象值是否为 NULL
        cout <<"不能打开文件: " <<"F:\\Student.dat" <<endl;
        exit(0);    //打开文件失败,退回操作系统
    }
```

```
for(i = 0;i<5;i + + )
{    num = StudentArray[i].GetNum();
     strcpy(name,StudentArray[i].GetName());
     age = StudentArray[i].GetAge();
     p = StudentArray[i].GetScore();
     for(j = 0;j<4;j + + )
          score[j] = p[j];
     f.write((char * )&num,sizeof(int));
     f.write(name,30);
     f.write((char * )&age,sizeof(int));
     f.write((char * )score,4 * sizeof(double));
}
f.close();              //关闭文件

cout<<"添加第一位学生...\n";
AddNewStudent();    //添加新成员
cout<<"添加第二位学生...\n";
AddNewStudent();    //添加另一新成员
cout<<"全部学生数据如下:\n";
ReadData();    //读取所有数据
ShowAllStudent();    //屏幕输出所有学生数据

int choice = 1;
while(1)
{    if(choice == 0)
          break;
     cout<<"请输入要查询的学号:";
     cin>>choice;
     SearchStudent(choice);  //查询学生
}
return;
}
```

运行结果:

请输入学号、姓名、年龄、四门课的成绩:

1 zhangsan 20 65 87 98 78

请输入学号、姓名、年龄、四门课的成绩:

2 lisi 19 98 78 88 89

请输入学号、姓名、年龄、四门课的成绩:

3 zhaowu 20 90 78 67 70

请输入学号、姓名、年龄、四门课的成绩:

4 liping 20 90 90 80 89

请输入学号、姓名、年龄、四门课的成绩：

5 sunxin 20 80 87 89 90

添加第一位学生...

请输入学号、姓名、年龄、四门课的成绩：

6 wangyi 19 68 80 78 90

保存成功

添加第二位学生...

请输入学号、姓名、年龄、四门课的成绩：

7 jichun 20 80 80 86 87

保存成功

全部学生数据如下：

NumofStudent＝7

学号：1,姓名：zhangsan,年龄：20,成绩：65　　　　87　　　　98　　　　78

学号：2,姓名：lisi,年龄：19,成绩：98　　　78　　　88　　　89

学号：3,姓名：zhaowu,年龄：20,成绩：90　　　78　　　67　　　70

学号：4,姓名：liping,年龄：20,成绩：90　　　90　　　80　　　89

学号：5,姓名：sunxin,年龄：20,成绩：80　　　87　　　89　　　90

学号：6,姓名：wangyi,年龄：19,成绩：68　　　80　　　78　　　90

学号：7,姓名：jichun,年龄：20,成绩：80　　　80　　　86　　　87

请输入要查询的学号：5

学号：5,姓名：sunxin,年龄：20,成绩：80　　　87　　　89　　　90

请输入要查询的学号：0

查无此人

　　程序定义了 Student 类,类中定义了若干用来配合实现对象的屏幕输入/输出以及文件输入/输出的成员函数。注意类中定义的静态数组 initScore[4]是为构造函数中的 double 型指针赋默认值而设计的,其定义及初始化工作在 example9_19.cpp 中完成。程序定义了外部对象数组 StudentArray[30]用于实现与文件对应记录的数据缓存,外部变量 NumofStudent 用于保存对象个数。文件设计为二进制格式,使用流成员函数 read 和 write 来实现读写操作。程序关键部分已作标注,请读者上机调试该程序。

9.3　字符串的输入输出

　　字符串也可以看作字符流,C＋＋定义了字符串类 string,其中提供了绝大多数字符串处理操作的成员函数。同时,C＋＋还定义了字符串流类 sstream,并为字符串流类对象提供了丰富的 I/O 功能。

　　1.字符串类(string)

　　C＋＋提供的 string 类包含在名空间 std 的头文件＜string＞中,它能够自动处理空间占用问题,因而其对象可以方便地执行 C-字符串(指用字符指针或字符数组表示的字符串)所不能直接执行的一系列操作,如各种搜索操作、插入操作、取长度、删除字符、删除字串、判断空串等,另外 string 类还重载了 = 、+ 、> 、< 、= = 等运算符,可直接对 string 对象进行赋值、连接、比较等运算,使运算更加方便,而且不易出错。string 对象可以由 C-字符串转换得到,也可以从 string 内部提取出 C-字符串。

【例 9-17】　字符串操作。

程序代码如下:

```
# include <iostream>
# include <algorithm>
# include <string>
using namespace std;
void main (){
string p1 = "Hello world!",s,p2 = " Hello Beijing!";
s = p1;                                              //复制
cout <<s<<endl;
cout <<(s == p1 ? "": " not")<<"equal\n";            //比较
cout <<(s + = p2)<<endl;                             //连接
reverse(s.begin(), s.end());     //倒置,该函数包含在<algorithm>名空间中
cout <<s<<endl;
cout <<s.replace (0, 9, 9, 'c')<<endl;               //替换
cout <<(s.find ("ell") != -1 ? "": "not ") <<"found\n"; //查找字符串
cout <<(s.find ("lle") != -1 ? "": "not ") <<"found\n";
cout<<"请从键盘上输入一个字符串:"<<endl;
cin>>s;                                              //输入字符串   ①
cout<<s<<endl;
}
```

运行结果:

Hello world!

equal

Hello world! Hello Beijing!

! gnijieB olleH ! dlrow olleH

cccccccccolleH ! dlrow olleH

not found

found

请从键盘上输入一个字符串:

Please choice a cake.(回车)

Please

可见,string 类对象的输入/输出与 C++内部定义的其他类型变量一样,能够使用>>和<<实现。进行键盘输入时,遇到首个空白字符将结束读取。此时,可用非成员函数 getline 实现包含空白字符的字符串的输入,该函数与输入流的成员函数 getline(请参考本章 9.1.1

节)功能相仿,其函数原型如下:

 istream& getline(istream& is, string& s, char delimiter = '\n');

 为输入一个完整的字符串,将上例中语句①改写为如下语句:

 getline(cin, s);   //串以'\n'结束

 需要提醒的是,VC 6.0中提供的getline函数在处理键盘输入的流时有点小问题(bug),因此上例需要按两次回车才能显示读入S中的字符串,此问题在Visual Stadio.NET中已经解决。

 2.字符串流类

 字符串流类包括istringstream、ostringstream和stringstream,它们都被定义在系统头文件<sstream>中。其构造函数如下:

 istringstream∷istringstream(string str);   //只支持>>操作

 ostringstream∷ostringstream(string str);   //只支持<<操作

 stringstream∷stringstream(string str);   //支持>>和<<操作

 每个字符串流对象简称为串流,串流采用文本方式,可以保存字符,也可以保存整数、浮点数。

【例9-18】 字符串流的使用。

程序代码如下:

```
#include <iostream>
#include <sstream>
#include <string>
using namespace std;
void main(){
    string str = "This-is-a-book.",str2 = "",str3 = "This is a book.";
    istringstream input(str);           //串流 input 用于输入
    istringstream spacein(str3);        //构造另一串流对象 spacein 用于输入
    stringstream ioput(str2);           //串流 ioput 用于输入/输出
    cout<<"字符串长度:"<<(input.str()).length()<<endl;
    input>>str2;                        //串流 input 向 str2 赋值
    cout<<str2<<endl;
    int inum1 = 93,inum2;
    double fnum1 = 89.5,fnum2;
    ioput<<inum1<<' '<<fnum1; //加空格分隔数字
    cout<<"字符串长度:"<<(ioput.str()).length() <<endl;
    ioput>>inum2>>fnum2;
    cout<<"整数:"<<inum2 <<'\t'<<"浮点数:"<<fnum2<<endl;
    getline(spacein,str2);              //整行输入
    cout<<str2<<endl;
}
```

运行结果：

字符串长度：15

This－is－a－book.

字符串长度：7

整数：93　　　　　浮点数：89.5

This is a book.

程序使用输入串流对象 input 将对象中的字符串输入到内存变量中；使用输入/输出串流对象 ioput 实现字符串流的输入和输出。具体流向由提取/插入运算符来区分。由于>>不能提取串流对象中的空格，因此串流对象 spacein 使用 getline 函数来提取整个字符串。

在文件输入/输出中使用 getline 可以逐行读入数据，此时若配合使用字符串流便可以方便地分离数据。

【例 9-19】 在一个文本文件中保存有若干行数据，其中包括整数、浮点数。编程输出每行的数据和。

程序代码如下：

```
# include <iostream>
# include <sstream>
# include <fstream>
using namespace std;
void main ()
{    ifstream file1 ("aa.txt");
     string s;
     for(; getline (file1, s);)              //提取文件中的每行数据并存入 s 中
     {
         float a,sum = 0;
         istringstream instr(s);             //串流对象 instr 以字符串 s 作为输入源
         for(; instr>>a;) sum + = a;         //逐个提取串中的数据并累加到 sum 中
         cout <<sum <<endl;
     }
}
```

运行程序前，先自行制作一个保存有若干行数据，其中包括整数、浮点数的文本文件 aa.txt，然后利用该程序对其进行操作，运行并分析程序运行结果。

需要指出的是，也可以使用<strstream>类库提供的流类来实现字符串流的输入/输出操作，该类库中包含 istrstream、ostrstream、strstream 等类，其继承关系与 stringstream 基本一致。但由于 strstream 是非标准的，在 C++标准制定之前曾经被使用过，现在新版本的编译器一般已经不再提供对它的支持了（VC 6.0 支持）。因此 C++推荐使用 stringstream，即<sstream>类库提供的字符串流输入/输出功能。

9.4　小结

　　输入/输出的根本任务是以一种稳定、可靠的方式在设备与内存之间传输数据。C＋＋语言没有提供输入/输出语句,要进行输入/输出,可使用 I/O 流类库或标准 I/O 库函数实现。

　　头文件＜iostream＞包括了操作所有输入/输出流所需的基本信息,因此大多数 C＋＋程序都包含这个头文件。在执行格式化 I/O 操作时,如果使用了带参的流操作算子,则还应该包含头文件＜iomanip＞以提供支持。头文件＜fstream＞包含了文件处理操作所需的信息,头文件＜sstream＞则提供了对字符串流处理操作的支持。同时,C＋＋的标准 I/O 库函数提供了很多常用的输入/输出函数,用以实现基于标准 I/O 函数库的输入/输出。

　　控制台流的输入即可通过标准库函数 scanf、gets、getchar、getline 等来进行,也可使用基于流类库的流提取运算符＞＞、成员函数 get、成员函数 getline 等来实现。对于输入数据的格式设置,标准库函数 scanf 可通过传递不同的格式化说明字符串参数来解决,流类库则通过流操作符、成员函数来设置,将以上二者配合起来使用可以实现特定的格式设置。流的输出可通过标准库函数 printf、puts、putchar 等来进行,或者使用基于流类库的流插入运算符＜＜、成员函数 put 等来实现。输出流的格式设置方法与输入流的类似,使用时应注意某个操作是针对哪个具体的流。

　　文件流的操作包括打开文件、处理文件和关闭文件。文件打开可通过标准库函数 fopen 来进行,也可通过定义输入/输出流对象来实现。基于标准库函数建立的文件,其输出可通过标准库函数 fprintf、fputs、fputc、fwrite 等来完成,其输入可通过标准库函数 fcanf、fgets、fread、getline 等来实现。而基于文件流类建立的文件,其输入/输出可以直接使用流提取运算符＞＞和流插入运算符＜＜来进行,或者通过调用类成员函数 get、put、getline、read、write 等来实现。而且,重载流提取/插入运算符,即可实现自定义类对象的流输入/输出功能。

　　字符串流的操作也很简单,建立输入/输出字符串流对象之后,即可使用流插入运算符＜＜、流提取运算符＞＞或非成员函数 getline 等来实现字符串流的输出或输入。

　　由于 C＋＋的 I/O 流类库提供了大量的输入/输出功能集合,足以执行绝大多数常用的输入/输出操作,因此推荐基于 I/O 流类库进行输入/输出操作。C＋＋中的输入/输出都是面向对象的,它利用了引用、运算符重载和函数重载等 C＋＋特性。C＋＋使用类型安全的输入/输出,每个输入/输出操作都对数据类型敏感,C＋＋也正是由此保证了系统不出现不正确的数据。用户可以指定是使用自定义类型的输入/输出,或者标准类型的输入/输出。这种扩展性是 C＋＋最有价值的特性之一。

❓ 习题

一、改错题

1.下面的程序将用来输出整个字符串,输入字符串:"I am a Chinese.",请改正程序错误以输出同样的字符串。

```
＃include ＜iostream. h＞
void main()
```

```
{
    char line[19];
    cin>>line;
    cout<<line<<endl;
}
```

错误语句是：_____

改正为：_____

2. 以下程序欲将两个数字写入 aa 文件夹中的文件 file1.dat 中，请改正程序中的错误。

```
#include <iostream>
#include <fstream>
using namespace std;
void main()
{
ofstream ofile("d:\aa\file1.dat");
ofile<<8<<9;
}
```

错误语句是：_____

改正为：_____

3. 以下程序欲将文件 test.txt 中的内容输出，请改正错误。

```
#include <iostream>
#include <fstream>
#include <string>
using namespace std;
void main()
{
    ifstream f("test.txt");
    string s;
    while(f.eof())
    {getline(f,s);
    cout<<s<<endl;
    }
}
```

错误语句是：_____

改正为：_____

4. 以下程序将读取字符串中的数据并输出，请改正错误。

```
#include <iostream>
#include <sstream>
using namespace std;
void main()
```

```
{    char buf[] = "123 0.45";
     int i;
     double j;
     istringstream s1(buf[]);
     s1>>i>>j;
     cout<<i<<endl<<j<<endl;
}
```

错误语句是：_____

改正为：_____

二、程序设计题

1. 编程输出下面的数据。

　　4343 ∗∗ fdjf　　0x11　　3534.34343　　　2.34334E＋03

2. abc.txt 文件中有一些整数,试编程实现循环读取文件中的整数,判断其能否被 3、5、7 整除,并对每个整数输出以下信息之一:

　(1)能同时被 3、5、7 整除。

　(2)能被其中两数(指出哪两个数)整除。

　(3)能被其中一个数(指出哪一个数)整除。

　(4)不能被 3、5、7 任一个数整除。

二维码 9-1　习题参考答案

第10章 异常处理

程序错误一般分为两种。一类是编译错误,即语法错误,如使用不符合 C++ 语法规则的语句、函数、变量定义等,在程序编译时就会出现错误,这类错误在系统调试阶段即可发现,大部分集成开发环境具有帮助检查的功能。另一类是在程序运行时发生的错误,分为不可预料的错误和可以预料的运行异常。不可预料的错误是指程序逻辑上问题,在程序设计时就存在的,如数组操作中下标溢出,往往会导致系统崩溃,这类错误一般是由于程序设计时考虑不完善导致的,需要程序员在编写程序时具有足够的细心和丰富的经验。而运行异常是可以预料的,但无法避免,如两个整型变量相除,由于除数是变量,除数就有可能是零的情况出现,如果除数为 0,会导致系统中断执行退出。

如何在程序中针对运行异常进行处理,高级程序设计语言都有自己的解决方案,本章将主要针对 C++ 中的异常处理进行描述。

10.1 异常机制

异常是指程序在执行时遇到错误或意外行为。可以引发异常的情况通常包括:代码或调用的代码(如共享库)中有错误、操作系统资源不可用、公共语言运行库遇到意外情况(如无法验证代码)、用户的错误操作等。异常处理则是指当程序出现这些错误后,给予恰当的处理,使程序能够安全退出。

例如,在 C++ 程序中打开文件,可能会出现无法打开文件的错误,比如打开文件的方式不正确、磁盘出故障、磁盘已满等都会出现打开文件出错,此时指向该文件的指针对象将得到一个空指针值 NULL,因此在 C++ 程序中如果涉及打开文件操作,往往都会在程序中通过检查文件指针是否为空指针来判断文件能否被正常打开。

【例 10-1】 传统的错误处理方法实例。

程序代码如下:

```cpp
#include <iostream>
#include <fstream>
using namespace std;
void main()
{
    char str[40];
    char msg[] = "Cannot open infile -- hello.txt";
    ifstream fin("hello.txt");
    if(! fin)
```

```
        {
            cout<<msg<<endl;
        }
        else
        {
            fin>>str;
            cout<<str<<endl;
            fin.close();
        }
        return;
    }
```

运行结果：

①如果"hello.txt"存在，且其内容为 Helloeveryone

则输出：

Helloeveryone

②如果"hello.txt"不存在，运行结果为：

Cannot open infile－－hello.txt

分析：

当 hello.txt 文件存在时，程序将不会出错，也即 fin 不会为 NULL，则程序执行 else 分支，首先读入文件内容到变量 str 中，然后输出至屏幕。

当 hello.txt 文件不存在时，程序将会出错，也即 fin 为 NULL，则程序执行 if 分支，即将 msg 内容输出至屏幕。

本例给出的是传统的出错处理方式。即通过函数返回特殊值来体现出现异常，一般来说这个特殊结果是事先约定好的。调用该函数的程序负责检查并分析函数返回的结果，确定程序是否正常执行了。这种传统的处理方式有如下的弊端：函数返回 NULL 代表出现异常，但是如果函数确实要返回 NULL 这个正确的值时就会出现混淆；可读性较低，将程序代码与处理异常的代码混在一起；由调用函数的程序来分析错误，这就要求程序员对库函数有很深的了解。这种错误处理手段，对于大型程序来说往往是不够的，需要更加灵活、程序可读性强、降低程序员劳动强度的处理方式。

在 C++ 中这种错误通常使用异常处理机制，其主要目的在于当遇到异常时，系统不是马上终止运行，而是允许用户排除错误，继续运行程序，至少给出出错提示信息。在大型复杂的软件系统中，函数之间有明显的分工和复杂的调用关系，发现错误的函数一般不具备处理错误的能力。这时只能导致一个异常，并抛出异常，让它的调用者捕获这个异常并处理，如果调用者也不能处理就传递给它的上级调用者，这样一直上传到能处理为止。如果始终没有处理就上交到 C++ 运行系统，运行系统调用 abort 函数强行终止整个程序。

10.2 C++异常处理实现

C++提供了异常处理的内部支持机制，try、throw 和 catch 语句就是 C++ 语言中用于实现异常处理的机制的程序子句。

10.2.1　异常处理过程

C++中的异常处理过程是：函数在执行过程中遇到错误，运行立即结束，不返回函数值，同时，抛出一个异常对象；调用该函数的程序也不会继续执行，而是搜索一个可以处理该异常的异常处理器，并执行其中的代码。实现这个过程的程序分为三部分：

1. 确定要保护的代码段

确定要保护的代码段（敏感代码）的工作由 try 子句来实现。如果预料某段代码可能出现异常，就将此段代码放在 try 语句块中。当本段代码在运行时出现了错误，就通过其中的 throw 语句抛掷异常对象的类型和异常的内容。

2. 抛掷异常

抛掷异常的工作由 throw 子句来实现，在受保护的可能产生异常的语句中进行错误检测，如有异常就通过 throw 语句抛掷异常对象的类型和异常的内容。

3. 定义异常处理程序

通过 throw 抛掷的异常对象和异常内容，被 catch 子句捕获，并处理捕获的异常对象。即将出现异常后对异常的处理语句放在 catch 语句块中，捕捉异常并处理，catch 子句起到了异常处理器的作用。

将例 10-1 修改为按传统错误处理的形式来处理异常事件。

【例 10-2】　将例 10-1 改为异常处理的方式。

程序代码如下：

```cpp
#include <iostream>
#include <fstream>
#include <string>
using namespace std;
void main()
{
    char str[40];
    char msg[] = "Connot open infile -- hello.txt";
    ifstream fin("hello.txt");
    try{
        if(! fin)
            throw string(msg);
    }
    catch(string s)
    {
        cout<<s<<endl;
        return;
    }
    fin>>str;
```

```
        cout<<str<<endl;
        fin.close();
        return;
    }
```

如果"hello.txt"不存在,运行结果为:

Cannot open infile -- hello.txt

程序中首先利用 try 子句确定了敏感代码,其中包含 throw 子句,如果 fin 为空(NULL),将抛掷一个由字符串 msg 所构建的 string 对象,catch 子句则捕获 string 类型的异常对象,当异常对象类型与 catch 子句所能捕获的类型匹配时,catch 子句将捕获该异常对象,并执行 catch 子句,进行异常处理。本程序中只是输出了异常对象的内容。

try-throw-catch 语句执行过程如下:

(1)通过正常的控制顺序执行到 try 语句,进入 try 块内执行保护段程序。

(2)在 try 语句块中,如果 try 中没有异常,后面的 catch 语句不执行,继续执行 catch 后的程序语句。例中如果 fin 不为空(NULL),则 try 后的 catch 子句就不执行,继续执行 catch 语句块后的程序。如有多个 catch 语句块时,跳到最后一个 catch 语句块的后面执行。

(3)在 try 语句块中,有异常时,就通过 throw 语句创建一个异常对象,例中如果 fin 为空(NULL),则通过 throw 创建一个异常对象,本程序用字符串 msg,创建一个 string 的 s 对象。

(4)当异常被抛掷后,try 语句块后的 catch 语句便依次被检查,若某个 catch 子句的异常声明与被抛掷的异常类型一致,则执行该异常处理程序。

(5)如果没有一个 catch 的类型与其匹配,则函数 terminate 被调用,terminate 函数的功能就是调用 abort()函数终止程序运行。

下面再来看一个自定义函数抛掷异常的例子。

【例 10-3】　除数为零的异常处理实例。

程序代码如下:

```cpp
#include <iostream>
#include <string>
using namespace std;
float Division(float x,float y)
{
    if(y==0)
        throw string("except of dividing zero.");
    return x/y;
}
void main()
{
    int x1=5,y1=6;
    int x2=6,y2=0;
    int x3=7,y3=2;
    try{
```

```
        cout<<"x1/y1 = "<<Division(x1,y1)<<endl;
        cout<<"x2/y2 = "<<Division(x2,y2)<<endl;
        cout<<"x3/y3 = "<<Division(x3,y3)<<endl;
    }
    catch(string s)
    {
        cout<<s<<endl;
    }
    return;
}
```

运行结果:

x1/y1 = 0.833333

except of dividing zero.

程序执行 Division(x2,y2)时,由于 y2 = 0,程序执行出现异常,throw 子句就利用"except of dividing zero."创建一个 string 对象,并抛掷所创建的异常对象,其后的语句

```
        cout<<"x3/y3 = "<<Division(x3,y3)<<endl;
```

不再执行。异常被

```
    catch(string s)
    {
        cout<<s<<endl;
    }
```

所捕获,执行 catch 语句块,这里 catch 后的形参 s 对象,利用 string 的拷贝构造函数创建。本例子中在 catch 处理只是把异常对象的内容输出到显示器上。

注意:

(1)C++只处理受监控程序的异常。

(2)try 语句后必须紧跟一个或多个 catch 语句,目的是对发生的异常进行捕获并处理。

(3)catch()的括号中只能声明一个形参,当预定义的类型与被抛掷的异常对象类型匹配时,该 catch()便捕获了一个异常,程序进入其块中执行。

【例 10-4】 **成员函数抛掷异常对象实例。**

程序代码如下:

```
#include <iostream>
using namespace std;
class Student
{
public:
    Student(char * p)
    {
        name = new char[strlen(p)];
        strcpy(name,p);
```

```
            name[strlen(p)] = '\0';
        }
        char seek(int i)                              // 找到学生名中的第 i 个字母
        {
            if(i> = 0&&i<strlen(name))
                return name[i];
            else
                throw "超出了学生名字的字符个数。";   // 抛出异常对象
        }
    private：
        char * name；
    };
    void main()
    {
        Student jessic("jessic");
        try
        {
            cout<<jessic.seek(10)<<endl;
        }
        catch(char * m)
        {
            cout<<m<<endl;
        }
    }
```

运行结果：

超出了学生名字的字符个数。

说明：

这里的异常对象是由类 Student 的成员函数 seek() 抛出。

请尝试修改程序中 try 部分的语句为：cout<<jessic.seek(5)<<endl；

并自行分析程序运行结果。

10.2.2　异常接口声明

为了让程序员能够明确函数所抛掷的异常，在函数的声明时列出函数可能抛掷的异常类型，其形式为：

返回值类型　函数名(形参列表)throw(异常类型列表)；

如：void fun() throw(int,string,float)；

表示 fun 函数可能会抛出 int、string 和 float 异常对象。

(1)当为 throw()的形式时，此函数不抛出任何类型的异常对象。

如：void fun() throw()；

(2)函数后面没有 throw(异常类型列表)子句时,可以抛出任何类型的异常对象,即抛出
的异常对象的类型不定。

如:void fun();

【例 10-5】　异常接口应用实例。

程序代码如下:

```cpp
#include <iostream>
#include <string>
using namespace std;
float Division(float x,float y) throw(string,float);
void main()
{
    int x1 = 5,y1 = 6;
    int x2 = 6,y2 = 1;
    int x3 = 7,y3 = 2;
    try{
        cout<<"x1/y1 = "<<Division(x1,y1)<<endl;
        cout<<"x2/y2 = "<<Division(x2,y2)<<endl;
        cout<<"x3/y3 = "<<Division(x3,y3)<<endl;
    }
    catch(string s)
    {
        cout<<s<<endl;
    }
    catch(float s)
    {
        cout<<"除数为:"<<s<<",要求除数不小于 2。"<<endl;
    }
    return;
}
float Division(float x,float y)
{
    if(y == 0)
        throw string("除数为零");
    if(y<2)
        throw float(y);
    return x/y;
}
```

运行结果:

x1/y1 = 0.833333

除数为：1，要求除数不小于 2。

分析：

程序中 float Division(float x，float y) throw(string，float)声明了函数 Division 将抛掷 string 和 float 两种类型的异常对象，在 main 函数中，用了两个 catch 子句 catch(string s)和 catch(float s)来捕获调用 Division 函数时可能抛掷的异常对象。在 Division 中也用了两个 throw 子句 throw string("除数为零")和 throw float(y)分别抛掷 string 和 float 类型的异常对象。

10.3　异常处理中的构造与析构

C++异常处理的机制不仅表现在可以处理各种不同类型的异常，而且还具有在异常抛掷前构造异常对象和自动销毁异常对象的功能。

在程序中，找到一个匹配的 catch 异常处理后。

(1)如果 catch 子句的异常类型为一个值参数，则初始化方式是将异常对象传递给 catch 的形参，此时要调用异常对象的拷贝构造函数来实现。

(2)如果 catch 子句的异常声明是一个引用，则使 catch 形参指针指向异常对象。

当 catch 子句执行完成后，就意味着对应由 throw 抛出的异常对象将自动销毁，catch 子句捕获异常对象时调用拷贝构造函数生成的对象也需要自动销毁，完成异常对象的析构。析构的顺序与构造的顺序相反。程序从最后的 catch 语句块后继续恢复正常执行。

【例 10-6】 使用带构造函数和析构函数的类的异常处理。

程序代码如下：

```cpp
#include <iostream>
using namespace std;
class Exception
{
public：
    Exception()
    {
        cout<<"构造 Exception 的对象"<<endl;
    }
    Exception(Exception &exp)
    {
        cout<<"拷贝构造 Exception 的对象"<<endl;
    }
    ~Exception()
    {
        cout<<"析构 Exception 的对象"<<endl;
    }
    char * Show()
```

```
        {
            return "Exception 类异常。";
        }
};
class StudentDept{
public：
        StudentDept(char * p){
            DepName = new char[strlen(p)];
            strcpy(DepName,p);
            DepName[strlen(p)] = '\0';
            cout<<"构造 StudentDept 的对象"<<endl；
        }

        char seek(int i)                        //找到系名中的第 i 个字母
        {
            if(i>= 0&&i<strlen(DepName))
                return DepName[i]；
            else
            {
                cout<<"要抛出 Exception 类异常"<<endl；
                throw Exception();              //抛出异常对象
            }
        }
        ~StudentDept()
        {
            cout<<"析构 StudentDept 的对象"<<endl；
        }
private：
        char * DepName；
};
void main()
{

    try{
        StudentDept dep("Computer")；
        cout<<dep.seek(10)<<endl；
    }
    catch(Exception e)
    {
        cout<<"在 catch 异常程序处理之中。"<<endl；
```

```
            cout<<"捕获到 Exception 类异常:";
            cout<<e.Show()<<endl;
        }
    catch(char * m){
            cout<<"捕获到其他类的异常:"<<m<<endl;
        }
    }
```

运行结果:
构造 StudentDept 的对象
要抛出 Exception 类异常
构造 Exception 的对象
拷贝构造 Exception 的对象
析构 StudentDept 的对象
在 catch 异常程序处理之中。
捕获到 Exception 类异常:Exception 类异常。
析构 Exception 的对象
析构 Exception 的对象

例中有两个 catch 处理器:

```
    catch(Exception e)
    {
    ……
    }
    catch(char * m){
    ……
    }
```

这两个异常处理器分别捕获两种不同类型的异常对象,即 catch 捕获的异常对象的类型不可能出现重复,因此 catch()中只要给出异常对象的类型就可以了,不必说明这些参量(e 和 m),即可以修改为:

```
    catch(Exception)
    {
    ……
    }
    catch(char * ){
    ……
    }
```

但要访问异常对象时,就必须说明参量,否则将无法访问。

10.4 多个异常事件的处理

一个 try 子句可以抛出多个类型的异常对象,但一次只能抛出一个异常对象。如果要想捕获多个异常事件,或者派生了多个不同类型的异常对象,就需要处理多个异常事件类型。

要处理不同类型的异常事件,就可以使用嵌套的 try 和 catch 子句:

```
try{
    try{
        try{
            ＊＊＊受保护的代码段＊＊＊
        }
        catch(Exception1 e)
        {
            ＊＊＊异常对象 1 的处理程序＊＊＊
        }
    }
    catch(Exception2 e)
    {
        ＊＊＊异常对象 2 的处理程序＊＊＊
    }
}
catch(Exception3 e)
{
    ＊＊＊异常对象 3 的处理程序＊＊＊
}
```

用这种方法就可以捕获许多不同类型的异常事件,允许集中错误处理代码。

【例 10-7】　多异常处理实例。

程序代码如下:

```
＃include ＜iostream. h＞
class Base
{
    public：
        Base() {};
};
class Derive1：public Base
{
    public：
        int s；
        Derive1(int ss)
        {s = ss；}
};
void fun ()
{
```

```
        Derive1 Li(0);    //定义一个 Derive1 类的对象 Li
        int i, k = 4;
        for(i = 0;i<= k;i++)
        {
            try
            {
                switch(i)
                {
                    case 0:throw 10; break;     //抛出 int 型异常
                    case 1:throw 10.5; break;    //抛出 double 型异常
                    case 2:throw 'a'; break;    //抛出 char 型异常
                    case 3:throw Li; break;     //抛出 Derive1 类的 Li 异常对象
                    case 4:throw Base(); break;    //抛出 Base 类的异常对象
                }
                cout<<"switch end. \n";
            }
            catch(int)    //捕获 int 型异常后的异常处理
            {   cout<<"catch a int. \n"; }
            catch(double &value)    //捕获 double 型异常后的异常处理
            {   cout<<"catch a double,this value is "<<value<<"\n";   }
            catch(char)    //捕获 char 型异常后的异常处理
            {   cout<<"catch a char. \n";   }
            catch(Derive1)    //捕获 Derive1 类异常对象后的异常处理
            {   cout<<"catch a Derive1 class. \n";   }
            catch(Base)    //捕获 Base 类异常对象后的异常处理
            {   cout<<"catch a Base class. \n";}
        }
}
void   main()
{   fun(); }
```

运行结果：

catch a int.

catch a double,this value is 10.5

catch a char.

catch a Derive1 class.

catch a Base class.

Press any key to continue

　　程序 fun()函数中的 for 循环共抛出了 5 个异常，分别为不同的数据类型：int 型、double 型、char 型、Derive1 类对象和 Base 类对象，由后面的不同 catch 语句捕获并处理。

10.5 应用实例

这里以一个学生信息管理系统中从磁盘文件中读出学生信息的程序为例。考虑到在访问学生信息时,文件不存在将抛出异常事件,并退出程序。

【例 10-8】 从文件中读信息的异常处理实例。

程序代码如下:

```cpp
#include <iostream>
#include <fstream>
#include <string>
using namespace std;
class Exception
{
public:
    Exception(char * m)
    {
        msg = new char[strlen(m) + 1];
        strcpy(msg, m);
        msg[strlen(m)] = '\0';
    }
    Exception(Exception &exp)
    {
        msg = new char[strlen(exp.msg) + 1];
        strcpy(msg, exp.msg);
        msg[strlen(exp.msg)] = '\0';
    }
    ~Exception()
    {
    delete [] msg;
    };
    char * what()
    {
        return msg;
    }
private:
    char * msg;
};
void main()
{
```

```
        char str[40];
        char msg[] = "不能打开文件 -- student.txt";
        ifstream fin("student.txt");
        try{
            if(! fin)
                throw Exception(msg);
        }
        catch(Exception e)
        {
            cout<<e.what()<<endl;
            return;
        }
        fin>>str;
        cout<<str<<endl;
        fin.close();
        return;
    }
```

分析：

如果"student.txt"文件不存在，运行结果如下：

    不能打开文件 -- student.txt

如果"student.txt"文件存在，运行结果如下：

    姓名：张翔；学号：0908221；年龄：18；地址：中国农业大学学生三号楼

10.6　小结

程序中错误是不可避免的，为了保证程序的健壮性，当有异常事件发生时，要努力保证程序能够正常终止。为了检测异常，C++中通过使用 try、throw 和 catch 语句，完成程序运行时异常事件的检测、抛掷检测的异常事件的报告和处理异常事件。其中：

try 子句用来确定可能出现异常事件的代码的范围；

throw 子句用来抛出异常事件的类型和报告异常事件的内容；

catch 子句用来捕获并处理异常事件。

捕获并处理异常事件后，程序继续执行 catch 子句后的程序语句。如果抛出的异常事件没有被捕获，C++将执行默认的异常处理函数 abort，强制终止程序运行。

❓ 习题

1. 输入并运行下列程序，理解异常接口的声明，写出运算结果。

```
#include <iostream>
#include <string>
```

```cpp
using namespace std；
class A{
public：
void show()
{
    cout<<"异常处理测试"<<endl；
}
}；
void fun() throw(int,double,string,A)；

void main()
{
    try{
        fun()；
        }
    catch(int ii)
    {
    cout<<"int exeption："<<ii<<endl；
    }
    catch(double dd)
    {
    cout<<"double exeption："<<dd<<endl；
    }
    catch(string sstr)
    {
    cout<<"string exeption："<<sstr<<endl；
    }
    catch(A a)
    {
    cout<<"class A exeption："；
    a.show()；
    }
    return；
}

void fun() throw(int,double,string,A)
{
    int i＝77；
    double d＝3.67；
    string str＝"Hello!"；
```

```
            cout<<"请输入异常事例:";
            int iNo;
            cin>>iNo;
            switch(iNo)
            {
                case 1: throw i;
                case 2: throw d;
                case 3: throw str;
                case 4: throw A();
                default:cout<<"系统运行正常..."<<endl;
            }
    }
```

2.输入并运行下列程序,理解带构造函数和析构函数的类的异常处理,写出运算结果。

```
    #include <iostream>
    using namespace std;
    class Exception
    {
    public:
        Exception(int i)
        {
            iError_Type = i;;
        }
        Exception(Exception &exp)
        {
            iError_Type = exp.iError_Type;
        }
        ~Exception()
        {
            cout<<"析构 Exception 的对象"<<endl;
        }
        char * Show()
        {
            switch(iError_Type)
            {
                case 601: return "601:系统运行异常...";
                case 602: return "602:系统运行异常...";
                case 603: return "603:系统运行异常...";
                case 604: return "604:系统运行异常...";
```

```
                default：return"系统运行正常..."；
            }
        }
private：
        int iError_Type；
};
class StudentDept{
public：
        StudentDept(char * p){
            DepName = new char[strlen(p)]；
            strcpy(DepName,p)；
            DepName[strlen(p)] = '\0';
            cout<<"构造 StudentDept 的对象"<<endl；    }
        char seek(int i)                    //找到系名中的第 i 个字母
        {
            if(i>= 0&&i<strlen(DepName))
                return DepName[i]；
            else
            {
                cout<<"要抛出 Exception 类异常"<<endl；
                throw Exception(601)；         //抛出异常对象
            }
        }
        ~StudentDept()
        {
            cout<<"析构 StudentDept 的对象"<<endl；
        }
private：
        char * DepName;};
void main()
{
        try{
            StudentDept dep("Computer")；
            cout<<dep.seek(10)<<endl；
        }
        catch(Exception e)
        {
            cout<<"在 catch 异常程序处理之中。"<<endl；
```

```
        cout<<"捕获到 Exception 类异常:"<<e.Show()<<endl;
    }
    catch(char  * m){
        cout<<"捕获到其他类的异常:"<<m<<endl;
    }
}
```

二维码 10-1　习题参考答案

附录 A

表 A-1　C++中的基本数据类型

类型名	说明	字节	取值范围
bool	布尔型	1	true, false
char（signed char）	字符型（有符号字符型）	1	$-128\sim127$
unsigned char	无符号字符型	1	$0\sim255$
short(signed short)	短整型（有符号短整型）	2	$-2^{15}\sim2^{15}-1$
unsigned short	无符号短整型	2	$0\sim2^{16}-1$
int(signed int)	整型（有符号整型）	4	$-2^{31}\sim(2^{31}-1)$
unsigned int	无符号整型	4	$0\sim(2^{32}-1)$
long(signed long)	长整型（有符号长整型）	4	$-2^{31}\sim(2^{31}-1)$
unsigned long	无符号长整型	4	$0\sim2^{32}-1$
float	单精度浮点型	4	$(-3.4\times10^{-38})\sim(3.4\times10^{38})$（绝对值精度）
double	双精度浮点型	8	$(-1.7\times100^{-308})\sim(1.7\times10^{308})$（绝对值精度）
long double	长双精度浮点型	8	$(-1.7\times100^{-308})\sim(1.7\times10^{308})$（绝对值精度）

表 A-2　C＋＋中的运算符、结合性和优先级

优先级	运算符	描述	目数	结合性
1	（） ∷ [ ] ．，－> ＋＋，－－	圆括号 作用域运算符 数组 成员选择 自增（后置），自减（后置）		从左向右
2	＋＋，－－ & * ! ～ ＋，－ （类型） Sizeof New，delete	自增（前置），自减（前置） 取地址 取内容 逻辑非 按位取反 取正，取负 强制类型转换 计算操作数的字节数 动态存储分配和释放	单目	从右向左
3	*，/，%	乘，除，取余		
4	＋，－	加，减		
5	＜＜，＞＞	左移位，右移位		
6	＞，＞=，＜，＜=	大于，大于等于，小于，小于等于		
7	==，!=	等于，不等于	双目	从左向右
8	&	按位与		
9	^	按位异或		
10	|	按位或		
11	&&	逻辑与		
12	‖	逻辑或		
13	?∶	条件运算	三目	
14	=，＋=，－=，*=，/=，%=，& =，|=，^=，＜＜=，＞＞=	赋值运算	双目	从右向左
15	，	逗号运算		从左向右

附录 B

表 B 标准 ASCII 码表

ASCII 值	控制字符	ASCII 值	控制字符	ASCII 值	控制字符	ASCII 值	控制字符
0	NUT	32	（space)	64	@	96	、
1	SOH	33	!	65	A	97	a
2	STX	34	"	66	B	98	b
3	ETX	35	#	67	C	99	c
4	EOT	36	$	68	D	100	d
5	ENQ	37	%	69	E	101	e
6	ACK	38	&	70	F	102	f
7	BEL	39	,	71	G	103	g
8	BS	40	(	72	H	104	h
9	HT	41	)	73	I	105	i
10	LF	42	*	74	J	106	j
11	VT	43	+	75	K	107	k
12	FF	44	,	76	L	108	l
13	CR	45	−	77	M	109	m
14	SO	46	.	78	N	110	n
15	SI	47	/	79	O	111	o
16	DLE	48	0	80	P	112	p
17	DCI	49	1	81	Q	113	q
18	DC2	50	2	82	R	114	r
19	DC3	51	3	83	X	115	s
20	DC4	52	4	84	T	116	t
21	NAK	53	5	85	U	117	u
22	SYN	54	6	86	V	118	v
23	TB	55	7	87	W	119	w
24	CAN	56	8	88	X	120	x
25	EM	57	9	89	Y	121	y
26	SUB	58	:	90	Z	122	z
27	ESC	59	;	91	[	123	{

续表 B

ASCII 值	控制字符	ASCII 值	控制字符	ASCII 值	控制字符	ASCII 值	控制字符
28	FS	60	<	92	/	124	|
29	GS	61	=	93	]	125	}
30	RS	62	>	94	^	126	~
31	US	63	?	95	—	127	DEL

控制字符说明：

NUL	空	SOH	标题开始
STX	正文开始	ETX	正文结束
EOY	传输结束	ENQ	询问字符
ACK	承认	BEL	报警
BS	退一格	HT	横向列表
LF	换行	VT	垂直制表
FF	走纸控制	CR	回车
SO	移位输出	SI	移位输入
DLE	空格	DC1	设备控制 1
DC2	设备控制 2	DC3	设备控制 3
DC4	设备控制 4	NAK	否定
SYN	空转同步	ETB	信息组传送结束
CAN	作废	EM	纸尽
SUB	换置	ESC	换码
FS	文字分隔符	GS	组分隔符
RS	记录分隔符	US	单元分隔符
DEL	删除		

附录 C

表 C C++ 中常用的标准库

标准库	说　明
＜cassert＞	包含增加帮助程序调试的诊断工具和宏的信息
＜cctype＞	包含测试字符的某些属性的函数的函数原型,如小写字符转为大写等
＜cmath＞	包含数学库函数的函数原型
＜cstdio＞	包含标准输入/输出库函数的原型及其所用的信息
＜cstdlib＞	包含将数字与文本之间的相互转换、内存分配、随机数字等的函数原型
＜cstring＞	包含 C 样式的字符串处理函数的原型
＜ctime＞	包含处理时间和日期的函数原型和类型
＜cfloat＞	包含系统的浮点大小限制
＜climits＞	包含系统的整数大小限制
＜iostream＞	包含标准输入/输出函数的原型
＜iomanip＞	包含格式化数据流的流处理的函数原型
＜fstream＞	包含操作磁盘文件的函数原型
＜utility＞	包含许多标准库头文件所用的类和函数
＜vector＞等	包含实现标准库容器的类,容器用于在程序执行期间存储数据。还包括下列容器类:＜list＞、＜deque＞、＜queue＞、＜stack＞、＜map＞、＜set＞、＜bitset＞
＜functional＞	包含标准库算法所用的类和函数
＜memory＞	包含标准库用于向标准库容器分配内存而使用的类和函数
＜iterator＞	包含访问标准库容器中数据的类
＜algorithm＞	包含处理标准库容器中数据的函数
＜exception＞等	包含用于异常处理的类。还包括＜stdexcept＞
＜string＞	包含来自标准库的字符串类的定义
＜sstream＞	包含执行字符串输入/输出的函数的原型
＜locale＞	包含通常由流处理的不同语言的数据的类和函数
＜limits＞	包含定义每种计算机平台上数字数据类型的限制的类
＜typeinfo＞	包含运行期间确定类型的类

附录 D

表 D vector 的主要成员函数

分类	函数原型	功能
访问向量容器信息	bool empty() const;	判断 vector 是否为空（返回 true 时为空）
	size_type size() const;	返回 vector 元素数量的大小
	size_type max_size() const;	返回 vector 所能容纳元素的最大数量
	size_type capacity() const;	返回 vector 所能容纳的元素数量（在不重新分配内存的情况下）
向容器内放置元素	void push_back(const T&x);	在 vector 最后添加一个元素 x（内存不够时自动申请）
	iterator insert(iterator it, const T&x = T());	在插入点 it 之前插入元素 x
	void insert(iterator it, size_type n, const T&x);	在插入点 it 之前插入 n 个元素 x
	void insert(iterator it, const_iterator first, const_iterator last);	在插入点 it 之前插入[first，last]之间的所有元素
	void swap(vector x)	交换当前向量与向量 x 的所有元素
从容器删除元素	void pop_back();	弹出容器中最后一个元素（容器必须非空）
	iterator erase(iterator it);	删除元素 it,并返回删除元素后一个元素的位置（如果无元素,返回 end()）
	iterator erase(iterator first, iterator last);	删除[first，last]之间的所有元素。注意:删除元素后,删除点之后的元素对应的迭代器不再有效。
	void clear() const;	清空容器。
其他访问	void assign(size_type n, const T&x = T());	对 vector 中的元素赋值
	reference front();	返回容器中第一个元素的引用（容器必须非空）
	reference back();	返回容器中最后一个元素的引用（容器必须非空）
	iterator begin();	返回第一个元素的迭代器
	iterator end();	返回最末元素的迭代器（译注:实指向最末元素的下一个位置）
	reference at(size_type pos);	返回指定位置的元素

附录 E

表 E　＜algorithm＞中的模板函数

函数名	功能
max	返回元素的较大值
min	返回元素的较小值
swap	交换元素的值
iter_swap	交换两个由迭代器描述的值
max_element	检测一个序列中较大的值
min_element	检测一个序列中较小的值
equal	比较两个序列是否相等
lexicographical_compare	比较两个序列中一个序列是否排在另一个序列的前面
mismatch	检测两个序列中第一个不相等的地方
find	检测一个序列中第一个值等于给定值的位置
find_if	检测序列中第一个是 pr(x)返回 true 的元素（pr 是一个函数对象）
adjacent_find	检测第一对相等的相邻元素
count	计算一个序列中等于一个给定值的元素的个数
count_if	计算一个序列中使 ptr(x)返回 true 的个数的序列
search	在另外一个序列中检测一个序列第一次出现的地方
search_n	在一个序列中检测第一个连续出现 n 次指定值的地方
find_end	在另外一个序列中检测一个序列最后一次出现的地方
find_first_of	在一个序列中检测另一个序列中任意一个元素第一次出现的地方
for_each	使用函数对象 op 对序列中的每个元素都调用一次 op(x)
generate	使用函数对象 fun，将每个元素都赋值为 fun()
generate_n	使用函数对象 fun，将序列前 n 元素赋值为 fun()
transform	使用函数对象 fun，将每个元素 x 调用 op(x)，并返回值付给另外一个序列的相应元素
copy	将一个序列从头到尾复制给另一个序列
copy_backward	将一个序列从尾到头复制给另外一个序列
fill	将一个特定的值赋值给序列中的每个元素
fill_n	将一个特定的值赋值给序列中前 n 个元素
swap_ranges	交换两个序列中所储存的值

续表 E

函数名	功能
replace	将一个序列中一个特定值都替换为另一个特定值
replace_if	将一个序列中使 ptr(x) 返回 true 的元素 x 都替换为一个特定的值
replace_copy	复制一个序列并将这个序列中所有等于特定值的元素都替换为另一个特定值
replace_copy_if	使用函数 pr 复制一个序列并将序列中所有是 pr(x)等于 true 的元素的值都替换成一个特定值
remove	移出等于特定值的元素
remove_if	使用函数对象 pr 移出使其返回 true 的元素
remove_copy	复制一个序列并移出等于特定值的元素
remove_copy_if	使用函数对象 pr 复制一个序列并移出所有是 pr(x)等于 true 的元素
unique	移出一个等于元素子序列中除去第一个元素以外的所有元素
unique_copy	复制整个序列并移出所有等于子序列中除第一个元素以外的所有元素
reverse	将一个序列反转
reverse_copy	复制一个序列并将它反转
rotate	在位置 n 反转序列中的元素
rotate_copy	复制一个序列并在 n 处反转它
random_shuffle	对序列中的所有元素进行随机重排
partition	使用函数对象 pr 将返回 true 的元素移动到开始处
stable_partition	按照上述方式分割序列且又不破坏每个分割中原有元素之间的顺序
sort	使的序列以升序存储
stable_sort	按照上述对序列进行排序且又不破坏序列元素之间原有的顺序
partial_sort	仅将最小的 n 个元素以升序的方式排序并将他们移动到序列的开始处
partial_sort_copy	复制一个序列并按照上述的方式仅对最大的 n 个元素进行排序
nth_element	将元素 n 放置在符合升序顺序的位置,所有在 n 前面的元素都小于它,所有在 n 后面的元素都大于它
merge	将两个序列合并并产生一个新的序列
inplace_merge	在适当的位置上合并两个有序序列
lower_bound	在有序序列中检测第一个不小于各处的特定值的元素位置
upper_bound	在有序序列中检测最后一个不小于给出的特定值的元素位置
equal_range	检测上述有序序列中对于一个特定值的第一个和最后一个不小于它的边界
binary_search	在有序序列中检测是否有与一个特定值次序相等的元素
includes	检测一个有序序列是否包含与另一个序列中的每个元素相等的元素
set_union	合并两个有序序列并产生一个新的序列(改序列将不保留第一个序列中存在的与第二个中次序相等的元素)

续表 E

函数名	功能
set_intersection	合并两个有序序列并产生一个新的序列（改序列将仅保留第一个序列中存在的与第二个中次序相等的元素）
set_difference	合并两个有序序列并产生一个新的序列（改序列将仅保留第一个序列中存在的与第二个中没有相等次序关系的元素）
set_symmetric_difference	合并两个有序序列并产生一个新的序列（改序列将仅保留与第二个中所有元素没有相等次序关系的元素）
make_heap	重排一个序列得到一个堆
push_heap	向堆中新增一个元素
pop_heap	从堆中移出最大的那个元素
sort_heap	对堆进行排序，并产生一个以升序方式存储的元素的序列
next_permutation	改变序列的排序，当所有元素已经是按升序排列时，返回 false
prev_permutation	改变序列的排序，当所有元素已经是按降序排列时，返回 false

参考文献

［1］Deitel & Deitel.C/C＋＋/Java 程序设计经典教程.贺军,译.北京:清华大学出版社,2002.

［2］郑立华,冀荣华.C＋＋程序设计与应用.北京:清华大学出版社,2011.

［3］郑莉,董渊,张瑞丰.C＋＋语言程序设计.3 版.北京:清华大学出版社,2004.

［4］陈维兴,林小茶.C＋＋面向对象程序设计教程.北京:清华大学出版社,2004.